건축의 배치계획

Site Planning

KENCHIKU NO HAICHI KEIKAKU
by
MIYAMOTO KENJI

건축의 배치계획

Site Planning

宮元健次 저
배현미 · 김종하 공역

普文堂

책의 구성

이 책은 건축의 배치에 대한 계획방법을 500여점의 도면을 이용하여 이해하기 쉽도록 설명한 것이다. 구성은 다음 3가지 유형으로 이루어져 있다.

1 총론

「서론」에서는 건축의 배치계획에 대한 기본원칙을 설명한다. 다음에는 배치계획이 목표로 하는 것을 「자연에의 대응(response)」, 「도시에의 대응」, 「정신사회에의 대응」의 3가지 환경에 대해 분류하였다. 여기서는 총론으로서 각 수법의 사고방식과 특징을 사진이나 그림을 이용하여 설명했다.

2 해설

각 장의 분류를 다시 4~5항목으로 세분하여, 배치계획에 대한 개념 및 접근방식을 사례를 들어 설명했다.

3 작품사례

배치계획의 특징을 나타내는 뛰어난 작품사례를 각기 8~20개 정도를 들어 해설하였다. 배치도, 평면도, 외관사진 등을 이용하여 배치계획의 의도나 효과를 간결하게 설명했다.

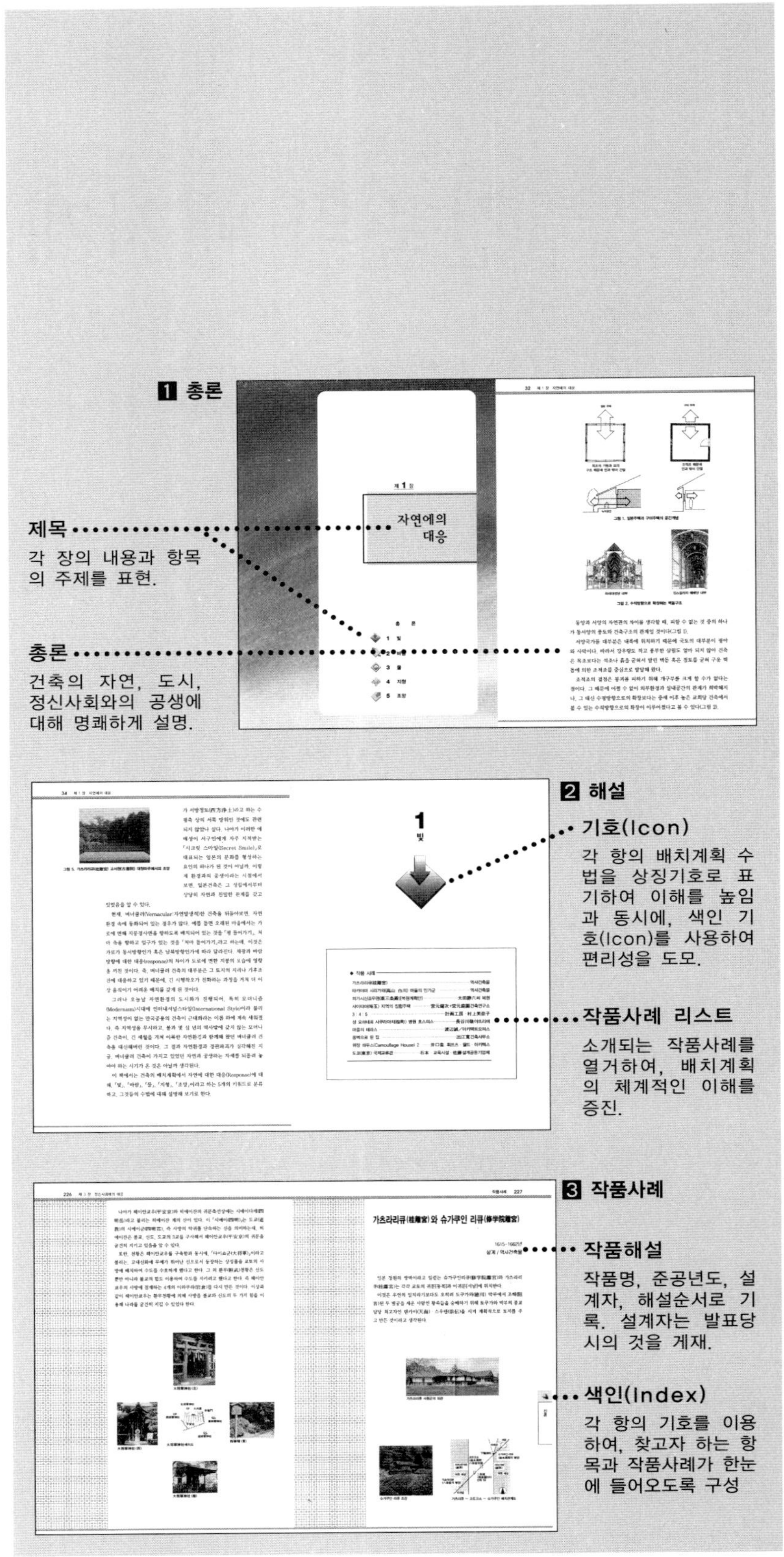

들어가며

이 책은 건축설계를 배우는 학생이나 건축실무에 종사하는 분들을 위한 배치계획의 해설서로, 건축물이 놓여지게 되는 환경별로 알기 쉽게 정리한 것이다.

최근 자연환경의 도시화가 진행되어 도시환경이 악화일로로 치닫고 있으며, 지금까지 그래왔던 것처럼 건축법규를 만족시키는 선에서의 규제만으로는 배치계획에 치명적인 한계가 나타나고 있는 현실이다. 특히 자연환경이나 도시경관의 보호에 대한 목소리가 높아지고 있는 지금, 건축은 환경을 악화시키는 주범으로 간주되고 있어 자연이나 도시와의 공생에 대해 보다 깊게 생각할 시기에 와 있다고 하겠다.

한편, 건축계획을 하는 입장에서 볼 때 배치계획은, 건축평면을 계획하기에 앞서 실시되는 중요한 작업이라는 것은 새삼 강조할 필요도 없을 것이다. 바꾸어 말하면, 건축계획을 할 때 모든 사람들이 제일 먼저 당면하게 되는 난관이기도 하다.

그럼에도 불구하고 종래, 건축을 둘러싸고 있는 주변환경이 풍요로웠던 시대에는, 건축배치의 사고방식에 대해서 그것만을 주제로 자세하게 저술된 책은 거의 없었다.

저자는 지금까지 건축계획 교과서의 앞머리에 몇 줄만 언급되어 왔던 배치계획에 대해서, 보다 자세하고 전문적인 내용이 필요할 것으로 판단되어 이 책을 쓰게 되었다. 집필에 즈음해서는 이하 4가지 사항에 유의했다.

1 동서고금의 건축 배치계획에 대해서 기본사항을 정리한 「서론」과 더불어 「자연에의 대응」, 「도시에의 대응」, 「정신사회에의 대응」의 3가지 환경에 대해 구분했다. 이렇게 함으로써 건축이 놓여지는 환경별 배치의 사고방식을 명확히 이해할 수 있다고 판단했기 때문이다. 또 각 장에 총론으로서 각각의 사고방식이나 특징을 사진이나 일러스트를 이용해서 시각적으로 해설했다.
2 각 장별로 분류를 다시 4~5항으로 세분하고, 각 항목의 해설에 배치계획에 대한 사고방식을 대표적인 사례를 들어 설명했다.
3 각 항별로 8~20개의 배치계획 작품사례를 들어, 그것의 계획의도와 특징을 쉬운 문장으로 설명했다.
4 해설내용에 대해서는 종래의 건축법규나 대지조건의 분석방법과 더불어 최근 주목을 끌고 있는 풍수학이나 환경문제, 도시경관, 정신사회 등의 시점에서 다각적으로 이해할 수 있도록 배려했다.

이상, 이 책의 구성이 여러분이 배치계획을 이해하는데 도움이 된다면 저자에게는 최상의 기쁨이 될 것이다.

저 자

CONTENTS

서 론

배치계획의 기본

총 론

1 건축기준법에 의한 제한

2 용도별 배치계획

3 환경에의 대응(Response)

4 풍수(음양오행설)와 배치계획

제 2차 세계대전에 의해 대부분의 세계 주요도시는 파괴를 당했다. 특히 일본의 나가사키(長崎), 히로시마(広島)에는 원자폭탄이 투하되고, 또 대도시에도 대공폭격이 이루어져 교토(京都) 주변을 제외한 거의 모든 지역이 허허벌판으로 변했다.

그림 1. 전쟁 후의 도시경관
上 : 도쿄(東京). 선샤인시티에서 조망
下 : 오사카(大阪). 신우메다시티에서 조망

그 후, 각 도시의 부흥에 즈음해서는 이렇다고 할 명확한 비전도 가지지 못한 채, 모두들 무계획적으로 건물을 재건하기 시작했고, 그 결과 지금 보이는 것과 같은 도시상황을 만들어내게 되었다. 바꿔 말하면 예전에 거기에 있었던 에도(江戸)나 오사카(大坂) 등으로 대표되는 근세의 도시구조나, 메이지(明治) · 다이쇼(大正) 시대의 근대화에 의한 도시계획은 일단 없었던 것으로 무시되어졌으며, 모든 것이 무질서하게 그리고 비계획적으로 만들어져 현대의 일본도시가 탄생했다고 해도 과언이 아니다(그림 1).

1960년대 이후, 일본은 고도성장기를 맞이하여 도시개발에도 박차를 가했다. 특히 1980년대 후반에는 버블경기 때문에 건축비보다 땅값이 한층 더 상승하여, 「건축은 토지의 장신구」라고까지 일컬어지기도 했다. 더욱이 「토지에 맞춰 건물을 세우는 작업」이 일본의 도시에서 빈번하게 이루어졌고, 상점가 등을 단절시키면서 고층건물이 재건되었기 때문에 도시개발의 무질서는 극에 달하고 있었다. 그러나 1990년에 들어서면서 버블경제가 붕괴되고 금융파탄에 의한 경제불황으로 상황이 바뀌게 되자, 도시의 난개발도 일단 종지부를 찍게 되었다.

그리고 현재의 도시현상을 뒤돌아보면, 누구라도 그때의 상처가 깊었다고 망연한 마음을 갖지 않을 수 없을 것이다. 예를 들면, 도시경관의 흉물스러움은 그렇다 치더라도, 주거환경의 악화, 특히 일조시간이나 소음 등에 의한 프라이버시의 침해는 더욱 악화되어 가고 있다. 또한 자연환경의 도시화나, 도시가 한곳에 집중된 결과 오존층의 파괴나 열섬(heat

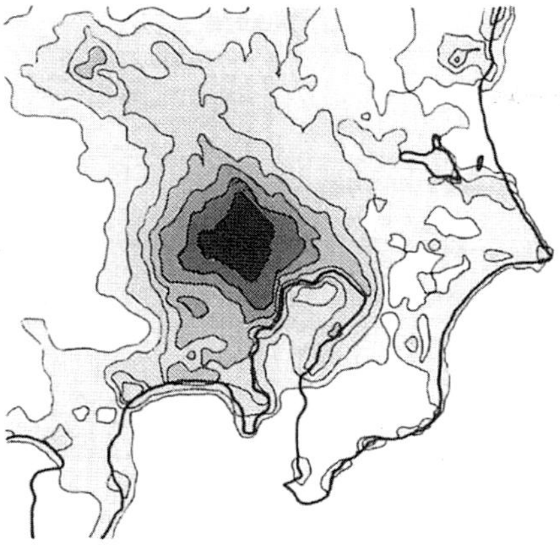

도쿄의 바람이 이동하는 권역인 관동평야. 서쪽 반을 덮는 것처럼, 도심의 열이 확대되고 있는 열섬현상을 등고선으로 나타낸 것.

그림 2. 열섬(heat island)현상

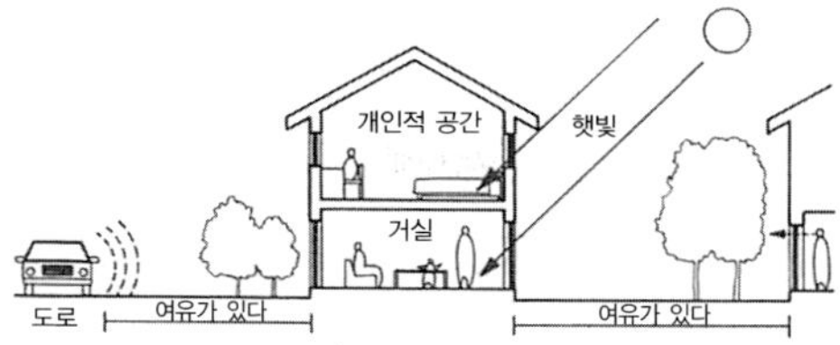

종래 거실이 1층에 있는 건축물 유형

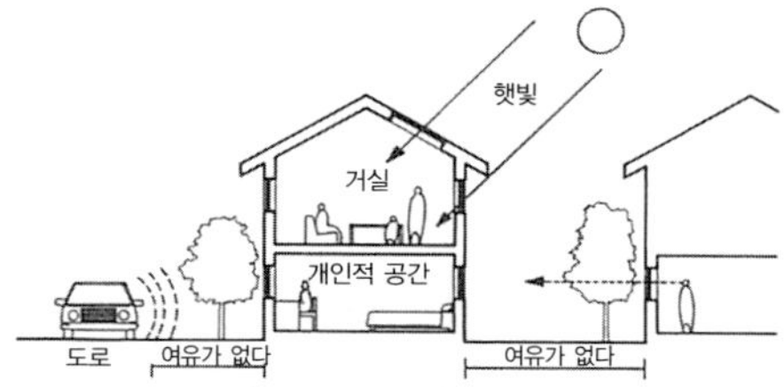

최근 거실이 2층에 있는 건축물 유형

그림 3. 거실의 위치변화

island)현상에 의한 지구의 온난화(그림 2) 등의 환경문제가 심각해지고 있는 것은 주지의 사실이다. 특히 다이옥신 문제는 쓰레기 소각시 분출되는 맹독에 기인한 것이나, 이는 건축물 건설시에 매우 많이 생겨나는 쓰레기에 의한 것으로 도시개발에 따른 당연한 결과라고도 볼 수 있다.

나아가 안전성에 있어서도 집합주택의 고층화에 따른 재난시 피난경로의 확보나 소방안전의 문제 혹은 지진이 발생했을 때 가장 피해가 큰 활단층(活断層) 위에 세워지는 건축물의 문제 등 열거할 수 없을 정도로 많다.

한편, 이렇게 환경이 열악해짐과 동시에 사람들의 마음도 조금씩 거칠어져 가는 것 같다. 일찍이 독일 건축가 브르노 · 다웃은 일본을 방문해 가츠라리큐(桂離宮)의 배치를 보고는 「마치 좋은 사회와 같다」고 감탄한 것과 같은 종래의 일본도시나 건축의 관계성을 지금은 상실해가고 있는 것 같다. 그리고 그 상실감을 풀기 위해서 사람들은 마음의 안식처(근원)를 일본의 옛 도시에 있었던 상징이나 정신에서 찾으려 하는 것 같다.

이와 같이 자연환경이나 도시의 공간 그리고 사람들의 정신사회가 악화되는 가운데 종래의 건축기준법이나 도시계획법 등의 원칙이나 규제를 충족시키는 건축계획만으로는 한계가 있는 것이 현재의 상황이다. 도시 난개발시대의 반성으로부터, 자연환경이나 도시경관의 보호가 크게 강조되고 있는 지금, 자칫하면 건축은 환경을 파괴하는 악마같은 존재로 그 입장이 뒤바뀔 처지에 놓여 있다고 해도 과언이 아닐 것이다. 따라서 오늘날에는 건축설계시, 자연이나 도시 혹은 인간 정신사회와의 공생에 대해 보다 적극적으로 대응해야만 하는 시점에 와 있다고 할 수 있다.

지금까지 건물을 둘러싸고 있는 환경이 풍요롭고 여유로웠던 시대에는, 건축의 배치방법에 대해, 그것만을 특별하고 상세하게 다룰 필요가 없었다. 기존의 건축계획 교재에서는 책의 서두에 아주 간단하게 훑고 지나가는 것이 전부였다. 그렇게 될 수밖에 없었던 것이 지금까지는 건축법규만을 만족시키면 어떤 건축물을 세워도 좋았으며, 대지에도 여유가 있었으며, 건축법규만으로 충분하다고 생각했기 때문이다. 그러나 오늘날의 건축여건에서는 그러한 계획까지도 대변혁이 일어나 있는 것이 현실이다(그림 3). 더욱이 앞에서 언급한 바와 같이, 오늘날의 환경을 생각한다면 건축내부에 대한 공부를 하기 전에, 먼저 자연이나 도시와 직접 연관되는 건축의 배치계획에 대해 보다 많은 배려를 해야 할 필요가 있다고 하겠다.

그래서 우선 본장에서는 종래 배치계획의 근거였던 건축법규에 의해 제한이나 건물의 기능별 배치계획과 더불어, 바람이나 빛 등 자연과의 공존을 위한 배치계획에 대해 설명하고자 한다. 또한 그 원조라고도 할 수 있는 풍수학(음양오행설)까지 거슬러 올라가, 선인들이 긴 세월을 거쳐 경험적으로 터득한 환경과 자연과의 공존을 위한 지혜와 노력을 익혀 앞으로 우리가 해야 할 배치계획 본연의 모습을 모색해 보기로 한다.

1 건축기준법에 의한 제한

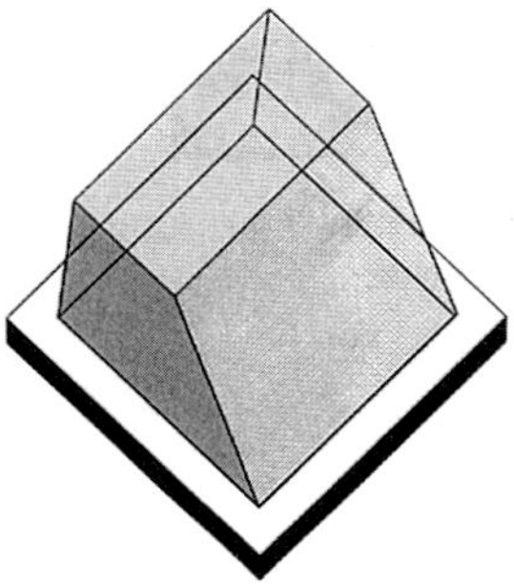

건축물 배치에 관한 법적제한으로 건축기준법이 있다.

건축기준법은 건물의 부지조건이나 형태에 대한 제반규정을 정한 것으로, 배치계획에 관련된 규제로는 용도지역규제와 형태규제의 두가지가 있다.

1) 용도지역규제

용도지역이란 도시환경을 양호하게 유지하기 위해, 도시계획구역 안에 있는 토지의 이용을 규제하는 것이다. 주거지역, 상업지역, 공업지역의 3개 지역으로 나누어지며(일본), 다시 12지역으로 세분화된다(표 1). 다시 말하자면, 건물을 짓는 대지는 반드시 이 12종류의 지역구분 중 어느 것엔가 해당되며, 해당되는 지역에 따라 여러 가지 제한을 받게 된다.

2) 형태규제

형태규제란 건물의 면적이나 높이에 관한 제한으로, 크게 건폐율, 용적률, 사선제한, 벽면후퇴의 4종류로 분류된다.

표 1. 용도지역

대상건축 \ 용도지역		제1종 저층 주거전용지역	제2종 저층 주거전용지역	제1종 중고층 주거전용지역	제2종 중고층 주거전용지역	제1종 주거전용지역	제2종 주거전용지역	준주거지역	근린공업지역	상업지역	준공업지역	공업지역	공업전용지역	비고
주택, 공동주택, 기숙사, 하숙		○	○	○	○	○	○	○	○	○	○	○	×	
겸용주택에서 비주택부분의 바닥면적이 50㎡ 이하이며 건축물의 연면적의 1/2 미만인 것		○	○	○	○	○	○	○	○	○	○	○	×	비주택부분의 용도제한 있음
상점 등	상점 등의 바닥면적이 150㎡ 이하의 것	×	①	②	③	○	○	○	○	○	○	○	④	① 일용품 판매점, 찻집, 이·미용점 및 가구점 등 서비스업용 상점에만, 2층 이하 ② ①에 추가하여, 물품판매점, 음식점, 손해보험대리점·은행지점·부동산업 등의 서비스업용 상점만, 2층 이하 ③ 2층 이하 ④ 물품판매점, 음식점 제외
	상점 등의 바닥면적이 150㎡를 넘고, 500㎡ 이하의 것	×	×	②	③	○	○	○	○	○	○	○	④	
	상점 등의 바닥면적이 500㎡를 넘고, 1,500㎡ 이하의 것	×	×	×	③	○	○	○	○	○	○	○	④	
	상점 등의 바닥면적이 1,500㎡를 넘고, 3,000㎡ 이하의 것	×	×	×	×	○	○	○	○	○	○	○	④	
	상점 등의 바닥면적이 3,000㎡를 넘는 것	×	×	×	×	×	○	○	○	○	○	○	④	
사무소 등	사무소 등의 바닥면적이 150㎡ 이하의 것	×	×	×	△	○	○	○	○	○	○	○	○	△2층 이하
	사무소 등의 바닥면적이 150㎡를 넘고, 500㎡ 이하의 것	×	×	×	△	○	○	○	○	○	○	○	○	
	사무소 등의 바닥면적이 500㎡를 넘고, 1,500㎡ 이하의 것	×	×	×	△	○	○	○	○	○	○	○	○	
	사무소 등의 바닥면적이 1,500㎡를 넘고, 3,000㎡ 이하의 것	×	×	×	×	○	○	○	○	○	○	○	○	
	사무소 등의 바닥면적이 3,000㎡를 넘는 것	×	×	×	×	×	○	○	○	○	○	○	○	
호텔, 여관		×	×	×	×	△	○	○	○	○	○	×	×	△3,000㎡ 이하
유희시설·풍속시설	볼링장, 스케이트장, 수영장, 골프연습장, 버팅연습장 등	×	×	×	×	△	○	○	○	○	○	○	×	△3,000㎡ 이하
	노래연습박스 등	×	×	×	×	×	○	○	○	○	○	○	○	
	게임(마장)장, 오락실, 표적맞추기시설, 마권·차권판매소 등	×	×	×	×	×	○	○	○	○	○	×	×	
	극장, 영화관, 연극장, 관람장	×	×	×	×	×	×	△	△	○	○	×	×	△객실200㎡ 미만
	카바레, 댄스홀 등, 개실 달린 목욕탕 등	×	×	×	×	×	×	×	×	△	○	×	×	△개실 달린 목용탕을 제외
공공시설·병원·학교 등	유치원, 초등학교, 중학교, 고등학교	○	○	○	○	○	○	○	○	○	○	×	×	
	대학, 고등전문학교, 전수(專修)학교 등	×	×	○	○	○	○	○	○	○	○	×	×	
	도서관 등	○	○	○	○	○	○	○	○	○	○	○	×	
	출장 파출소, 일정규모 이하의 우체국 등	○	○	○	○	○	○	○	○	○	○	○	○	
	신사(神社), 사찰, 교회 등	○	○	○	○	○	○	○	○	○	○	○	○	
	병원	×	×	○	○	○	○	○	○	○	○	×	×	
	공중목욕탕, 진료소, 보육소 등	○	○	○	○	○	○	○	○	○	○	○	○	
	노인홈, 신체장애자복지홈 등	○	○	○	○	○	○	○	○	○	○	○	×	
	노인복지센터, 아동복지시설 등	△	△	○	○	○	○	○	○	○	○	○	○	△600㎡ 이하
	자동차교습소	×	×	×	×	△	○	○	○	○	○	○	○	△3,000㎡ 이하
공장·창고 등	단독차고(부속 차고를 제외)	×	×	△	△	△	△	○	○	○	○	○	○	△300㎡ 이하, 2층 이하
	건축물 부속 자동차차고 ①②③에 대해서는 건축물 연면적의 1/2 이하이며 비고란에 기재한 제한	①	①	②	②	③	③	○	○	○	○	○	○	① 600㎡ 이하, 1층 이하 ② 3,000㎡ 이하, 2층 이하 ③ 2층 이하
		※1개 단지 대지 내에서는 별도제한 있음												
	창고업창고	×	×	×	×	×	×	○	○	○	○	○	○	
	축사(15㎡를 넘는 것)	×	×	×	×	△	○	○	○	○	○	○	○	△3,000㎡ 이하
	빵집, 쌀집, 두부집, 만두집, 양복점, 다다미 제작소, 가구집, 자전거점에서 작업장의 바닥면적이 50㎡ 이하	×	△	△	△	○	○	○	○	○	○	○	○	원동기의 제한 있음, △2층 이하
	위험성이나 환경을 악화시킬 수 있는 우려가 매우 적은 공장	×	×	×	×	①	①	①	②	②	○	○	○	원동기·작업내용의 제한 있음 작업장의 바닥면적 ① 50㎡ 이하, ② 150㎡ 이하
	위험성이나 환경을 악화시킬 수 있는 우려가 적은 공장	×	×	×	×	×	×	×	②	②	○	○	○	
	위험성이나 환경을 악화시킬 수 있는 우려가 조금 많은 공장	×	×	×	×	×	×	×	×	×	○	○	○	
	위험성은 크거나 현저하게 환경을 악화시킬 수 있는 우려가 있는 공장	×	×	×	×	×	×	×	×	×	×	○	○	
	자동차수리공장	×	×	×	×	①	①	②	③	③	○	○	○	작업장의 바닥면적 ① 50㎡ 이하, ② 150㎡ 이하, ③ 300㎡ 이하 원동기의 제한 있음
	화약, 석유 등·등의 위험물의 적재·처리의 양: 양이 매우 적은 시설	×	×	×	①	②	○	○	○	○	○	○	○	① 1,500㎡ 이하, 2층 이하 ② 3,000㎡ 이하
	화약, 석유 등·등의 위험물의 적재·처리의 양: 양이 적은 시설	×	×	×	×	×	×	×	○	○	○	○	○	
	화약, 석유 등·등의 위험물의 적재·처리의 양: 양이 조금 많은 시설	×	×	×	×	×	×	×	○	○	○	○	○	
	화약, 석유 등·등의 위험물의 적재·처리의 양: 양이 많은 시설	×	×	×	×	×	×	×	×	×	×	○	○	
도매시장, 화장장, 도축장, 오물처리장, 쓰레기소각장 등		도시계획구역 내에서는 도시계획결정이 필요												

주) ○:허가, ×:불가, ①, ②, ③, ④, △:면적, 층수 등의 제한 있음

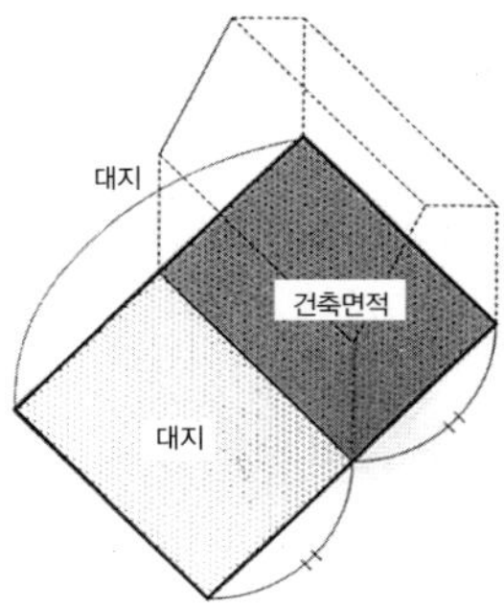

그림 1. 건폐율
(건폐율 50%의 경우)

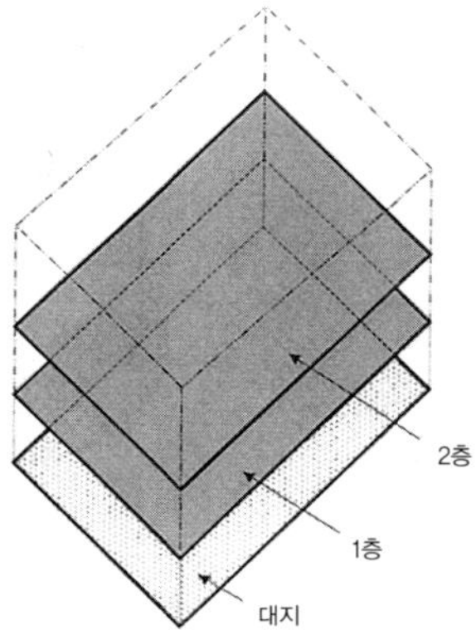

그림 2. 용적률
(용적률 200%의 경우)

형태규제는 광대한 대지에 건물을 짓는 경우라면 그다지 신경쓸 필요는 없다. 그러나 도시공간 속에서 한정된 부지의 효율적 이용이 필요한 경우라면, 건물의 배치나 형상을 크게 지배하게 되는 규제이다.

▶ 건폐율에 의한 규제

건물 1층의 면적을 「건축면적」이라 하는데, 건물 주변에 공지를 확보하기 위한 방법으로, 위에서 언급한 용도지역에 따라서 건축면적을 대지면적의 일정비율 이하로 제한하는 제도이다(그림 1). 이러한 대지면적에 대한 건축면적의 비율을 「건폐율」이라 한다. 일반적으로 50% 등과 같이 퍼센트로 표시한다.

▶ 용적률에 의한 규제

건물 각 층 면적의 합계를 「연면적」이라 하고, 연면적 역시 용도지역에 따라 대지면적의 일정비율 이하로 제한하는 제도이다(그림 2). 대지면적에 대한 연면적의 비율을 「용적률」이라 한다. 퍼센트로 표시한다.

▶ 사선제한에 의한 규제

대지별로 정해진 사선에 의해 건물높이를 제한하는 것을 「사선제한」이라 한다(그림 3). 「도로 사선제한」과 「인접대지 사선제한」의 2 종류로 나뉜다.

그림 3. 사선제한(모형)

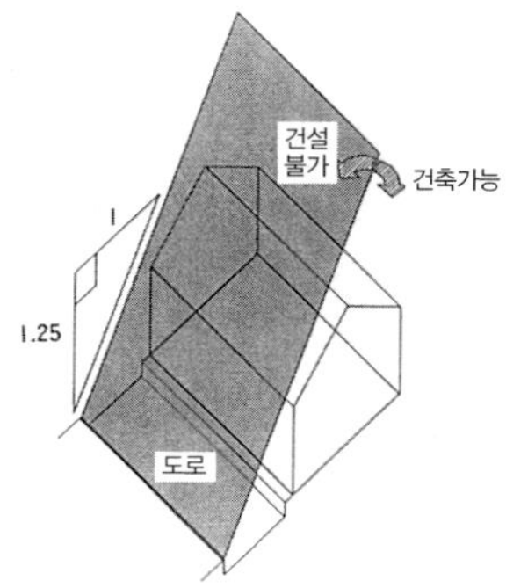

그림 4-1. 도로 사선제한(주택)

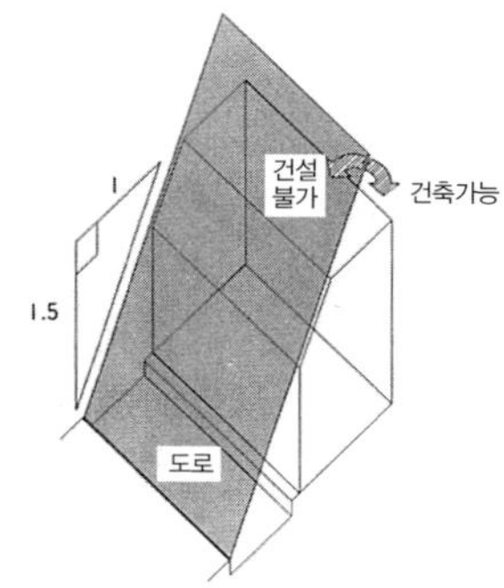

그림 4-2. 도로 사선제한(주택 이외)

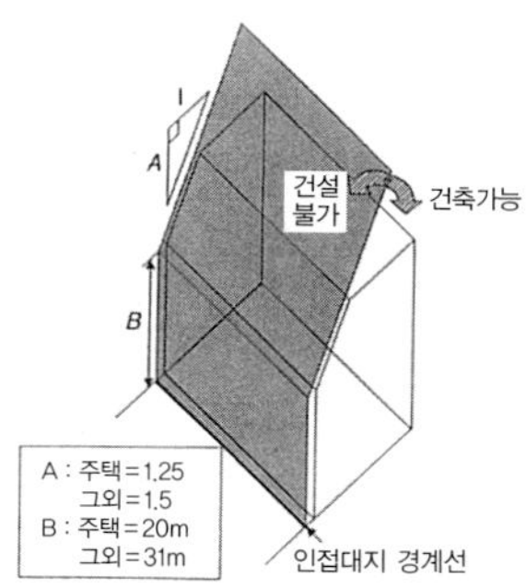

그림 4-3. 인접대지 사선제한

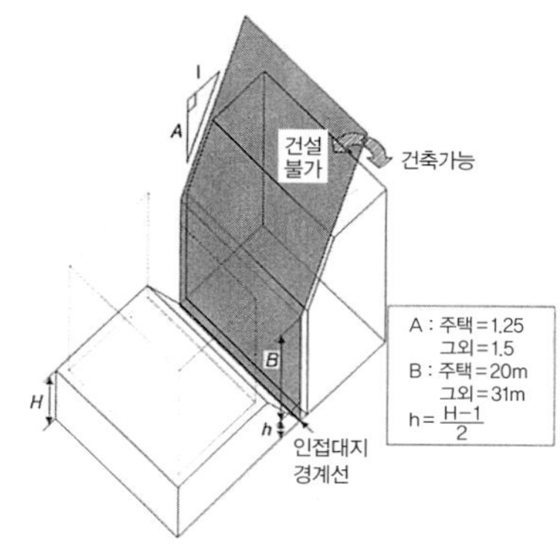

그림 4-4. 인접대지 사선제한(고저차가 있는 경우)

우선 도로사선은 도로에 접하는 대지 위의 사선으로, 전면도로 반대측 대지경계선에서 사선으로 연장시킨 선을 말한다(그림 4-1, 2). 다만 전면도로의 반대측에 벽면이 있거나, 또는 연못이나 강, 호수나 바다 등의 수면 및 광장이나 공원 등의 공터가 있는 경우에는, 그 벽면 혹은 공지 반대측 대지경계선에서 그은 사선을 가리킨다.

다음으로 인접대지 사선은 도로에 접하는 이웃 대지에 대한 사선으로, 통상 거주지역이라면 인접대지 경계선은 20m 높이에서 경사지게 그은 선을 가리키고, 그 이외의 지역에서는 31m 높이에서 경사지게 그은 선을 가리킨다(그림 4-3). 한편, 전면도로나 인접대지에 고저차가 있는 경우에는 그 고저차에서 1m를 감한 높이의 1/2이 되는 위치에서 전면도로나 인접대지와 동일한 사선규제를 정한다(그림 4-4).

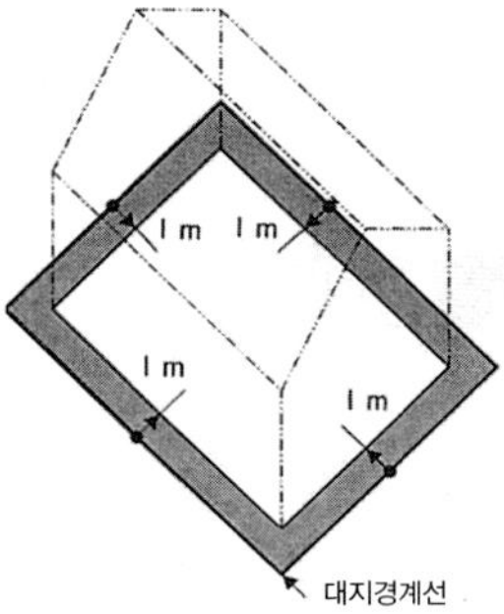

그림 5. 벽면후퇴

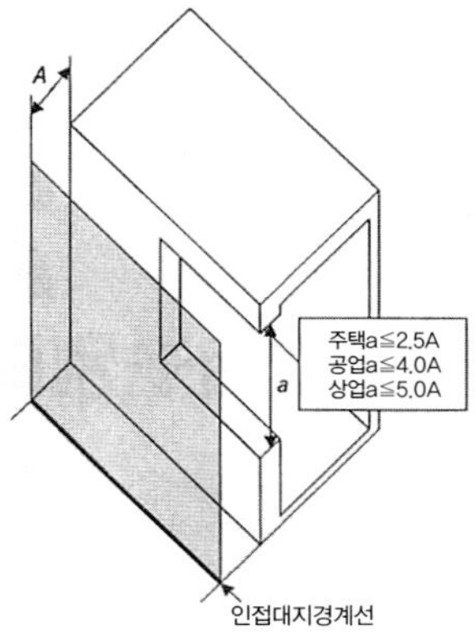

그림 6. 채광에 필요한 개구부의 규제

▶ 벽면후퇴에 의한 규제 등

화재시 불이 옆 건물로 옮겨 붙는 것을 방지하기 위해 건물벽면의 위치를 제한하는 제도이다. 이와 같이 벽면에 대한 규제를 「벽면후퇴」라 하며, 대지경계선을 기준으로 그 범위를 정한다(그림 5).

그 외에 배치계획과 직접적인 관계는 없지만, 용도지역제나 형태규제와 마찬가지로 「방화지역규제」라는 제도가 있다. 이것은 벽면후퇴와 마찬가지로 화재발생시 연소를 방지하기 위한 제한으로, 일반적으로 시가지 중심부를 「방화지역」, 그 주변을 「준방화지역」이라 하고, 각각 내화건축물 혹은 준 내화건축물과 같이 내화소재의 벽면을 가진 건물로 시공하도록 하는 규제이다.

또한, 채광 및 환기면에서 유효한 개구부에 대한 규제(그림 6)나, 복도의 폭과 계단 등에 대해서도 법적제한이 정해져 있다.

2
용도별 배치계획

과거 대지의 넓이나 주변의 제반조건 등 도시환경이 여유로웠던 시대에는, 건물용도에 따라 각각의 기능을 충분히 충족시킨 이상적인 배치계획을 세우는 것이 가능했었다. 그러나 현재, 한정된 면적과 혹독한 주변상황 속의 대지에서 이상적인 배치계획을 세우는 것은 이미 불가능하다고 해도 과언은 아닐 것이다.

이 책에서는 현시점에서 배치계획의 새로운 방법을 찾아내는 것을 주요 목표로 하고 있으나, 본론에 들어가기 전에 우선 기존 건축물 중 이상적이라고 일컬어지던 배치에 대해서, 건물 용도별로 소개해 보기로 한다.

1) 단독주택

주택의 배치계획은, 건축기준법의 주거지역규제에 의한 건폐율이나 용적률, 사선제한이나 벽면후퇴 혹은 거실의 채광이나 환기 등의 제한과 더불어 직사광선이 들어오는 방향과 죠닝(사회, 노동, 개인 등의 공간배치) 및 계획(평면계획)에 의해 대부분 정해진다(그림 1).

일조확보를 위해 남쪽이나 혹은 동남쪽에 정원을 두며, 건물은 북쪽

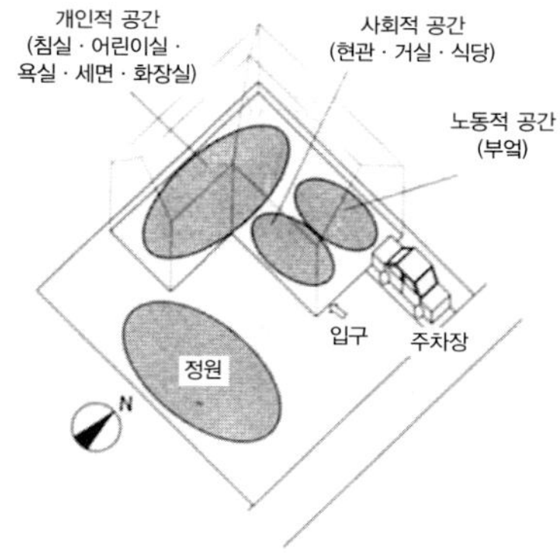

그림 1. 단독주택의 일반적 배치

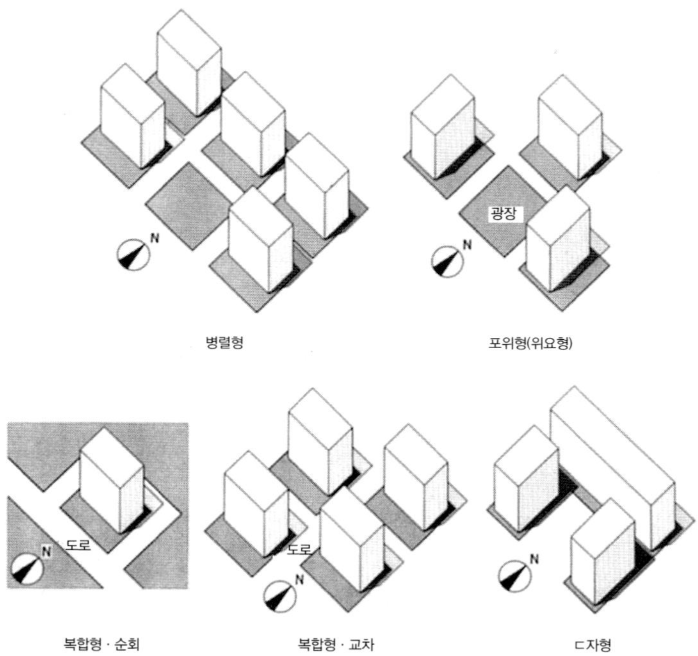

그림 2. 집합주택의 일반적 배치

또는 북서쪽으로 후퇴 배치하는 것이 일반적이다. 그리고 각 실에서 가능한 한 남동쪽 직사광선을 받아들이기 위해 북서 L자형으로 배치되는 경우가 많다. 주차장이나 현관 등은 도로측에 마련하는 것이 일반적이다.

2) 집합주택 (저층 및 고층주택)

집합주택의 배치계획에는 일반적으로 병렬형, 포위형, 복합형, ㄷ자형의 4종류가 있으며(그림 2), 어떤 형태이든 남쪽에 공지를 두어 일조를

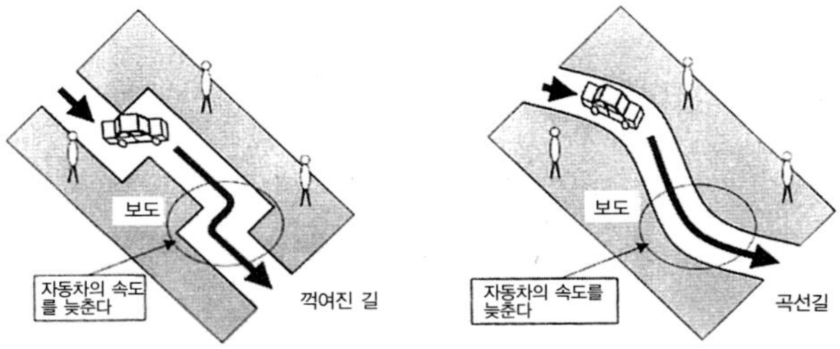

그림 3. 집합주택에서 사람과 자동차의 동선 분리

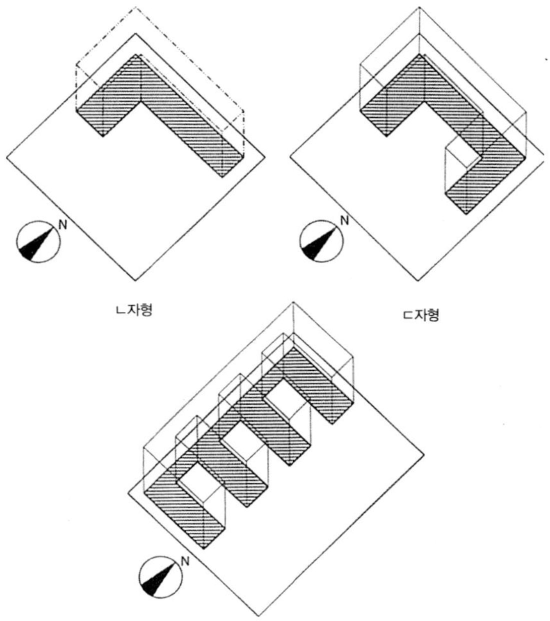

그림 4. 학교시설의 일반적 배치

확보하는 것이 상식이다. 또 보행동선과 차량동선을 나누어 줄 필요가 있기 때문에 다양한 동선계획이 시도되고 있다(그림 3).

3) 학교시설 (유치원, 초 · 중 · 고등학교, 대학 등)

학교시설의 배치계획에는 사람의 접근동선과 자동차 등 서비스 동선의 분리, 교실 등 교육시설에 대한 일조, 운동장의 확보 등 일반적으로는 4가지 유형이 있다.

우선 교실을 북쪽에 배치한 사례로 ㄴ자형과 ㄷ자형 계획이 있다. 다음으로 교실을 서쪽편에 2열 이상으로 나누어 늘어놓은 유형이 있으며

(그림 4), 그 외에 남측에 2열 이상으로 나누어 배치하는 형태가 있다.

4) 복합시설 (공공시설, 상업시설, 오피스빌딩, 의료시설, 숙박시설 등)

서로 다른 다양한 용도를 가진 공간이 모여 있는 건물을 복합시설이라 하며, 복합적인 기능은 그 목적에 따라 서로 다양하게 관련되고 있다.

예를 들면, 박물관이나 미술관, 도서관 등의 공공시설에서는 전시실(열람실)이나 수장고(서고) 이외에 진입부, 로비, 관리실, 나아가 소극장 등을 두는 경우도 많다. 이 경우 물건과 사람의 동선을 분리하는 문제가 배치계획의 핵심이 되며, 일조 등의 조건은 그다지 중요하지 않다(그림 5).

또한, 도시공간의 대부분을 차지하는 상업시설이나 오피스빌딩 등에서는 임대를 통한 수익공간의 확보문제에 주력하며, 보행동선과 차량동선의 분리가 배치계획의 핵심이 된다. 그 다음으로 중요한 것은 어떻게 하면 수익률을 올릴 수 있을 것인가 하는 점이다(그림 6).

그 외, 의료시설이나 숙박시설에서는 관리동과 숙박동 및 입원동과의 배치에 따라 손가락형(Finger Type)과 날개형(Wing Type)의 2종류로 나누어진다(그림 7). 그러나 이러한 형식은 종래의 일반적 배치계획일 뿐이며, 오늘날 도시공간의 현실은 그 성향이 크게 달라지고 있다고 하겠다.

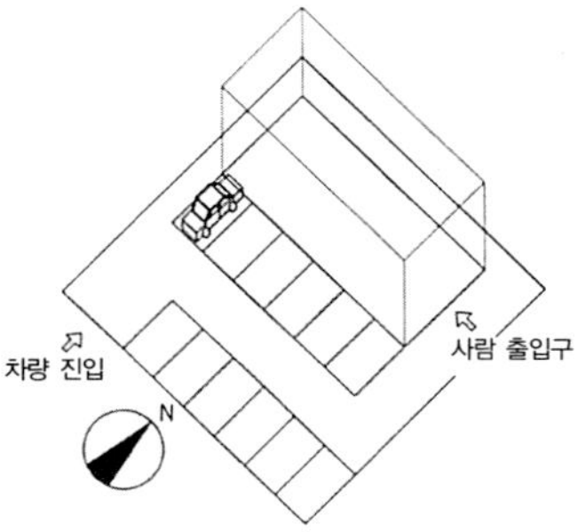

그림 5. 공공시설의 일반적 배치

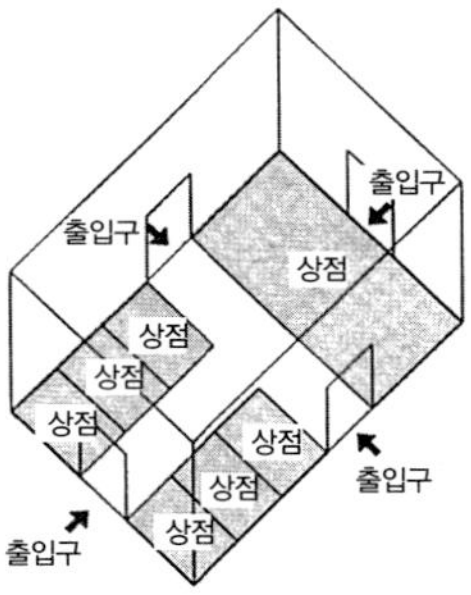

그림 6. 상업공간과 오피스빌딩의 일반적 배치

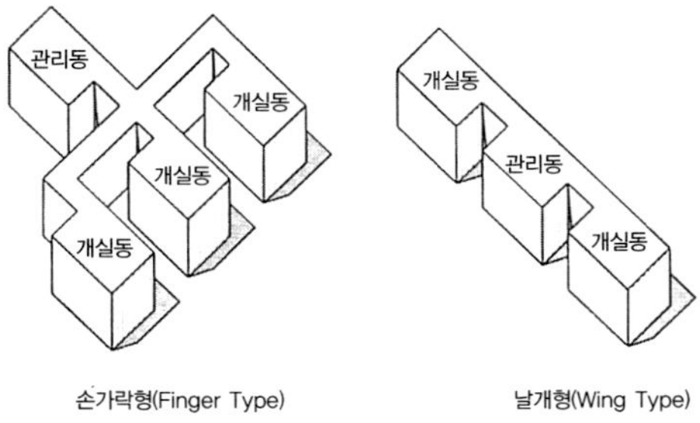

그림 7. 의료시설 · 숙박시설의 일반적 배치

3
환경에의 대응

과거, 대부분의 건축배치는 앞에서 언급한 바와 같이 건축기준법에 의한 제한과 일반적인 용도별 배치계획을 기준으로 하여 거의 모든 것들이 결정되어 왔다. 그러나 자연환경이나 도시환경이 악화일로로 치닫고 있는 지금, 그렇게 단순하지만은 않다는 것이 현 상황이다. 앞으로는 건축의 배치계획을 생각할 때, 먼저 자연이나 도시 그리고 인간과의 공생을 대전제로 생각해야만 하는 시기가 도래했다.

그래서 본서에서는 종래의 건축계획 속에서 미진하게 다루어 왔던 배치계획에 대해, 법적규제나 일반적인 배치뿐만 아니라, 자연이나 도시라고 하는 환경 그리고 지령(地靈)이라고 하는 인간 영위와의 공생에 대해 다루어보고자 한다. 나아가 각 항목에 「대응(Response)」 즉 응답-반응이라고 하는 단어를 붙인 것은, 건물의 배치가 자연이나 도시의 환경이나 사람들의 영위에 어떻게 응답하고 반응하고 있는지를 관찰하고 싶다는 의미를 담고 싶었기 때문이다.

전쟁 후, 일본에서 유행했던 구미의 그리스도교주의에서 시작하는 삶

그림 1. 전통적인 목욕 모습

그림 2. 上 : 히요시다이샤 히가시혼칸(日吉大社東本宮)
下 : 히에산 엔야쿠지 굴본쥬도우(延暦寺根本中堂)

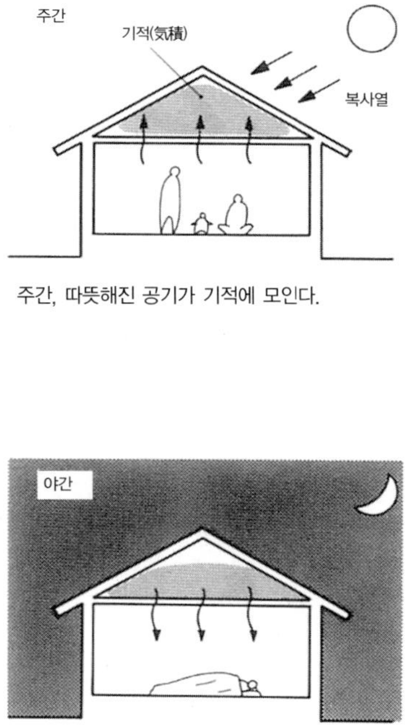

그림 3. 낮과 밤에 일어나는 공기층의 움직임

(현세)과 죽음(천국) 혹은 「YES」와 「NO」의 이원론은, 분명 그 적극성에 있어서 일본의 고도성장기를 떠받쳤던 것은 사실이다. 그러나 그에 따른 난개발의 결과, 건축과 환경의 공존은 파탄을 맞았다고 할 수 있다.

일본은 예로부터 환경과의 공존이 지극히 교묘했다고 한다. 신은 산에도, 강에도, 바람에도, 불에도 머무는 것이라 하여, 예로부터 자연 바로 그것을 신으로 숭배하고 또한 두려워해 왔었다(그림 1). 나라(奈良)시대에 그때까지 신도(神道)만을 믿어 온 일본에 처음으로 불교가 들어온 때에도, 그리스도교나 이슬람교 사회와 같이 종교적 대립을 일으키지 않고, 신불(神仏)조화라고 하는 형태로 구미문화가 도입되었으며, 메이지(明治)유신의 신불(神仏)분리에 이르기까지 순조롭게 공생해 왔다(그림 2). 불교에 대해서도, 삶과 죽음 외에 환생이라고 하는 사상을 가지고 있

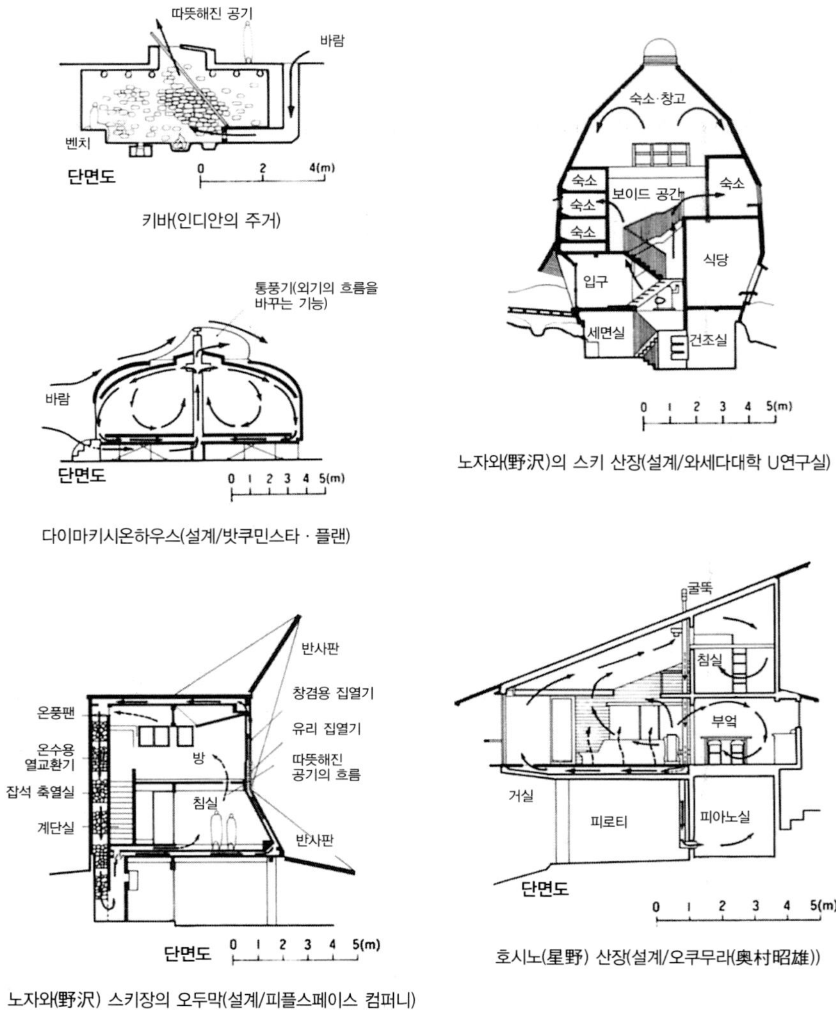

키바(인디안의 주거)

노자와(野沢)의 스키 산장(설계/와세다대학 U연구실)

다이마키시온하우스(설계/밧쿠민스타 · 플랜)

노자와(野沢) 스키장의 오두막(설계/피플스페이스 컴퍼니)

호시노(星野) 산장(설계/오쿠무라(奥村昭雄))

그림 4. 환경과 공존하는 자연공조시스템

어서, 구미의 이원론과 다른 다원론에 의해 보다 복잡한 문화를 형성하는 역할을 담당해 왔던 것이다.

일본은 그러한 다원론사상 때문에 현재 구미에서 일본이 가지는 애매모호성에 대해 지적받는 경우가 많긴 하다. 그러나 이원론에 의한 난개발이 실패한 지금이야말로, 본래 우리가 가지고 있었던 다원론에 의한 환경과의 공존이 재고되어야 하는 것이 아닐까? 지금까지의 독선적인 건축배치가 아닌, 환경에의 대응(response)에 의한 공존에 눈을 뜰 시기가 도래했다고 하겠다.

예로부터 일본건축의 대부분은 급경사에 큰 지붕을 가지고 있었다. 그러나 이것은 강우나 적설이 많다고 하는 것 이외에 낮과 밤, 혹은 여름과 겨울의 기온변화가 큰 기후조건과 깊은 관계가 있다. 즉, 큰 지붕의 내부에 「기적(気積)」이라고 하는 따뜻한 기운이 축적되는 공간이 만들어져, 이 곳에 한 낮에 따뜻해져 상승한 공기가 축적되며, 야간에는 그것이 서서히 식어서 하강함으로써 실내의 온도변화를 일정하게 유지할 수 있게 하는 구조가 된다(그림 3).

실온이 밤낮으로 급격하게 변하면 「냉기」 등으로 몸 상태가 망가지게 되는데, 소위 공기층(=기적:気積)이 적은 건축물은 병에 걸리기 쉬운 건축물이라고 할 수도 있다. 그러나 지금의 건물유형들은 이러한 공기층을 갖지 못하는 것이 대부분이며, 영어로는 WIND(바람)를 어원으로 갖는 WINDOW(창문)를 열더라도, 건물들이 빽빽이 들어서 있어 여유가 없는 현재의 건축배치 상황에서는 바람조차도 들어 올 수 없게 되어 있다. 그 결과, 에어컨에 의존하는 경향이 커지고 있으며, 여름에는 각 실에서 열이 방출되기 때문에 열섬현상으로 불리는 인구집중지역의 기온상승과 그에 수반되는 집중호우 등 환경에 심각한 문제가 야기되고 있다.

최근에는 패시브 솔라(Passive Solar) 등 종래의 버너큘러(vernacular:자연발생적) 건축에서 보였던 환경과 공존하는 보다 자연스러운 공기조절 시스템을 이용한 시도도 나타나고 있다(그림 4).

이 책에서는 이러한 공해대책 외에 경관의 수정보완작업이나 인간의 정신적 영위를 포함한 광의의 환경 관점에서 건축의 배치계획에 대해서 고찰해 보기로 한다.

4
풍수(음양오행설)와 배치계획

음양오행설이란 고대 중국에서 생겨난 점술 · 주술로, 다양한 현상을 「음(陰)」과 「양(陽)」, 그리고 목(木) · 화(火) · 토(土) · 금(金) · 수(水)의 다섯 가지의 자연요소로부터 풀어내기 위한 사상과 지식이다. 6세기가 되면서 이 사상은 견수사(遣隋使)나 견당편(遣唐便) 등과 같은 우수한 유학생에 의해 터득되어 보급되었으며, 일본에도 당대 최신 지식의 하나로 전래되었다.

음양오행설을 시술하는 사람을 음양사(陰陽師)라 하며, 나라시대 이후 천황이나 장군 등의 권력자 측근에는 반드시 음양사를 곁에 두어 도시계획이나 건설, 정치나 전쟁의 상담역으로 활약토록 해 왔다. 그러다가 7세기 텐무(天武)천황시대가 되면서, 「음양료(陰陽寮)」라는 관청이 설치되게 되며, 이것에 대한 연구가 국가적 사업으로 시행되기에 이르렀다. 그 후 카모가(賀茂家), 아베가(安倍家) 등 음양두(陰陽頭)라 불리는 음양료(陰陽寮)를 지배하는 세가가 나타나고, 유명한 아베(安倍晴明) 등의 음양사(陰陽師)를 배출하게 된다.

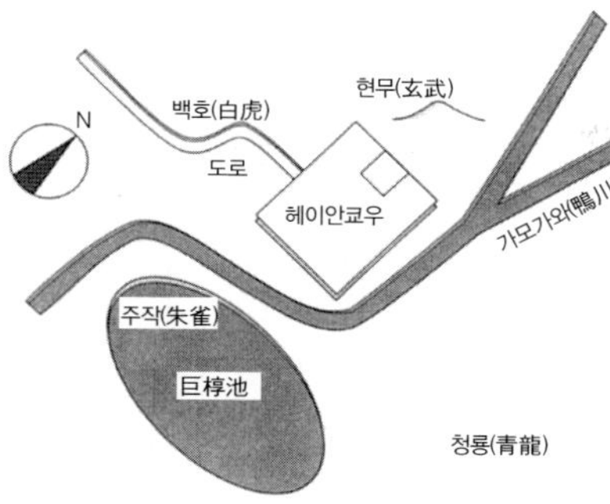

헤이안쿄우(坪安京)와 사신상응

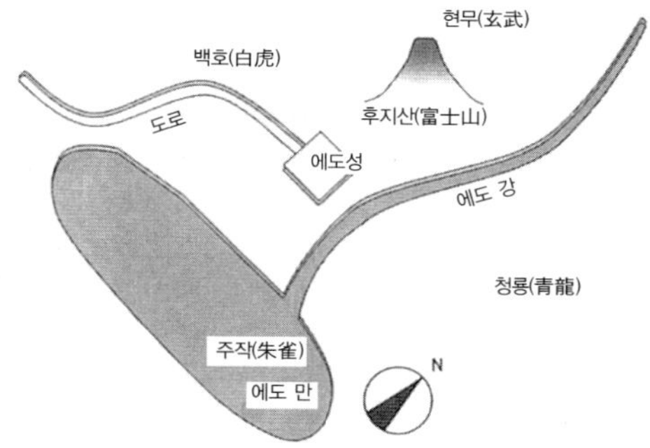

에도(江戸)와 사신상응

그림 1. 도시와 사신상응(四神相応)

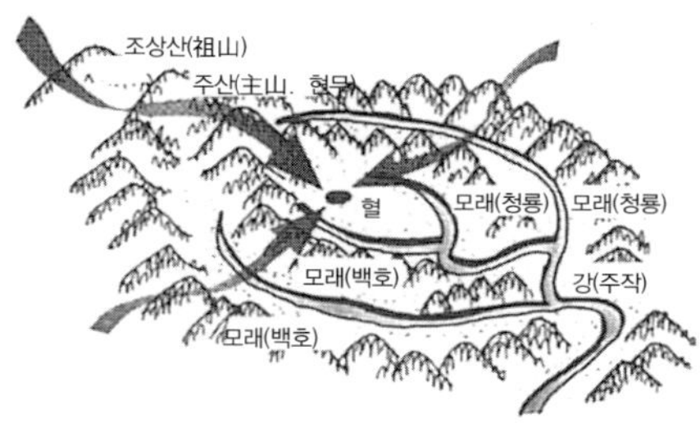

그림 2. 용맥(竜脈)과 혈(穴)

전국(戦国)시대에 양쪽 세가는 일시적으로 쇠퇴하지만, 에도(江戸)시대가 되면서 도쿠가와(徳川家康)에 의해 양가 모두 재건되게 되며, 메이지유신까지 소중하게 보호되어져 왔다. 그런 이유로, 현재 일본의 풍습에도 음양오행설의 영향이 깊숙이 잔재되어 있으며, 원호(元号)나 명절 또는 관상이나 손금, 집의 운세, 이름 운세 등의 점술, 나아가 일본문화의 대표라고 할 수 있는 다도나 화도(華道), 스모, 유도 등의 무술과 기타 신도(神道)나 불교, 유교, 도교 등 모든 사상에 그 영향이 미치고 있다.

현대에서 「풍수」라고 불리는 것이 이것에 해당하는데, 오늘날 다소 호사가적(好事家的)인 지식이 범람하고 있다는 느낌은 있지만, 본래는 선인이 경험적으로 터득한 환경과 공존하기 위한 지혜와 노력이며, 이른바 환경친화적이며 앞으로 지구에서 추구하고 있는 발상이라 해도 과언은 아닐 것이다. 중국인이 4천년의 경험으로부터 얻은 지식으로 한방약이 있는데, 식물의 열매나 잎, 뿌리, 기타 등을 건조시킨 이 약들의 효능은 지금도 확실히 인정받고 있다. 그러나 실제, 과학적으로는 무엇 때문에 효험이 나타나는 것인지 아직도 해명되지 못한 것이 수없이 많다. 이와 마찬가지로 중국 4천년의 지혜라고 할 수 있는 풍수가 현재의 과학으로는 규명되지 않는다고 해도, 과연 모두 미신으로 배척해야만 할 것일까? 현재 도쿄공대와 도쿄예술대 명예교수로 있는 세이케(清家清)씨는 집의

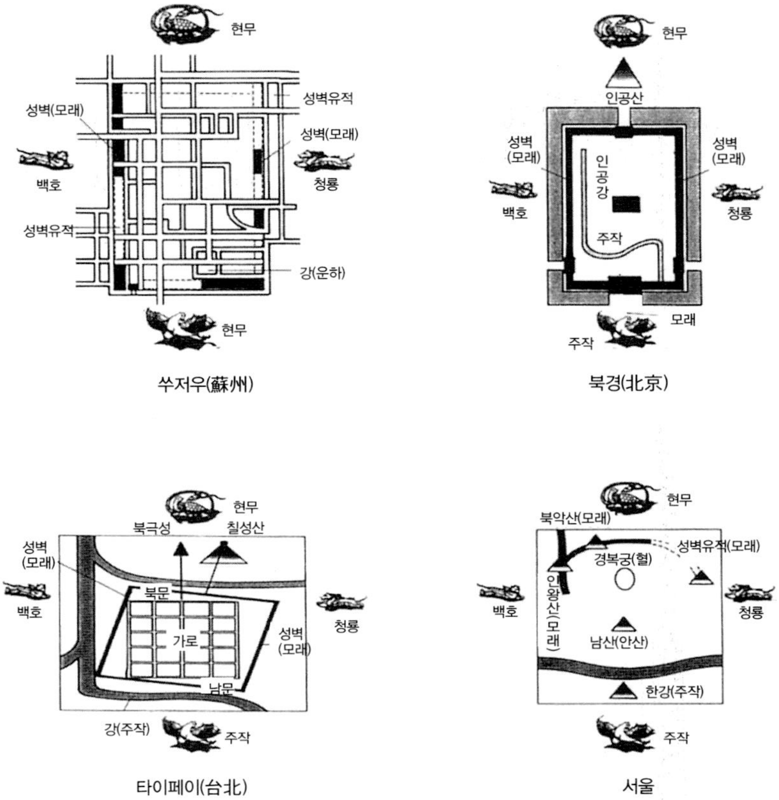

그림 3. 아시아의 도시와 사신상응(四神相応)

풍수지리에 대해 「건축학적, 주거학적으로 근거를 가지고 있는 사례가 결코 적지는 않다」고 말한다. 오랜 세월의 시행착오 속에서 얻을 수 있었던 집 만들기의 노하우는 오늘날 건축기준법에 버금가는 것이기 때문이다.

특히 도시계획에 대해서는 고대로부터 풍수학의 「사신상응(四神相応)」이라고 불리는 대길(大吉)의 지형을 사용해 왔다. 즉 동쪽에 강, 서쪽에 도로, 남쪽에 호수나 바다, 북쪽에 산을 가진 지형을 가리키며, 각각 청룡, 백호, 주작, 현무와 같은 상상 속의 신물(神物)을 배치하여 설명하고 있다.

이 사신(四神)은 중국뿐만 아니라 한국, 그리고 일본에도 강하게 영향을 끼친 것을 볼 수 있다. 사신경(四神鏡)에 해당하는 한무경(漢式鏡)은 다수 발견되며, 또 고분에 묘사된 사신(四神)을 주제로 한 그림은 유명하다.

이 밖에, 일본의 전통무예인 스모 씨름판의 모양을 보더라도, 동쪽은 청(青), 남쪽은 주(朱), 서쪽은 백(白), 북쪽은 흑(黒)으로 되어 있다. 또한, 북측[玄武]에서 서로 마주보는 남측[朱雀]을 향해 옥좌(玉座) 즉 천황의 좌석을 준비한 것도, 이것에 따른 배치일 것이다. 또한, 사신에 춘하추동의 사계절을 합하여 「청춘(青春)」이라고 하거나, 이마즈(会津)의 「백호대(白虎隊)」나 시인 기타하라(北原白秋)와 같은 이름 등, 사신상응(四神相応)이 일본문화에 끼친 영향은 끝이 없을 정도로 많다.

실제로, 이 지형은 과학적인 분석에서도 남쪽사면은 채광상 가장 유리할 뿐만 아니라 물과 교통로의 확보와 같은 도시기능에 필요불가결한 요소가 중시되고 있다. 예를 들면, 헤이죠우쿄우(平城京)나 헤이안쿄우(平安京), 에도(江戸) 등 일본의 수도 대부분은 사신상응(四神相応)을 중시했었다(그림 1).

한편, 사신상응(四神相応) 외에도 「용맥(竜脈)」이라고 하는 기의 흐름(그림 2), 「교차명당형(交差明堂形)」이라고 하는 7개의 언덕으로 둘러싸인 지형, 귀신이 드나드는 방위로서 매우 싫어하는 귀문(鬼門)[동북]과 이귀문(裏鬼門)[서남]을 연결하는 귀문축(鬼門軸), 죽은 자를 신으로 안치하기 위한 동서축(東西軸)[출생지, 매장지, 제사장소를 서쪽에서 동쪽으로 일직선상에 놓는다], 북진축(北辰軸)[북극성의 방위인 정북으로, 나아가 우주신으로 재생한다], 북두칠성형 배치[지령진호(地靈鎮護)] 등으로 불리는 풍수학적인 배치계획이 도시나 건축에 사용되어 왔던 것이다.

이러한 사례는 일본뿐만 아니라 동양의 베니스라 불리는 쑤저우(Suzhou)나 중국의 수도 장안(長安), 대만의 수도 타이페이(台北), 한국의 수도 서울 등 아시아 전역에서 비슷한 징후가 관측된다(그림 3).

과학이 만능이라고 믿고 도시에서 난개발이 진행된 결과, 환경이 악화일로를 걷고 있는 지금, 선인들이 많은 시행착오의 끝에 얻은 이 같은 경험적인 배치술을 다시 재고해야 하는 시기가 와 있는 것은 아닐까.

제 **1** 장

자연에의 대응

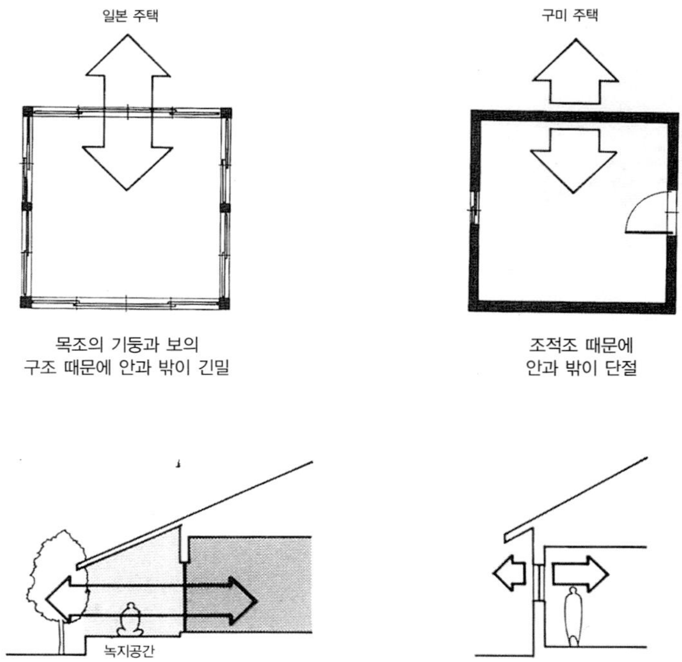

그림 1. 일본 주택과 구미 주택의 공간개념

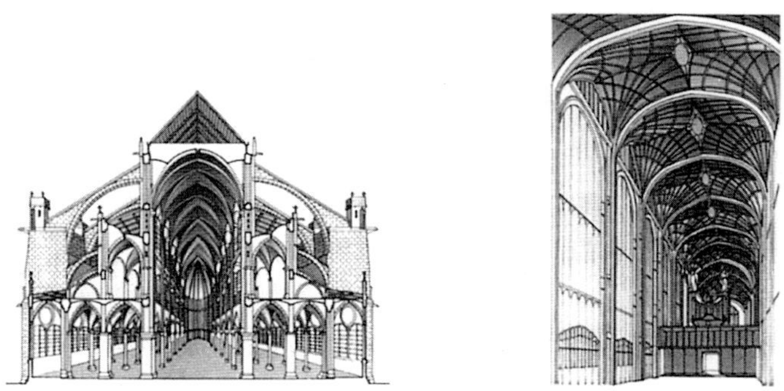

파리대성당 내부 킹스컬리지 예배당 내부

그림 2. 수직방향으로 확장하는 벽돌구조

동양과 서양의 자연관의 차이를 생각할 때, 피할 수 없는 것 중의 하나가 동서양의 풍토와 건축구조의 관계일 것이다(그림 1).

서양국가들 대부분은 내륙에 위치하기 때문에 국토의 대부분이 평야와 사막이다. 따라서 강우량도 적고 풍부한 삼림도 얼마 되지 않아 건축은 목조보다는 석조나 흙을 굳혀서 말린 벽돌 혹은 점토를 굳혀 구운 벽돌에 의한 조적조를 중심으로 발달해 왔다.

조적조의 결점은 붕괴를 피하기 위해 개구부를 크게 할 수가 없다는 점이다. 그 때문에 어쩔 수 없이 외부환경과 실내공간의 관계가 희박해지

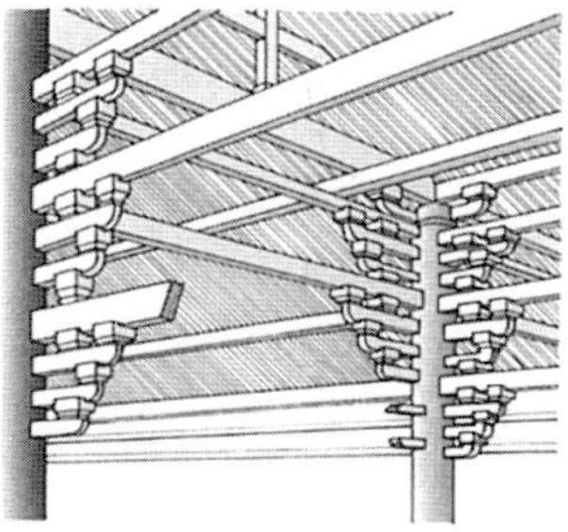

그림 3. 죠도지(浄土寺) 본관의 내부축 구조

그림 4. 교토 전통주택가의 파사드

나, 그 대신 수평방향으로의 확장보다는 중세 이후 높은 교회당 건축에서 볼 수 있는 수직방향으로의 확장이 이루어졌다고 볼 수 있다(그림 2).

또한 그리스도교의 「승천」으로 대표되는 수직방향의 삶과 죽음의 2차원적 개념도 어쩌면 여기에서 발단된 것이 아닐까 상상해 본다. 그 결과, 이른 시기부터 「인테리어」라고 하는 개념이 탄생된 원인의 하나가 되었다고도 일컬어진다. 또 그것이 삶과 죽음이라고 하는 이원론의 그리스도교 문화, 그리고 YES, NO라고 하는 확실한 국민성과도 관련되어 있는 것인지도 모르겠다.

한편 일본은 섬나라로 강우량도 많고 삼림자원도 풍부하다. 그래서 건축재료도 최상급의 삼나무 등 수목의 혜택을 받아 예로부터 가공이 쉽고 유연한 강도를 가진 목조기둥과 대들보 구조가 발달되어 왔다. 목재는 그 부드러움을 이용하여 복잡한 가공을 하는 것도 가능하기 때문에, 장부접합 및 이음매접합이라고 하는 기둥과 대들보의 접점강도를 높이는 방법도 발달했다(그림 3). 또한 목조의 탄력성 때문에 지진이 많은 나라에서는 특히 적합한 건축구조이기도 했다.

이렇게 기둥과 대들보에 의한 구조는 일본에서 창(窓)의 어원이 「간호(間戸)」인 것에서 알 수 있듯이 개구부를 용이하게 만드는 것을 가능하게 했다. 따라서 외부환경과 실내공간의 관계가 필연적으로 증가되었으며, 각각을 매개로 하는 장치, 즉 도시에서는 교토(京都)의 전통주택가에서 볼 수 있는 격자창이 바로 그러한 예가 될 것이다. 격자창은 채광과 통풍이 좋으며, 시선을 차폐하는 애매한 중간장치(그림 4)를, 자연에 대해서는 밖과도 안과도 애매한 독특한 경계부의 중간영역을 만들어내고 있다(그림 5).

그러나 그런 이유 때문에 수평방향으로의 공간확장은 발달되었으나,

그림 5. 가츠라리큐(桂離宮) 고서원(古書院) 대청마루에서의 조망

수직방향으로의 확장은 발달하지 못하고 끝났다는 지적도 있다. 그리스도교의 생사관(生死観)이 수직축인데 비해, 불교에서 칭하는 다른 세계가 서방정토(西方浄土)라고 하는 수평축 상의 서쪽 방위인 것에도 관련되지 않았나 싶다. 나아가 이러한 애매성이 서구인에게 자주 지적받는 「시크릿 스마일(Secret Smile)」로 대표되는 일본의 문화를 형성하는 요인의 하나가 된 것이 아닐까. 이렇게 환경과의 공생이라는 시점에서 보면, 일본건축은 그 성립에서부터 상당히 자연과 친밀한 관계를 갖고 있었음을 알 수 있다.

현재, 버너큘러(Vernacular:자연발생적)한 건축을 뒤돌아보면, 자연환경 속에 동화되어 있는 경우가 많다. 예를 들면 오래된 마을에서는 가로에 면해 지붕경사면을 향하도록 배치되어 있는 것을 「평 들어가기」, 처마 측을 향하고 입구가 있는 것을 「처마 들어가기」라고 하는데, 이것은 가로가 동서방향인가 혹은 남북방향인가에 따라 달라진다. 채광과 바람방향에 대한 대응(response)의 차이가 도로에 면한 지붕의 모습에 영향을 끼친 것이다. 즉, 버너큘러 건축의 대부분은 그 토지의 지리나 기후조건에 대응하고 있기 때문에, 긴 시행착오가 진화하는 과정을 거쳐 더 이상 움직이기 어려운 배치를 갖게 된 것이다.

그러나 오늘날 자연환경의 도시화가 진행되어, 특히 모더니즘(Modernism)시대에 인터내셔널스타일(International Style)이라 불리는 지역성이 없는 만국공용의 건축이 근대화라는 이름 하에 계속 세워졌다. 즉 지역성을 무시하고, 불과 몇 십 년의 역사밖에 갖지 않는 모더니즘 건축이, 긴 세월을 거쳐 이룩한 자연환경과 함께해 왔던 버너큘러 건축을 대신해버린 것이다. 그 결과 자연환경과 경관파괴가 심각해진 지금, 버너큘러 건축이 가지고 있었던 자연과 공생하는 자세를 되돌려 놓아야 하는 시기가 온 것은 아닐까 생각된다.

이 책에서는 건축의 배치계획에서 자연에 대한 대응(Response)에 대해, 「빛」, 「바람」, 「물」, 「지형」, 「조망」이라고 하는 5개의 키워드로 분류하고, 그것들의 수법에 대해 설명해 보기로 한다.

1

빛

◆ 작품사례

가츠라리큐(桂離宮) ……………………………………역사건축물

타카야마 시라가와(高山 白川) 마을의 민가군 ……………역사건축물

히가시산죠우덴(東三条殿)[복원계획안]……………太田静六씨 복원

사이타마(埼玉) 지역의 집합주택 …………宮元健次+宮元庭園건축연구소

3 : 4 : 5 ……………………………………計画工房 · 村上美奈子

성 요하네회 사쿠라마치(桜町) 병원 호스피스……………長谷川敬아트리에

마을의 테라스 ……………………………………渡辺誠／아키텍트오피스

옹벽으로 된 집 ……………………………………出江寛건축사무소

위장 하우스(Camouflage House) 2 ……井口告 휘프츠 · 월드 · 아키텍스

도쿄(東京) 국제교류관 ………………石本 · 교육시설 · 佐藤설계공동기업체

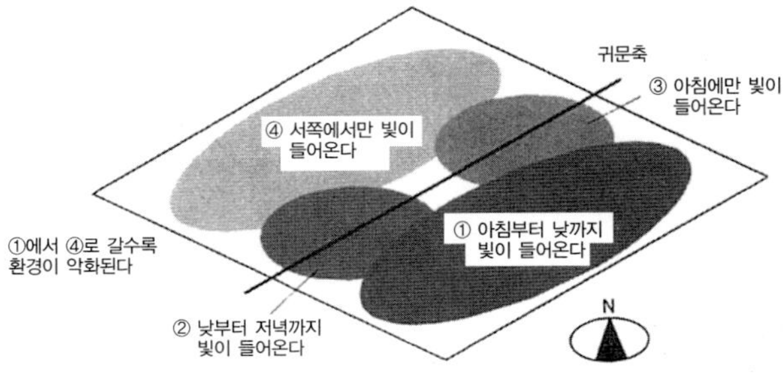

그림 1. 빛과 죠닝(Zoning)

태양빛은 사람들의 생활에서 빼놓을 수 없는 요소이다. 원래 일본인은 태양신앙을 믿으며, 지금도 노인들이 「햇님에게 기원하는」 모습을 볼 수 있다. 일본사람들이 서쪽햇빛을 싫어하는 이유는 기후상의 문제 외에 서쪽은 태양이 지는 방향, 즉 태양이 죽는 방향인 것에서부터, 「서방정토」라고 해서 저 세상의 방향이라고 믿어온 것들이 관계되어 있을 것이다.

또 신사(神社)에 국한하지 않더라도, 일본의 주거형식인 침실 만들기나 서원 만들기, 사원 등 건축물의 대부분은 남측을 향하게 하여 자연의 빛을 향수해 왔다(그림 1).

현재의 건축기준법에서도, 1일 최저 4시간 이상의 일조를 의무화하고 있으며, 또 바닥면적의 7분의 1 이상의 개구부를 설치하여 채광을 확보하도록 규정하고 있다. 그러나 구미 여러 국가에서는 직사광선이 잘 드는 남쪽방향에 특별한 구애를 받지 않기 때문에, 다양한 방향으로 건물을 배치하는 것 같다. 이것은 역시 다습한 섬나라 일본과 습도가 낮은 내륙과의 기후차이에서 기인된 것일지도 모른다.

음양오행설의 하나인 사신상응(四神相応)에 있어서도, 북쪽에 산이 있고, 남쪽으로 물이 있는 것을 좋은 땅이라 하는데 이는 바꿔 말하자면 남쪽사면 양지의 좋은 토지를 선택하라는 뜻인 것이다. 실제로 경사진 땅에서 그림자의 길이를 조사해 보면, 북사면의 경우 높이 차이가 1m 길어짐에 따라 그림자의 길이는 약 2m 늘어나게 되어, 남사면과 비교해 보면 2배 정도 그림자가 길어지게 된다. 그래서 사면 남측의 건물 그림자로 인해 일조가 차폐되기 쉽다(그림 2).

또 예로부터 귀신이 드나드는 방위라고 싫어하는 그래서 꼭 피해야 한다고 전해오는 귀문(鬼門)[동북]과 이귀문(裏鬼門)[서남]을 연결한 귀문축(鬼門軸)에 대해서도, 건축학 관점에서 생각해 보면 어떤 합리성을 도

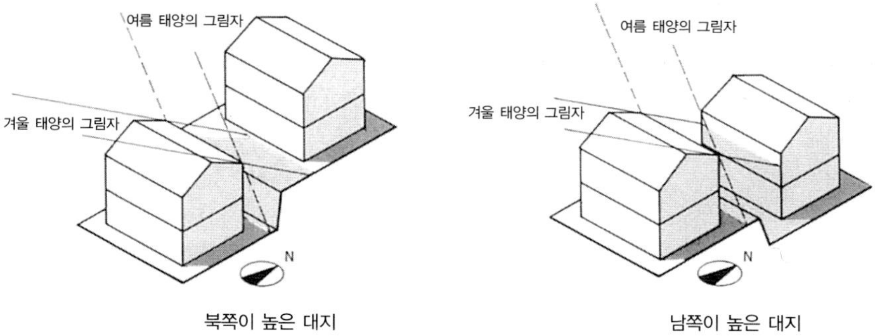

그림 2. 북측 경사지와 남측 경사지에 만들어지는 그림자

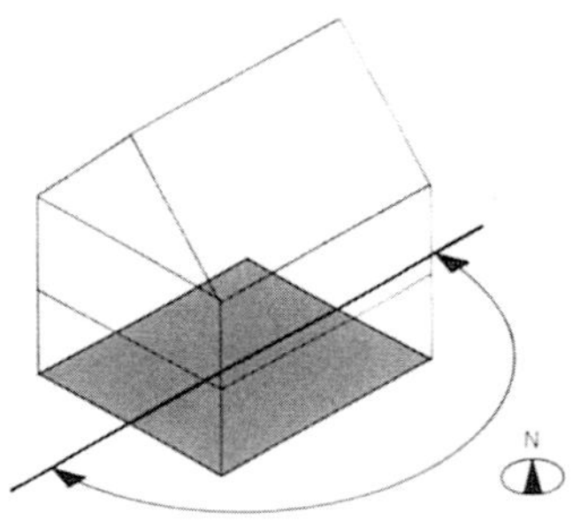

그림 3. 귀문축(鬼門軸)과 동남향의 건물배치

출해낼 수 있다. 다시 말해 동북과 서남을 피해 건물을 배치하게 되면, 저절로 동남방향으로 건물이 세워질 수밖에 없다(그림 3).

사람들은 보통 여름철 가장 기온이 올라가는 시각에 낮은 고도에서 실내로 깊숙이 들어오는 서쪽햇빛을 가장 싫어한다. 즉 서쪽을 피해 동남향으로 건물을 세우는 것이 가장 이상적인 것이다.

일본의 상징적 건축물인 가츠라리큐(桂離宮)의 서원건물도 동남향으로 세워져 있다. 즉 기이한 것은 귀문축을 피하는 것이 건물의 이상적인 배치와 일치한다는 점이다.

자연광의 기능에는 조명, 난방 이외에 살균, 건조 등의 효과가 있다. 현재는 도시환경의 악화로 인해 부엌이나 욕실, 화장실과 같이 물을 사용하는 공간에 창을 설치할 수 없는 경우가 많아졌으나, 원래는 이렇게 위생적으로 중요한 공간이야말로 자연광이 반드시 필요한 곳이다.

여기서는 주택을 사례로 빛과 건축에 있어서의 죠닝에 대해 간단하게 정리해 보기로 한다.

우선 직사광선을 가장 긴 시간 얻을 수 있는 남측에 가능한 한 많은 방들을 배치해야 하지만 현재의 주택사정으로는 곤란하다. 따라서 주요실인 거실과 하루 종일 그곳에서 시간을 보내는 경우가 많은 어린이 방, 노부부실, 서재 등은 반드시 남쪽에 두도록 한다.

동쪽에는 하루 중에서 주로 아침에 가족이 모여 식사를 하는 식당이나 부엌을 배치하는 것이 이상적일 것이다. 또한 서측에는 하루에 한번쯤은 직사광선이 들어와서 살균, 건조 등을 할 수 있도록 일반적으로 욕실이나 화장실 등을 둔다.

한편 부부침실 등은 통상 밤에만 사용하는 경우가 많으므로 반드시 직사광선이 들어오는 곳에 배치할 필요는 없으나, 살균, 건조를 생각한다면 동쪽이나 서쪽에 배치하는 것이 좋다.

마지막으로 북측은 직사광선이 전혀 들어오지 않고 확산광만 얻을 수 있으므로, 반대로 직사광선을 싫어하는 창고와 같은 수납공간이나 계단실 같은 통로를 두는 것이 좋을 것이다. 흥미로운 것은, 이렇게 건축계획적으로 본 빛에 의한 죠닝(Zoning)이 신기하게도 음양오행설 속 가상학(家相学)에 의한 이상적인 상태와 일치하고 있다는 것이다.

다음에는 빛에 의한 배치계획의 사례 몇 가지를 살펴 보기로 하자.

가츠라리큐(桂離宮)

1615~1662년
설계 / 역사건축물

햇빛(日光)

가츠라리큐(桂離宮)의 중심 어전(御殿)인 서원군은 방위 동남 29도를 향하고 있으며, 또한 고서원(古書院), 중서원(中書院), 신어전(新御殿)이 각각 병렬로 늘어서 있다. 이러한 병렬배치의 방위는 동남 60도인데, 기이한 것은 1925년 근대건축의 4대 거장인 르 · 꼬르뷔제가 제창한 태양의(太陽儀)의 위치와 일치하고 있다. 태양의(太陽儀)의 위치라 함은 1년을 통해 가장 일조량이 많은 방위를 뜻하는 것으로, 즉 서원군은 이상적인 채광을 얻을 수 있는 배치구조를 갖고 있음을 알 수 있다.

달빛(月光)

가츠라리큐(桂離宮)가 세워진 가츠(桂) 지방은 예전부터 달을 보는 명소로서 널리 알려진 곳으로, 지명도 중국의 「월계(月桂)」라는 고어에서 유래된 것으로 귀화인(帰化人)에 의해 명명된 것이다. 이 지역에는 츠기요미(月読) 신사도 있어, 달을 신앙으로 하는 지역이었음을 알 수 있다.

하라(源)씨의 이야기나 토사(土佐)일기에서도 달의 명소로서 가츠(桂)라는 지명을 들고 있으며, 헤이안(平安)시대에는 현재의 가츠라리큐대지에 후

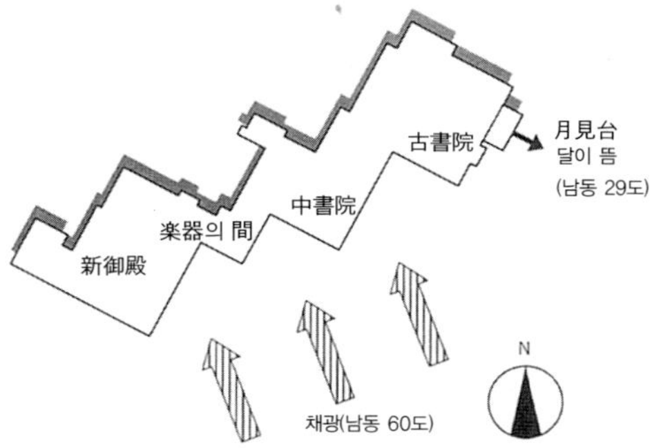

가츠라리큐(桂離宮) 서원들의 배치개념도

가츠라리큐의 배치모형

서원 외관

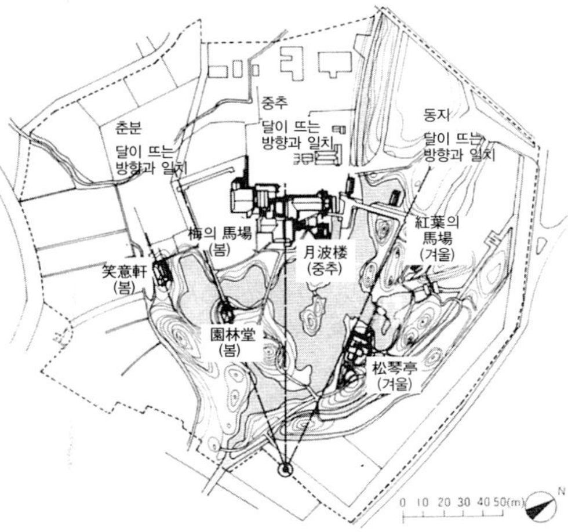

달이 뜨는 방향과 각 시설의 계절적 성격

달이 뜨는 방향을 나타낸 모형

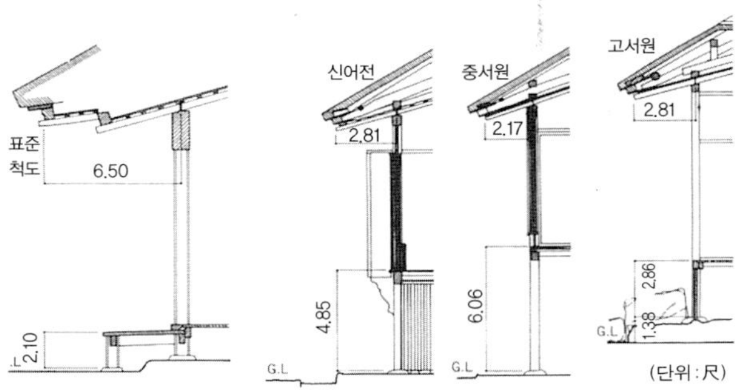

각 서원의 처마와 마루높이

지하라(藤源道長)가 달을 보기 위한 누각이 세워졌었다고 한다.

이러한 장소에 세워진 건축물인 까닭에, 시공가 하치하라(八条宮智仁), 도시타다(智忠親王)도 달을 강하게 의식했던 것 같다. 가츠라리큐에는 달이 뜨는 수반(水手鉢), 월견대(月見台), 월견교(月見橋), 보월(歩月) 등과 같이 달에 관한 명칭 또는 달의 글자에서 연유된 문고리나 난간, 달을 주제로 한 노래 등 달에 관한 여러 장식물이 보인다.

명칭이나 장식뿐만 아니라 건축에서의 장치에도 달과의 관련성을 다수 읽을 수 있다.

당시의 정원계획에 관한 교과서인 『작정기(作庭記)』에 따르면 「고루(高楼)는 일반적으로 높게 되어 있는 것을 뜻하며, 처마가 짧은 것은 누각이라 하여 – 중략 – 누각은 달을 보기 위해~」로 되어 있다. 처마가 짧고 높은 마루를 가진 건물을 누각이라 하는데, 누각은 달을 보기 위한 건물이라 할 수 있다. 가츠라리큐의 중심시설인 서원들과 월파루(月波楼)도 처마는 짧게 하고 마루는 높게 만들어, 달을 보기 위한 건물 가운데에서 그 당시에 가장 높은 평가를 받았던 건물이다. 이 건물은 달이 뜨는 순간을 조금이라도 빨리 보기를 바라는 마음에서 마루가 높게 되어 있으며, 달이 중천에 떴을 때에는 긴 처마가 시야를 가려 방해가 되므로, 달을 여유 있게 조망할 수 있도록 처마가 짧아진 것으로 생각된다.

배치에 대해서도 가츠라리큐가 창건된 1615년 달이 뜨는 방향과의 관련성을 지적할 수 있다. 가츠라리큐의 정원은 각각 계절적 성격을 가지고 있는데, 봄의 성격을 가지는 쇼우이켄(笑意軒), 엔린도우(園林堂), 우메노우마바(梅の馬場)의 방향이 1615년 춘분에 달이 뜨는 방향과 일치하고, 또한 가을의 성격을 가진 서원들, 월파루(月波楼)의 방향이 같은 해 중추(中秋)의 달 이름을 가진 달이 뜨는 방향과 일치하며, 나아가 겨울의 성격을 가진 쇼우킨테이(松琴亭), 모미지노우마바(紅葉の馬場)의 방향이 같은 해 동지의 달의 방향과 일치하고 있다.

타카야마 시라가와(高山 白川) 마을의 민가군

에도(江戸)시대~다이쇼(大正)시대
설계 / 역사건축물

현재 세계유산으로 지정되어 있는 타카야마 시라가와(高山白川) 마을의 민가들을 보면, 지붕은 벼 수확을 하고 난 후에 생기는 볏단을 리사이클 하여 지붕을 인 모습으로 되어 있다.

이러한 지붕은 주변 논의 풍경과 잘 어울리며, 지역의 적설량에 대응한 급경사 지붕의 형태도 주위 산들의 형태에 조화를 이루고 있어 매우 자연스러워 보인다. 그 외에도 건물배치를 잘 관찰해 보면 민가들이 모두가 같은 방향으로 세워져 있음을 알 수 있다. 즉, 창문이 모여 있는 처마쪽은 적설량이 많은 지역에서 동절기에 빛을 받아들이기 위해 남쪽방향으로 세워져 있다.

또한 큰 지붕의 측면은 이 지역 특유의 계절풍 방향과 일치하고 있어 바람을 막을 수 있는 배치로 되어 있다.

즉 시라가와 마을의 민가군은 소재나 형태뿐만 아니라 민가의 배치에 이르기까지 자연환경과 공생하고 있다고 해도 과언이 아닐 것이다.

시라가와 민가군의 외관

히가시산죠우덴(東三条殿) [복원계획안]

1043년

설계 / 太田静六씨 복원

헤이안시대의 침전조(寢殿造)에 대한 유적은 거의 남아있지 않지만, 오타(太田静六)씨의 히가시산죠우덴(東三条殿)에 대한 복원도를 근거로 살펴보면 그 배치를 어느 정도 정도 파악할 수 있다.

건물의 배치는 사신상응의 개념과 거의 일치하고 있으며, 남측에 면한 침전(寢殿)의 동쪽에서 분출한 물이 남쪽의 연못으로 흘러들어가고, 나아가 서쪽 니시도우인(西洞院)의 큰 길로 이어지는 중문까지 연결되어 있다.

연못에는 쯔리덴(釣殿 : 낚시를 하는 건물)이 있어 무더운 여름 교토에서의 납량(納涼)을 의식하고 있는데, 이 배치 자체가 지역의 기후와 기이하게도 정확하게 일치하고 있다.

다시 말해, 공지를 만들어 서쪽에서 비치는 저녁 햇살을 피하면서, 남측에 면하고 있어 햇볕을 받아들이기에 충분하며, 겨울의 추위에 대비하고 있다. 또한 겨울의 북풍을 피하면서 여름의 남풍은 연못물로 식혀주어 시원한 바람을 얻어내는 것에도 성공한 배치이다.

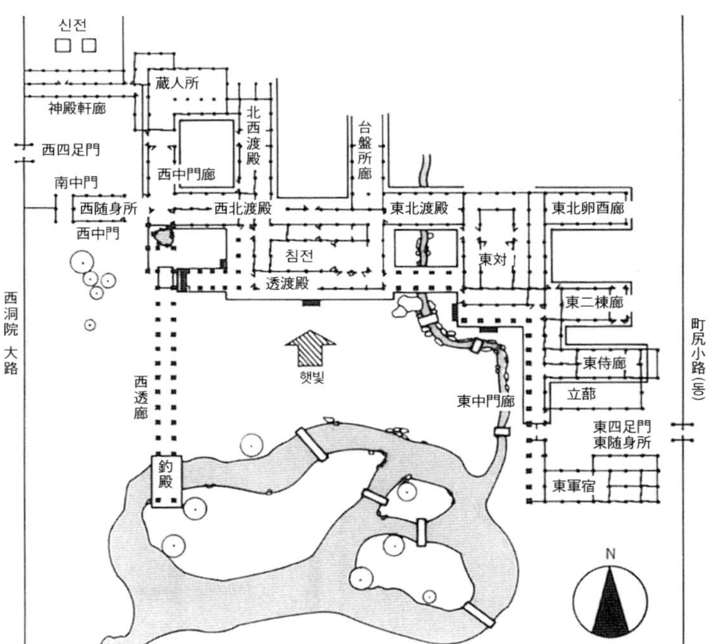

복원배치도

사이타마(埼玉) 지역의 집합주택

1984년
설계 / 宮元健次+宮元庭園 건축연구소

중층규모의 120호 집합주택을 하나의 동으로 완성한 사례.

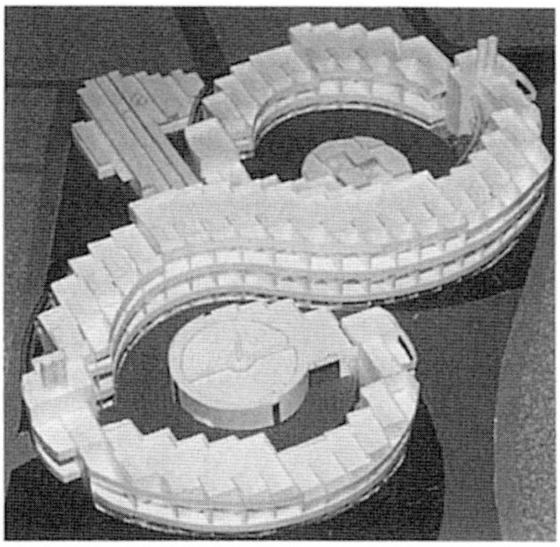

외관

대지형태가 남북축으로 어긋나 있기 때문에, 그것을 이용하여 S자형의 특이한 배치를 계획한 결과 주택 모두가 남향으로 앉혀졌다.

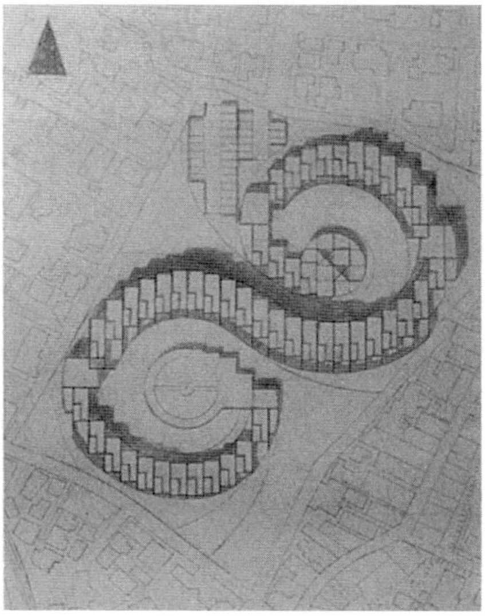

배치도

3 : 4 : 5

1989년

설계 / 計画工房・村上美奈子

본 설계는 대지경계선이 규정하는 「생활의 축」과 채광을 위한 남북방향의 「지리적인 축」의 2개에 의해 구성된 주택이다.

또 2개축의 관계는 직각삼각형(3:4:5)이 되는 것이 좋으며, 건축과 도시와의 공간적 연속성을 의식한 계획안이다.

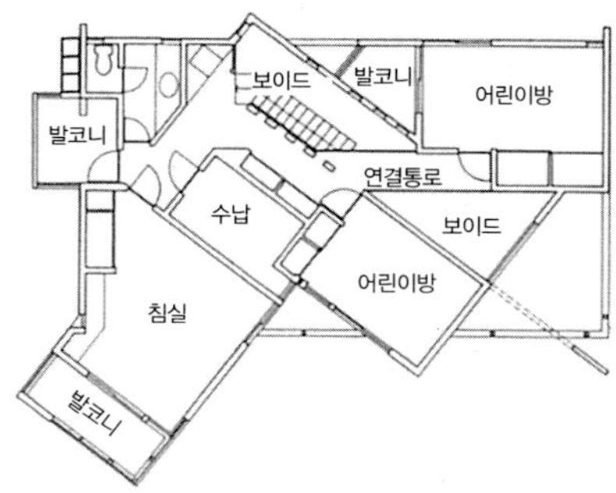

평면도

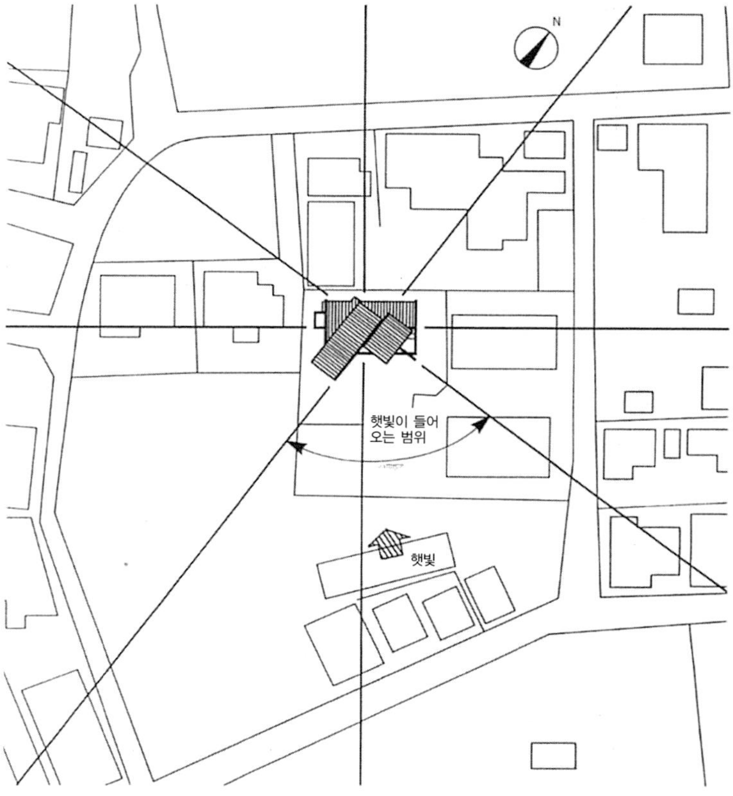

배치도

성 요하네회 사쿠라마치(桜町) 병원 호스피스

1994년

설계 / 長谷川敬 아트리에

말기 암 환자를 수용하는 병원건축.

원형의 평면을 가진 「커피숍」으로 불리는 로비가 동남쪽을 향하고 있다. 서쪽 햇빛은 피하면서 아침과 낮 동안 따뜻한 햇볕만을 받아들이도록 의도하여 계획된 배치이다.

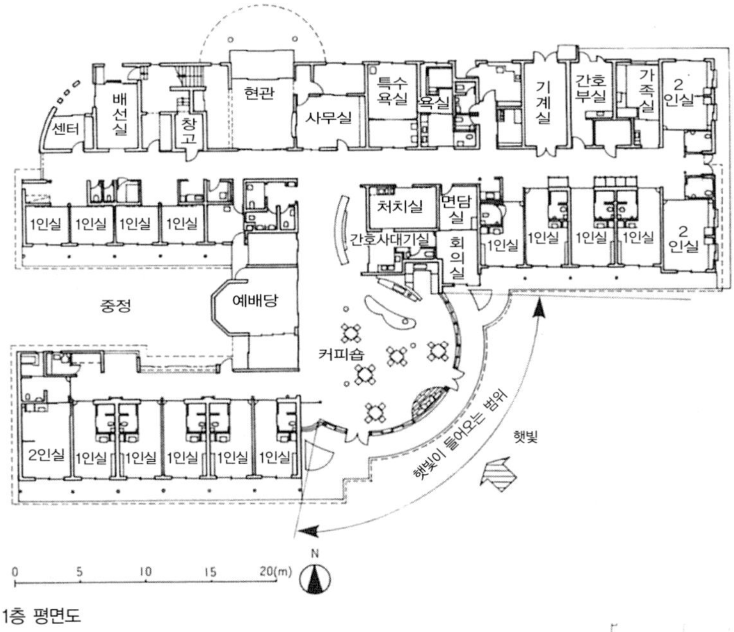

1층 평면도

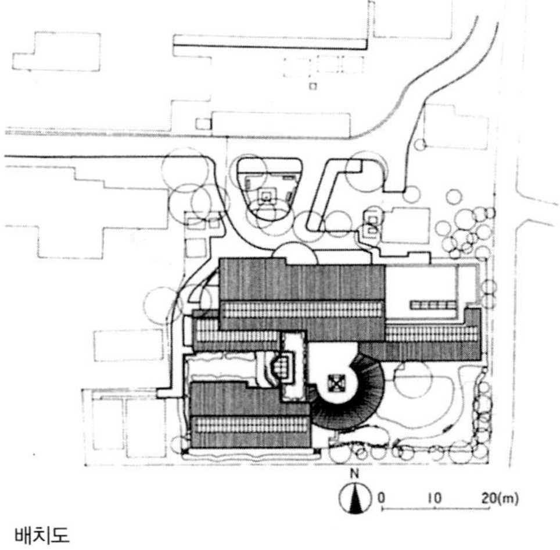

배치도

마을의 테라스

1997년
설계 / 渡辺誠 / 아키텍트오피스

건물에서의 비스타, 어프로치의 각도와 더불어 일출, 일몰의 방위를 고려하여 배치를 결정한 작품.

일출과 일몰의 아름다운 광경을 충분히 만끽할 수 있도록 되어 있다.

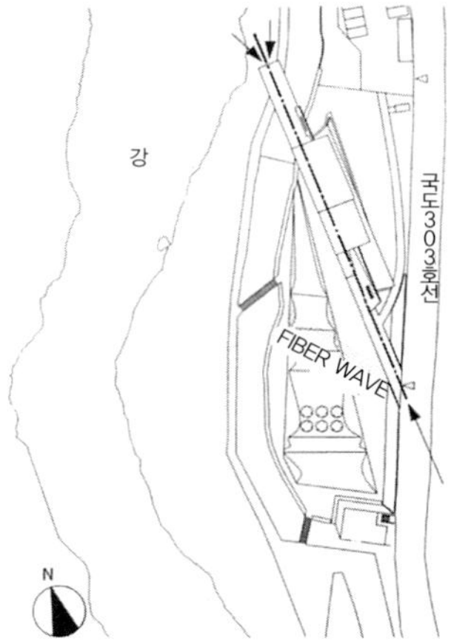

배치도

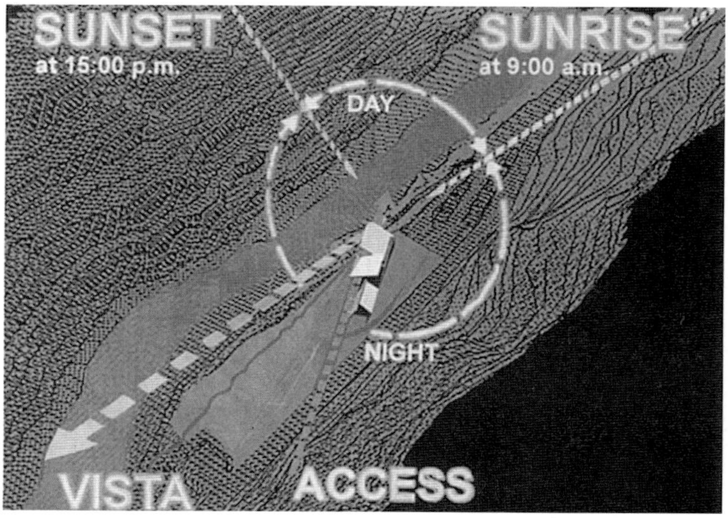

일출·일몰과 배치의 관계

건물외관

옹벽으로 된 집

1999년

설계 / 出江寛 건축사무소

빛

정원 중앙에 동남방향의 개구부를 가진 타원형 평면의 식당을 배치한 사례. 아침 햇살을 만끽하면서 식사를 하는 것은 매우 각별한 경험일 것이다. 서쪽의 빛은 피해주며, 지역의 기후에 가장 적합한 배치구조를 하고 있다.

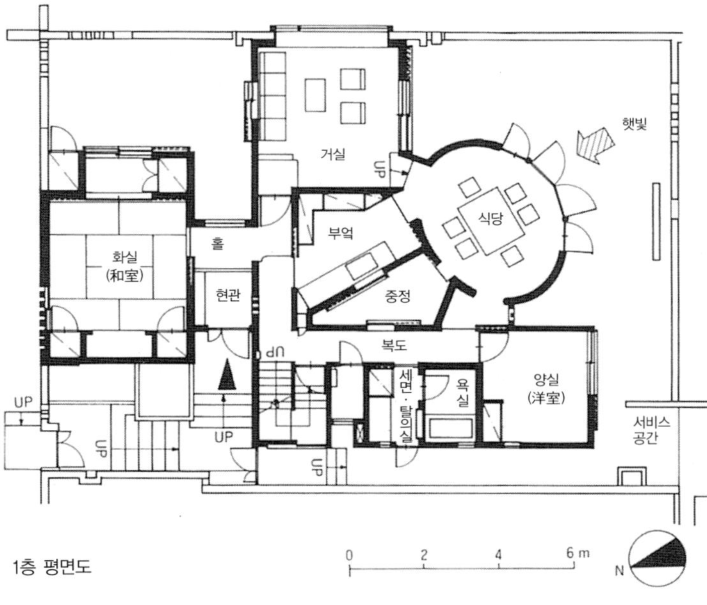

1층 평면도

외관

위장 하우스 2 (Camouflage House 2)

1999년
설계 / 井口浩 5세 · 월드 · 아키텍스

등고선에 맞추어 건물을 배치함으로써 채광과 통풍을 최대한 배려한 사례.

평면도 완만한 곡선으로 형성되어 있어, 마치 빛을 감싸고 있는 것과 같은 형태를 취하고 있다.

건물 외관

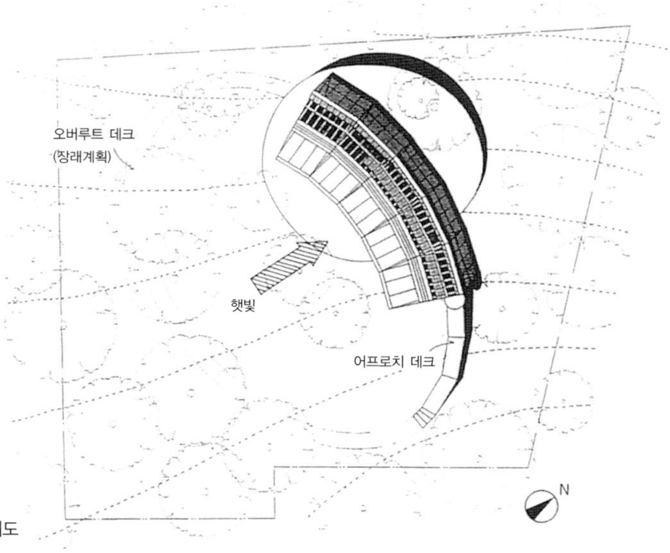

배치도

여름철의 열환경

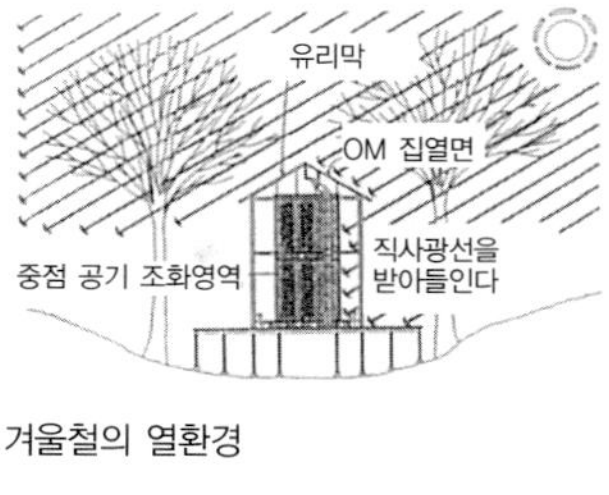

겨울철의 열환경

도쿄(東京) 국제교류관

2001년
설계 / 石本 · 교육시설 · 佐藤설계공동기업체

가족동, 부부동, 독신동으로 분리된 숙박건물들이 광장을 둘러싸는 형태로 계획되어 있다.

모든 건물이 남쪽에서의 채광을 받아들일 수 있도록 효율적으로 배치되어 있다.

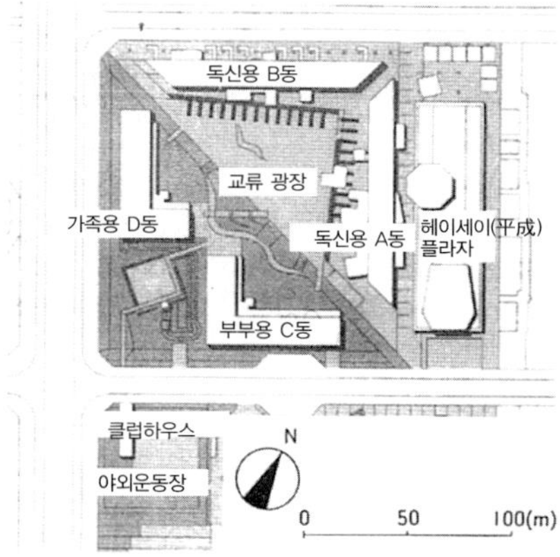

2층 평면도

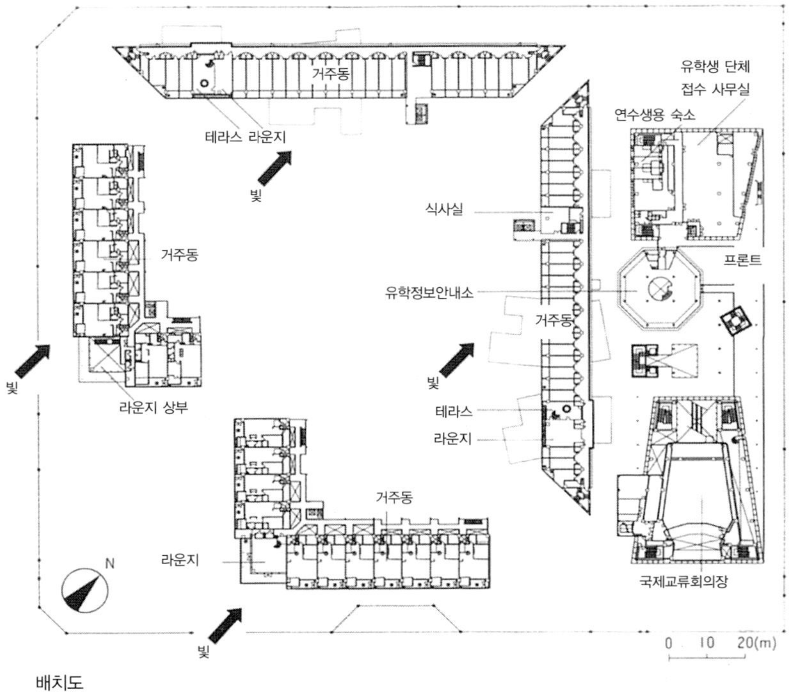

배치도

2
바람

◆ 작품사례

가츠라리큐(桂離宮) …………………………………………………역사건축물

나고(名護)시 청사 ……………………………象設計集团+아트리에 · 모빌

작은 바람의 공간 …………………………宮元健次+宮元庭園 건축연구소

이타가와(飯田川) 초등학교

…………………………小玉祐一郎+에스텍크 계획연구소+코스모스설계

카네야마쪼우 다치카나야마(金山町 立金山) 중학교

………………………木曽三岳奥村설계사무소+도쿄예술대학 益子연구실

에어로폼(Aeroform) ………………………………………宮元健次+TCA

칸사이(関西) 국제공항…………………………………렌조피아노+日建設計

다츠다가와(竜田川)의 집 …………………………………歌一洋건축연구소

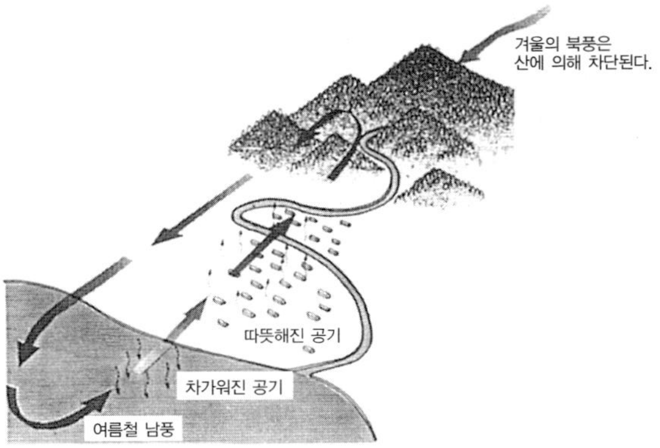

그림 1. 사신상응(四神相応)의 지형과 겨울 및 여름 계절풍과의 관계

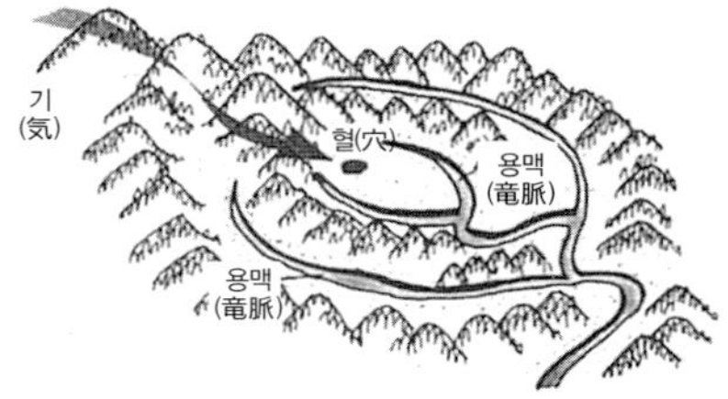

그림 2. 용맥(竜脈)과 혈(穴)의 지형과 대기의 순환

서론의 「풍수(음양오행설)와 배치계획」에서 풍수학의 재평가 필요성에 대해 가볍게 언급했다. 여기에서 「풍수」라고 하는 명칭 자체가 바람이나 물 등 자연과의 공생을 의미한다는 것에 대해서는 재차 언급하지 않겠다.

예를 들어, 풍수에서 명당이라고 하는 「사신상응(四神相応)」에서는 북쪽에 산이 있는 지형지세를 설명하고 있으나, 일본에서 이것은 겨울 계절풍에 해당하는 관동지방의 「돌풍」이나 긴끼(近畿)지방의 「산에서 불어오는 냉풍」 등과 같은 북풍을 피하는 것과 일치하고 있다. 또한 남쪽에 호수나 바다 등 물이 있는 토지를 좋은 곳으로 하고 있는데, 이것도 여름철 남풍이 수변에서 차갑게 되어 서늘한 바람을 얻을 수 있다는 것과 일치한다.

나아가 서늘한 바람은 대지의 열로 따뜻하게 되는데, 따뜻한 기운이 높은 곳으로 상승하는 성질과 사신상응에 의해 남쪽으로 서서히 높아지는 지형이 합치하여, 무리 없이 대기가 순환하는 것을 알 수 있다(그림 1). 이러한 시스템은 풍수학을 설명하는 용맥(竜脈)과 혈(穴)이라고 부르는 지형과 일치하는 것으로(그림 2), 이러한 토지를 선택한다면, 겨울에는 따뜻하고 여름에는 시원한 환경을 자연스럽게 얻을 수 있다(그림 3).

또한 이러한 대기의 순환과 지형의 관계를 풀어나감으로써 비나 눈 등

그림 3. 오키나와(沖縄) 민가의 사례

그림 4. 공기의 이동경로를 이용한 사례(윈드서핑)

그림 5. 풍력 · 풍향계

그림 6. 시마네(島根)현의 방풍림(좌)과 충립송(우)

의 기상을 예측하는 것도 가능한데, 예로부터 음양사(陰陽師) 혹은 풍수사(風水師)라고 불리며 풍수(음양오행설)를 펼친 사람들은 바람이나 지형으로부터 천기를 점쳐 왔다. 즉 풍수사는 현대의 기상예보관과 같다고도 볼 수 있다.

이러한 대기의 순환에 대해 어떻게 건물을 공생시킬 것인가가 중요하다. 즉 바람방향에 대해 건물을 어떻게 배치할 것인가가 거주성을 크게 좌우하게 된다. 수변에서 자주 볼 수 있는 윈도서핑과 같이 바람의 길을 주의 깊게 찾아내면서 방위나 각도 혹은 형상을 계획하지 않으면 안 된다(그림 4).

풍향이나 풍력은 지역에 따라 조금씩 다르며, 계절에 따라서도 변화가 있다. 일본의 경우, 겨울에는 북풍, 여름에는 남풍이 부는 경우가 많았으며, 예로부터 건축물 대부분이 남쪽을 향해 지어졌던 것도 이러한 것과 일치한다(그림 5).

이하에서는 몇 개의 자연발생적인 버너큘러(Vernacular) 건축이 바람에 대응하고 있는 사례를 소개한다.

일본 서쪽 시마네(島根) 지방의 민가에서 자주 발견되는 「충립송(衝立松)」이라 불리는 방풍림이 있다(그림 6). 이것은 겨울의 북풍이나 눈보라에 대한 차폐물로, 뿌리가 깊고 바람에 강한 소나무 생울타리를 L자형으로 배치한 사례이다. 사신상응의 지형은 아니지만 이 지역 기후상의

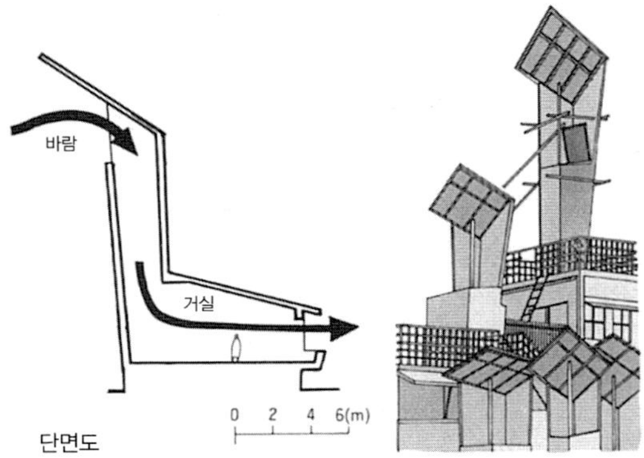

그림 7. 하이데라바드의 공조설비

그림 8. 허난성(河南省)의 취락

문제를 슬기롭게 헤쳐 나가고 있는 좋은 사례이다.

다음으로 서쪽 파키스탄의 하이데라바드 · 신드(Hyderabad Sind)에서 볼 수 있는 각 주거에서 일정한 방향으로 향해 설치된 공조설비의 사례가 있다(그림 7). 이 지역의 기온은 4월에서 6월까지는 섭씨 50도 이상 올라가기 때문에, 바람을 건물의 안쪽으로 끌어들이는 배드기어(Bad gear)라고 하는 바람받이가 각 방마다 1개씩 지붕에 설치되어 있다. 이러한 탑상의 바람창이 늘어선 풍경이 매력적인 마을의 조형을 형성하고 있다.

그 외 북부 시나의 허난성(河南省), 산시성(山西省), 삼서성(狭西省) 등의 황토지대에서는 지하에 굴을 파서 만들어진 도시나 촌락이 있다(그림 8). 이것은 이 지역의 강풍에 의한 모래바람에 대처하기 위한 주거형태인데, 깊이 약 9m, 사방이 약 22m의 정방형 평면을 가진 동굴이 연속적으로 배치되어 있다. 황토 자체가 강풍에 옮겨와서 쌓인 진흙으로 된 지형이므로, 부드러워 용이하게 굴을 파낼 수 있는데, 겨울에는 따뜻하며 여름에는 서늘한 거주가 가능하다. 주택뿐만 아니라 관공서나 학교, 공장이나 호텔에 이르기까지 지하에 묻힌 상태로 배치되어 있다.

다음에는 이러한 버너큘러(Vernacular)한 바람에 대응에서부터 터득하여 바람과 조화롭게 공생하고 있는 동서고금의 대표사례 몇 가지를 소개한다.

가츠라리큐(桂離宮)

1615~1662년
설계 / 역사건축물

귀족의 건축양식인 침전조(寢殿造)의 예를 문헌, 도면, 그림 속에서 살펴보면, 그 중심 건축물인 침전은 모두 남쪽에 면해 있다. 부속된 건물은 처마가 남북을 향하고 있는 것이 많지만, 그래도 역시 남쪽을 정면으로 하고 있다.

그런데 가츠라리큐의 서원들은 동남 29도라고 하는 방위를 가지고 있다. 즉 서원의 정면 그대로를 61도만 동쪽으로 돌려놓고 있는 것이다.

가츠라리큐가 있는 교토(京都)에서 더운 여름을 보내는 유일한 대책은 동풍을 실내로 끌어들이는 것이라 한다. 또 교토의 여름 평균풍향은 7월은 남동 11도, 8월은 남동 66도로, 동쪽에서 약간 남쪽으로 기운 방향의 바람이 아주 많다. 이것에 대해서는 하라(源)씨 이야기의 기록집에서 무더운 여름의 저녁풍경과 시원한 바람을 끌어들이기 위해 정원에 면하고 있는 동측을 개방했다는 사실이 기록되어 있다. 가츠라리큐를 만든 토시히토(智仁親王)도 이 부분을 수록하고 있으며, 또한 실제 생활의식으로서 남향의 침전조 전통을 남기면서, 예외적으로 동남향이라고 하는 서원들의 방위각을 결정했던 것으로 보인다.

이러한 방위각뿐만 아니라, 더위를 피하기 위해 또는 지면의 습기가 실내로 들어오는 것을 차단하기 위해 바닥을 높여 설치하는 것도 생각해냈다. 게다가 이 지역은 매년 가츠라가와(桂川)의 범람에 의해 피해가 있는 만큼, 홍수위가 정원 송금정(松琴亭) 벽의 흔적으로부터 마루 위 약 9㎝까지 올라왔었다는 것을 생각한다면, 홍수대책까지도 생각했던 것인지도 모르겠다. 또한 높은 마루뿐만 아니라 창을 넓게 하고 칸막이를 간단하게 떼어낼 수 있도록 하는 등 매우 개방적인 구조로 하여 여름의 통풍을 조금이나마 향상시키려는 노력을 기울이고 있다. 게다가 태양 빛이 들어오는 것을 막기 위한 의미로 지면을 잔디나 이끼를 이용하여 덮었으며, 수면을 가급적이면 건물 가까이 붙여줌으로써 기화열을 이용하는 등 더위를 피하기 위한 배려가 도처에 깔려 있다.

가츠라리큐가 무더운 여름철에 자주 사용되었다는 사실이 하치하라(八条宮)의 기록집에 나타난다. 즉 서원은 한마디로 말해, 교토에서 여름철에 더위를 피하기 위한 목적을 가진 장소였음을 알 수 있다.

서원군 전경

나고(名護)시 청사

1981년

설계 / 象設計集団+아트리에 · 모빌

열대지역에 속하는 오키나와(沖縄)의 시청사에서 환경과의 공생을 위해 에어컨에 의존하지 않고, 일부러 자연의 통풍을 이용하여 시원함을 얻으려고 한 사례이다.

한 낮에 불어오는 산바람, 야간에 부는 해풍의 축선상에 「바람길」로 불리는 바람통로를 계획하여 그것을 건물 전체의 축선으로 하고 있다. 풍수가 가장 많이 남아있는 오키나와 나름대로의 노력이라고 할 수 있다.

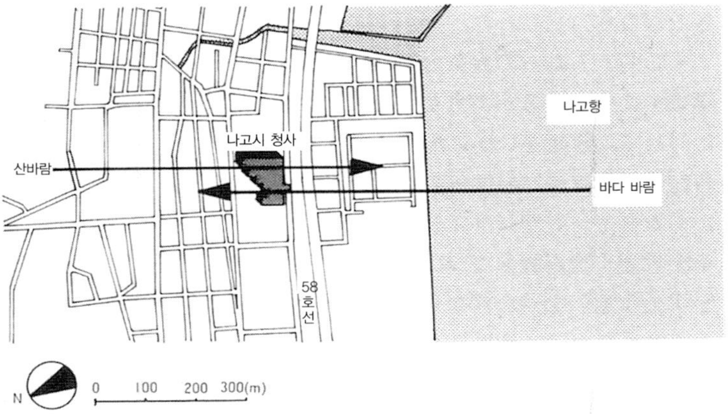

배치도

통기구

건물 외관

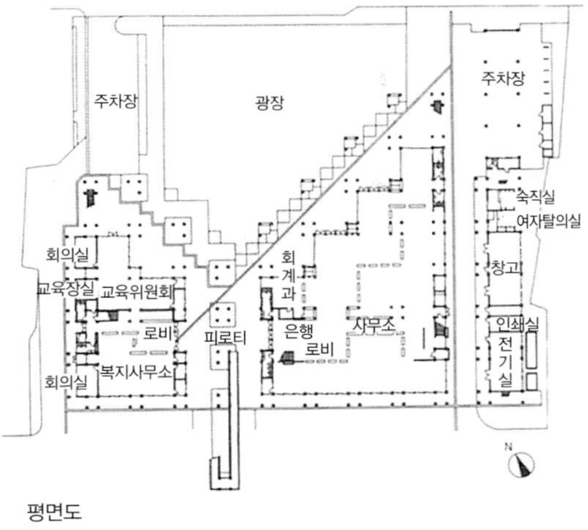

평면도

작은 바람의 공간

1984년
설계 / 宮元健次+宮元庭園 건축연구소

「작은 바람의 공간」이라고 하는 그림이 유작이 된, 주로 바람을 주제로 작품활동을 한 상징화가 고 타시로(田代利夫)씨를 기념해서 계획된 미술관.

요코하마(橫浜)의 항구가 보이는 언덕정원을 대지로 하여 항구로의 시야축과 육지풍 · 해풍 등 바람축의 교차에 의해 배치가 결정되고 있다.

바람축으로 계획된 진입로에서는 바람을 체험할 수 있다.

진입부

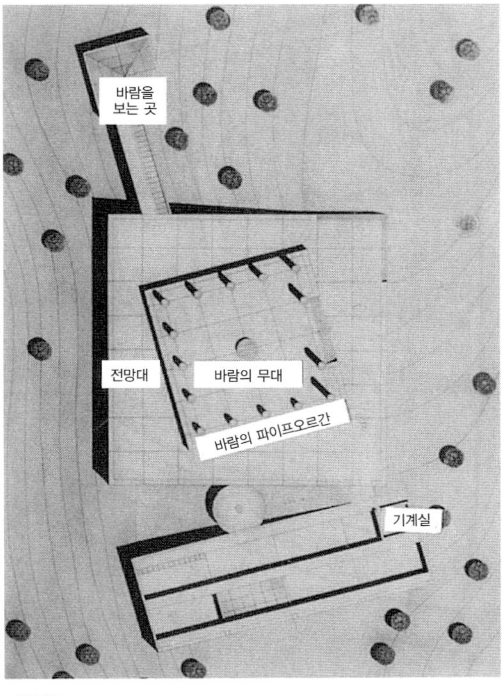

배치도

이타가와(飯田川) 초등학교

1992년

설계 / 小玉祐一郎+에스텍크 계획연구소+코스모스설계

한냉지에 세워진 학교건축의 사례.

겨울철 계절풍에 대응하기 위해 북측을 막고, 나아가 조금이라도 따뜻한 자연광을 수용하기 위해, 남쪽으로 열려진 배치가 이루어져 있다.

한편 단면계획을 보더라도 동일한 구조로 되어 있다.

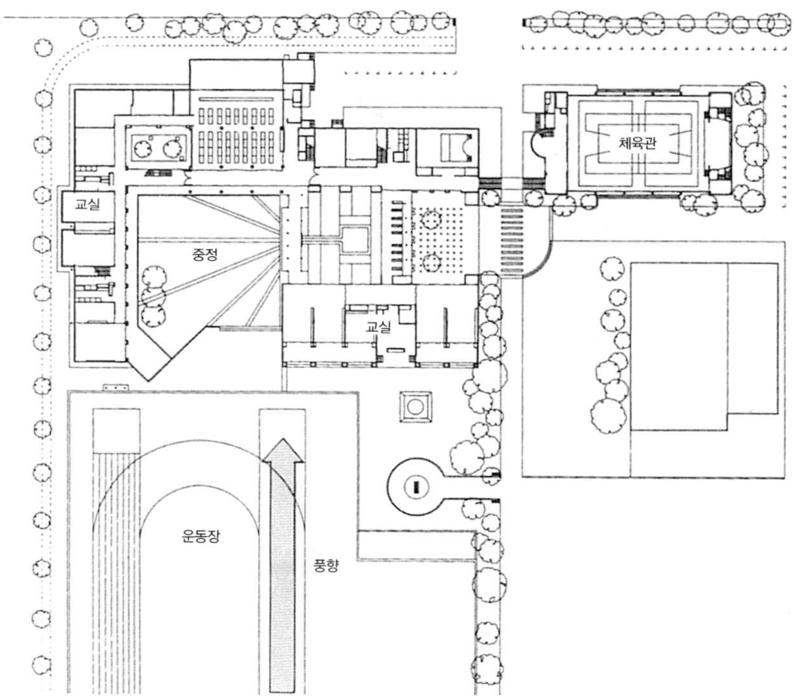

1층 평면도

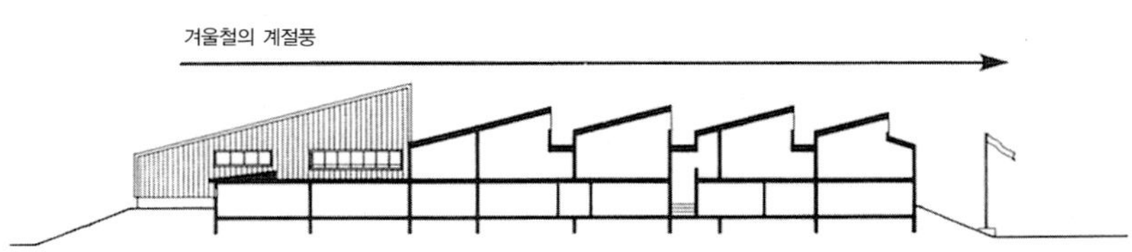

단면도

카네야마쪼우 다치카나야마(金山町 立金山) 중학교

1992년

설계 / 木曾三岳奧村설계사무소+東京藝術大學 益子연구실

주위의 산과 카네야마가와(金山川) 방위의 영향으로 1년 내내 북·남서의 바람이 많이 부는 기후에 맞추어 교실을 배치한 학교건축.

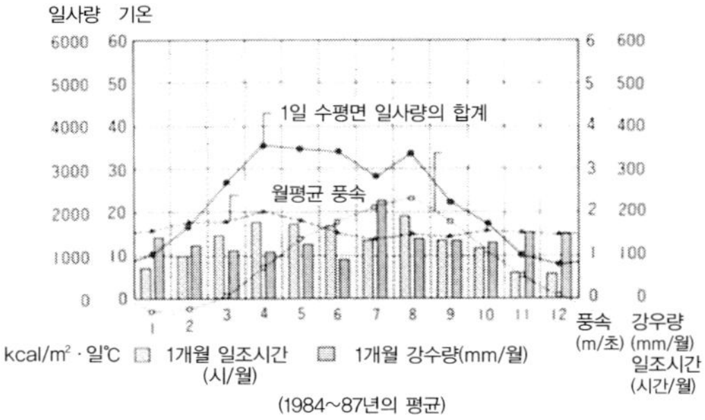

그래프

일본해 측에 위치하는 이 지역 더운 여름의 특성을 고려하여 바람이 잘 통과하도록 하기 위해 일부러 길이를 길게 하면서, 곡선모양으로 교실을 배치하고 있다.

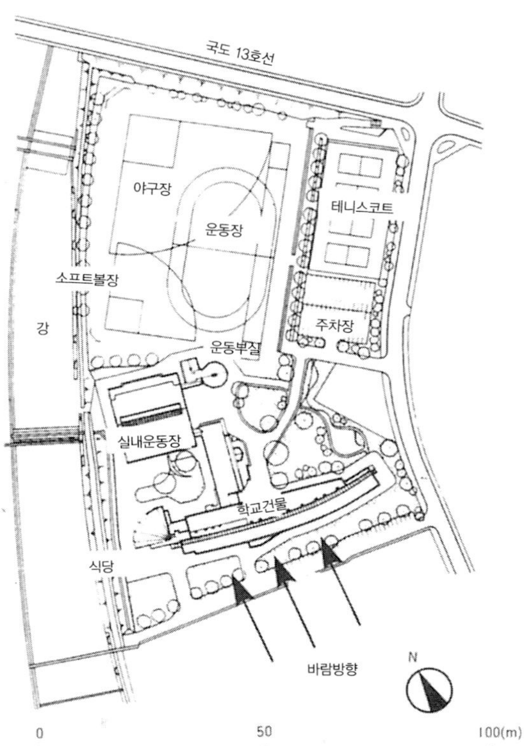

배치도

바람

에어로폼(Aeroform)

1993년
설계 / 宮元健次+TCA

대상지는 태풍이 잘 지나가는 길목인 치바(千葉) · 다테야마(館山) 해변에 있기 때문에, 풍향을 배려한 외관과 배치가 계획되어 있다. 자동차 등의 계획에서는 풍력을 고려한 디자인을 행하는 것이 일반적이지만, 건축의 배치와 형태에 유체역학을 응용한 매우 보기드믄 사례이다.

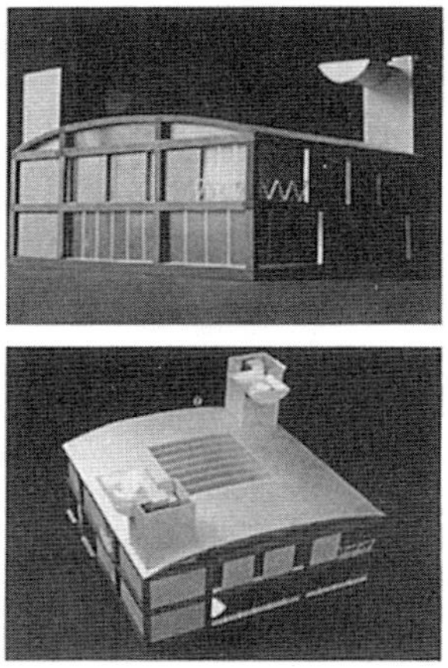

모형사진

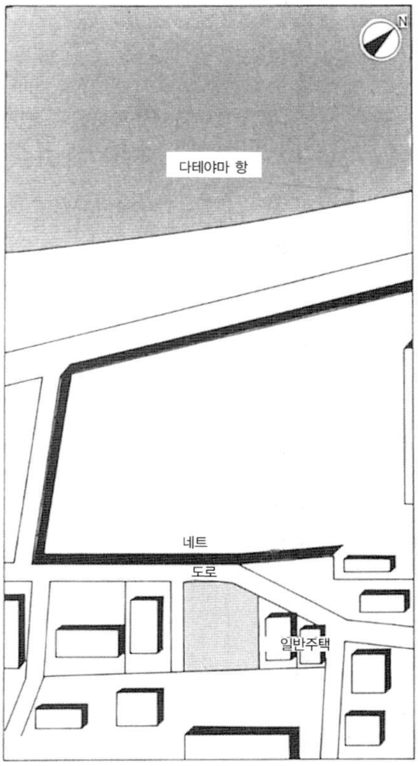

배치도

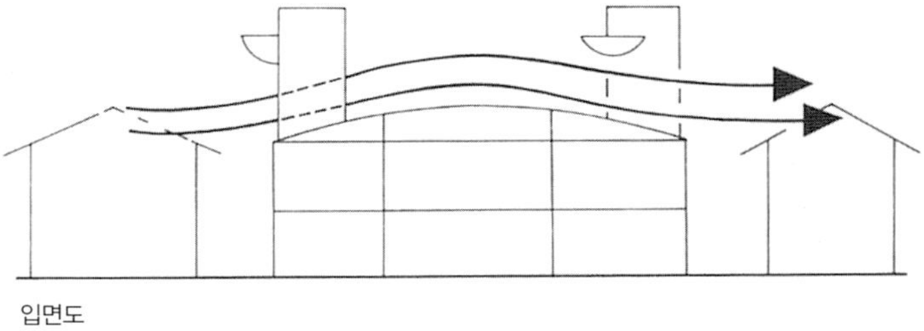

입면도

칸사이(関西) 국제공항

1994년
설계 / 렌조피아노+日建設計

해상의 인공섬에 건설되기 때문에 해풍을 배려하여 건물을 비행기 날개와 유사한 형태로 디자인한 공항건축.

해풍과 육풍의 방향을 따라 건물이 배치되어 있다.

탑승 로비

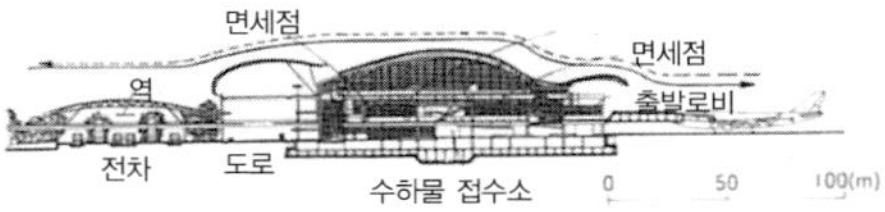

입단면도

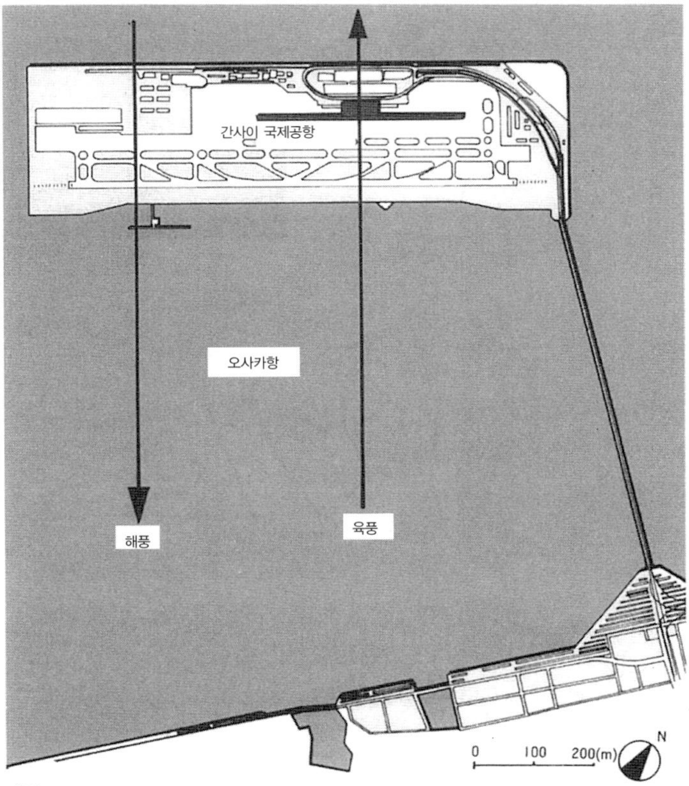

배치도

다츠다가와(竜田川)의 집

1999년
설계 / 歌一洋건축연구소

바람의 신이라고 불리는 다츠다(竜田) 신사가 인근에 있다는 컨셉에서 착안하여 주택의 중앙에 바람이 통하는 길을 계획하고 각 실들을 배치한 작품.

바람신을 의식했을 뿐만 아니라 실제로 바람을 실내로 끌어들이는데 기여하고 있다.

건물 외관

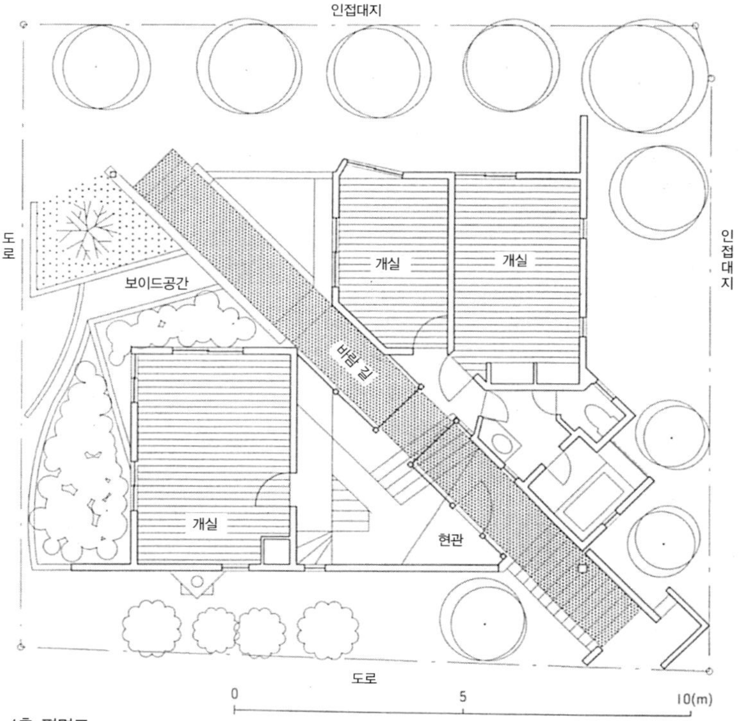

1층 평면도

3
물

◆ 작품사례

구 제국호텔(본관 현관홀) …… 프랑크 · 로이드 · 라이트
우치미즈죠우(落水荘) …… 프랑크 · 로이드 · 라이트
토몬겐(土門拳) 기념관 …… 谷口건축설계연구소
Time's Ⅰ, Ⅱ, Ⅲ기 …… 安藤忠雄건축연구소
도쿄 카사이(葛西) 임해수족관 …… 谷口건축설계연구소
쿠시로(釧路) 핏샤만즈와후 …… 毛綱毅曠건축사무소
프리머티브(Primitive) …… 宮元健次+TCA
물의 동굴 …… 憨研吾건축도시설계사무소

그림 1. 이집트문명과 나일강

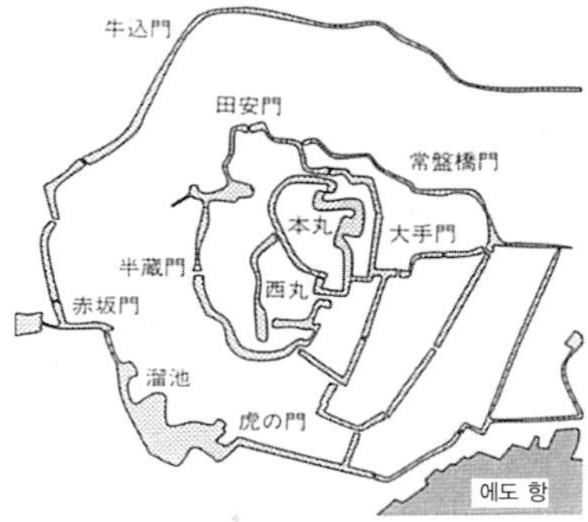

그림 2. 에도성의 인공수로

그림 3. 에도성의 수로

「풍수」는 명칭 그 자체가 바람이나 물과 같은 자연과의 공생을 나타낸다. 즉 예로부터 음양오행설에서는 바람과 함께 물의 순환에 대해 중시해 왔다. 예를 들면 풍수에서 명당을 가리키는 「사신상응(四神相応)」의 지형으로는 남쪽에 호수나 바다 등 수변이 있는 땅을 들고 있다. 이미 기술한 바와 같이 여름에 부는 남풍이 수변에서 온도가 떨어져 선선한 바람이 되는 것이므로, 상당한 설득력이 있는 것이다. 또한 수변에서 수분을 포함한 이러한 바람은 대지의 열로 따뜻해져서, 따뜻한 기운이 상승하는 성질과 사신상응에서 남고북저의 지형과 일치하여 산악부분에 모이게 되고, 거기에서 비를 내리게 하는 것이다. 즉 거주지대인 평지에 호우 피해를 불러일으키는 것이 아니라, 거주자가 적고 나아가 수목이 풍부한 산악지역에 물의 은총을 내리는 구조로 되어 있는 것이다. 그리고 나아가 사신상응의 가르침에서는, 동쪽에 강이 있는 지형을 선택하게 하는데, 이때 강이 평지의 중앙을 흐르는 것이 아니라 동쪽을 우회하면서 농지에 충분한 물을 공급해가면서 서서히 호수나 바다로 물이 환원되게 되는 것이다. 또 강이 대지의 오물을 처리해서 전염병을 막고 바다생물의 영양원이 된다. 우리가 보통 사물을 얘기할 때 「물을 흘려 보낸다」라는 표현이 여기에서 유래된 것 같다. 한편, 사신상응은 고대 중국의 풍수기술을 일본식으로 해석한 것으로, 원래는 용맥이라고 하여 동서에 강과 길이 있다고 하는 판에 박힌 기준은 없으며, 남북에 물과 산만 있고 그 중간에 강과 길만 있다면 좋다는 뜻이다. 어느 쪽으로 보더라도, 단지 대기의 순환만이

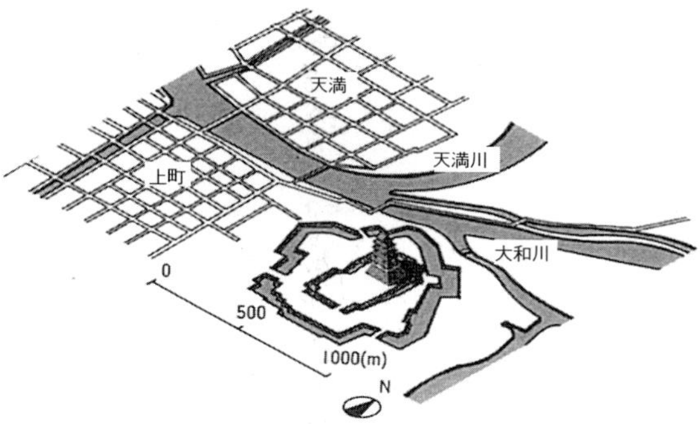

그림 4. 오사카성의 수로와 덴마가와(天満川)

그림 5. 오사카성의 수로

이상적인 것이 아니라 물의 순환까지도 포함한 환경 전체의 이상적인 모델이라고 하겠다.

그럼에도 불구하고, 오늘날의 도시환경은 이러한 대기나 물의 순환을 무시하여, 일부 지역에 집중적으로 거주하는 일극집중(一極集中)이나, 에어컨에 의한 열의 방출로 생겨난 열섬(heat island)현상이라고 불리는 국지적인 기온상승 그리고 그것에 수반된 집중호우에 의한 피해가 다발하고 있다. 이러한 환경계 전반의 파괴에 대해, 다시 풍수학이 설명하는 환경과의 공생에 대해서 생각해야 하는 시기가 왔다고 해도 과언이 아닐 것이다. 도시의 배치계획을 물과의 관계로부터 생각해 보면, 흥미로운 것은 문명이 번영할 때는 항상 그 도시에 자연하천이나 인공수로가 수반되었다고 하는 점이다. 예를 들면 세계 4대문명이라고 일컬어지는 것은 모두 강변에서 번성했다. 이집트문명의 나일강(그림 1), 메소포타미아문명의 티그리스와 유프라테스강, 황하문명의 황하, 인더스문명의 겐지스강 등 모두 그러한 입지조건의 하나에 강이 있었던 것은 말할 필요도 없을 것이다. 이러한 관계는 일본의 주요도시의 사례에서도 찾아 볼 수 있다. 예를 들면 교토의 카모가와(鴨川), 오사카의 덴마가와(天満川), 에도의 수로(堀) 등 이다.

현재 일본의 수도 도쿄의 기원인 에도(江戸)의 도시계획을 살펴보면, 에도성을 중심으로 한 인공수로가 시계방향으로 태엽처럼 휘감고 있는 것을 알 수 있다(그림 2, 3). 이 수로의 배치에는 3가지 목적이 있다고 한다. 우선 첫 번째는 당시에는 말을 이용한 전쟁이었기 때문에 에도성을 공격하기 어렵게 하기 위해서이다. 두 번째는 도시의 성쇠에 깊게 관계된 것 중의 하나로 화재를 들 수 있으며, 건물의 연소를 막는 의미 때문

그림 6. 후시미(伏見)성 배치도

그림 7. 후시미 모모야마(伏見桃山)성

그림 8. 후시미성 옆을 흐르는 우지(宇治)강

이라 한다. 그리고 세 번째로 당시의 교통수단의 하나로 배가 이용되었는데, 도시건설에 즈음해서 수로를 이용하여 건축자재 운반을 했다는 것이다.

실제로 전국시대의 성곽건축에는, 방위수단으로서 수로가 늘 존재했다. 도요토미(豊臣秀吉)가 건설한 오사카(大坂)성에서도 덴마가와(天満川)와 수로를 연결시켜 천연의 수로로 활용하고 있다(그림 4, 5). 또 교토의 뿌리라고 할 수 있는 헤이안쿄우(平安京)나 에도(江戸)에서는 무수한 화재에 의해 도시의 성쇠가 되풀이된 역사가 있어서, 에도에서는 「화재와 싸움은 에도의 꽃」이라고 일컬을 정도였다. 나아가 교통수단으로서도 하천의 역할은 중요해서, 천도나 전국시대 성의 입지조건에도, 몇 개인가 강의 합류지점을 들 수 있으며, 오사카성 외에 히데요시의 후시미(伏見)성 등을 보아도 하천의 합류지점이 선택되고 있다(그림 6~8). 덧붙이자면 히데요시의 특기라고 할 수 있는 전략 중에 「수공」이라고 불리는 것이 있다. 유명한 다카마츠(高松)성의 수공에서는, 장마기에 댐을 쌓아서 성을 수중에 고립시켰다. 히데요시는 물을 자기의 전략이나 성의 배치에 교묘하게 이용한 대가이다. 이렇게 배치계획과 물은 떼려고 해도 떼낼 수 없는 관계를 가지고 있다. 이하에 탁월한 몇 개의 사례를 제시하여, 양자의 관계에 대해서 설명해 보기로 한다.

구 제국호텔(본관 로비)

1923년
설계 / 프랑크 · 로이드 · 라이트

근대건축의 6대 거장인 라이트가 일본에 세운 몇 안 되는 작품의 하나이다. 이 건물의 파사드는 교토 우지(宇治)의 헤이도우인(平等院) 봉황당(鳳凰堂)을 모방한 제 1회 로스앤젤레스 만국박람회 일본관에서 영향을 받았다고 하며, 대칭(Symmetry)인 파사드 전면에 연못을 두고 있다.

헤이도우인은 정토식(浄土式) 정원으로서 음양오행설의 사신상응에 근거하여 연못을 설치하였다고 하는데, 그것이 미국인의 작품에까지 영향을 주었다는 사실은 매우 흥미롭다.

건물 외관

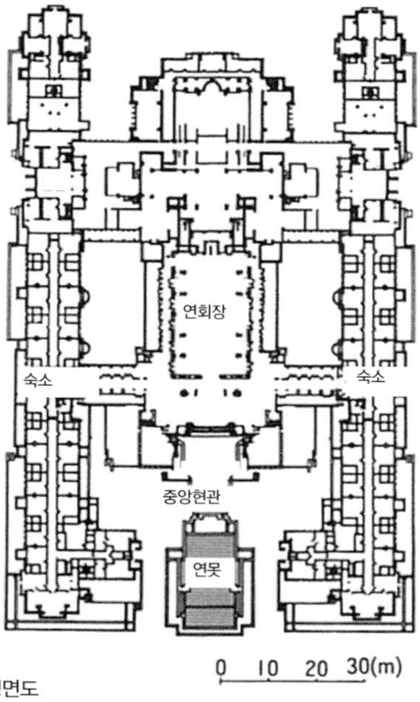

1층 평면도

우치미즈죠우(落水莊)

1936년
설계 / 프랑크 · 로이드 · 라이트

미국을 대표하는 건축가 라이트가 노년에 설계한 대표적인 주택작품이다.

폭포가 떨어져 내리는 강의 상류에 세워진 것으로, 자연과 혼연일체가 된 훌륭한 배치를 하고 있다.

건물의 배치형태도 복잡한 구성으로 되어 있기 때문에, 자연에 소박하게 녹아들어가 있다.

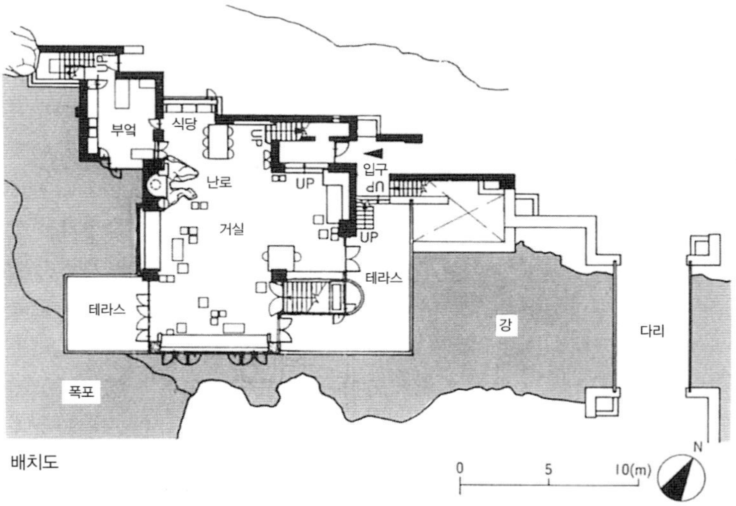

배치도

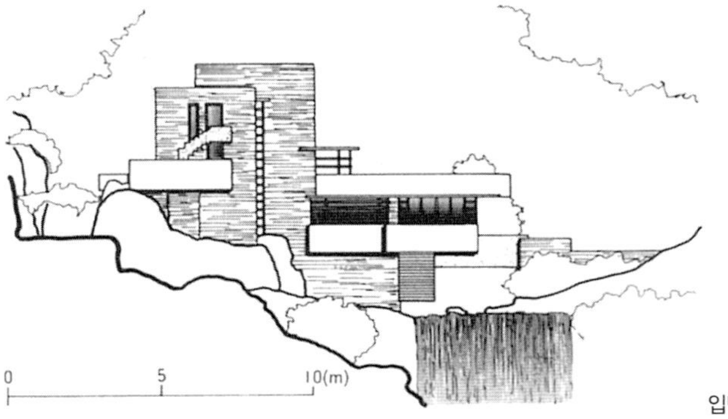

입면도

토몬겐(土門拳) 기념관

1983년
설계 / 谷口건축설계연구소

대상지는 인공호수를 일주하는 산보코스에 위치하는 사진전문 미술관.

산보 도중에 잠시 들르는 것 외에, 단순히 내부를 통과해서 지나가는 것도 가능하도록 배치되어 있다.

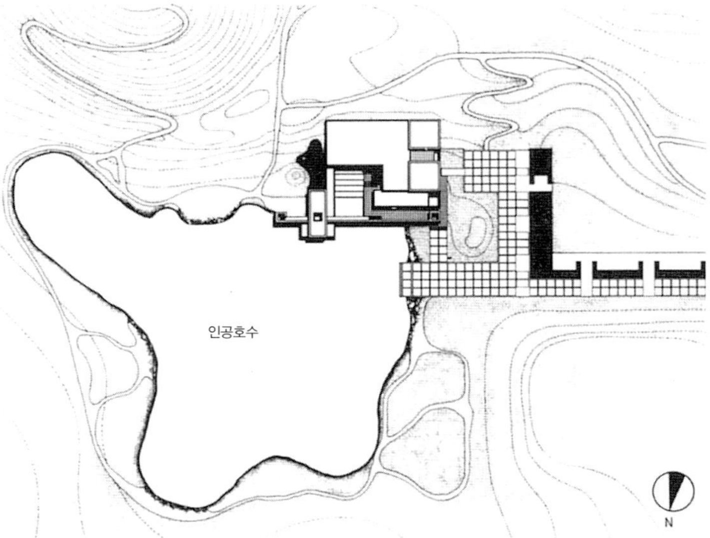

배치도

1층 평면도

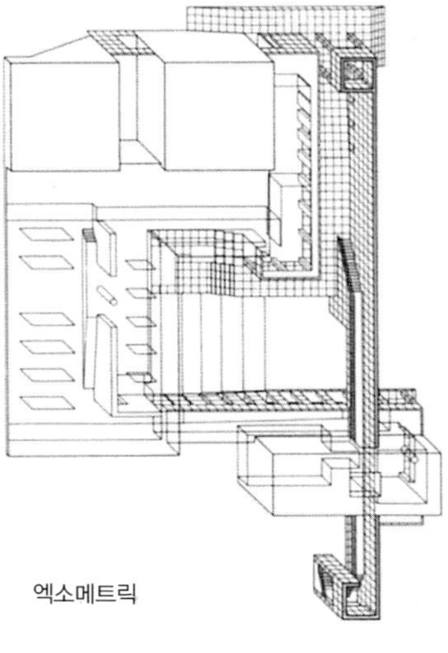

엑소메트릭

Time's Ⅰ,Ⅱ,Ⅲ기

1983~1999년
설계 / 安藤忠雄건축연구소

교토의 타카세(高瀨)강을 따라 세워진 복합상업시설.

물과의 접촉을 컨셉으로 하고 있기 때문에, 강을 따라 테라스를 설치하고 그것을 어프로치로 하여 증축이 계속 이루어지고 있다. 자연환경에 대한 공헌이 높게 평가되어 핀란드에서 알바 · 알토상이 수여되었다.

광장에서 본 타카세강

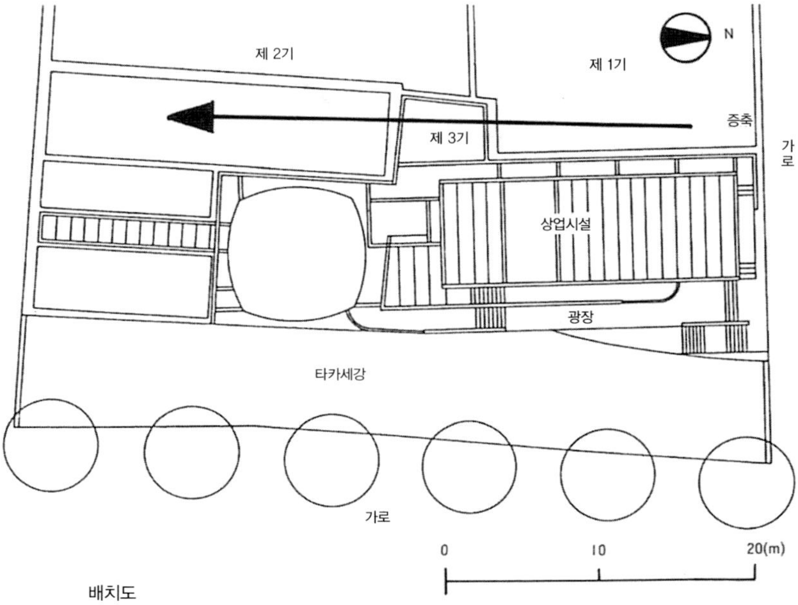

배치도

도쿄 카사이(葛西) 임해수족관

1989년
설계 / 谷口건축설계연구소

대상지가 도쿄(東京) 만에 접하고 있기 때문에, 인공연못을 설치하여 시각적으로 바다와 연결되도록 배치하고 있다.

수변을 체험할 수 있는 광장이나 데크 등의 시설도 마련되어 있다.

조감

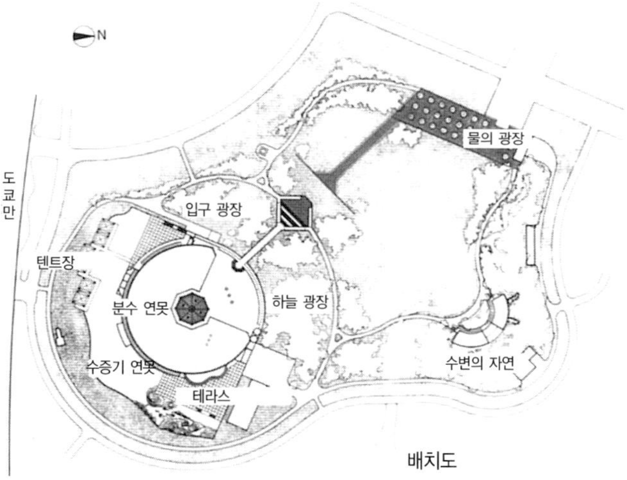

배치도

북측에서 바라봄

쿠시로(釧路) 핏샤만즈와후

1989년

설계 / 毛綱毅曠건축사무소

강변에 세워진 복합상업시설.

강의 축선에 평행하도록 연속해서 배치하며, 메사마이(幣舞)교에서의 경관을 배려한 건축물이다.

외관

수변의 경관을 정비하면서, 지역의 중심이 되는 핵을 만들어낸 좋은 사례이다.

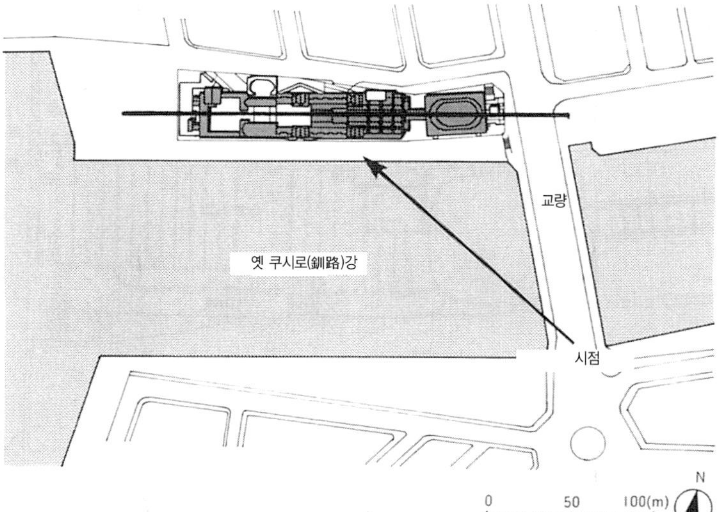

배치도

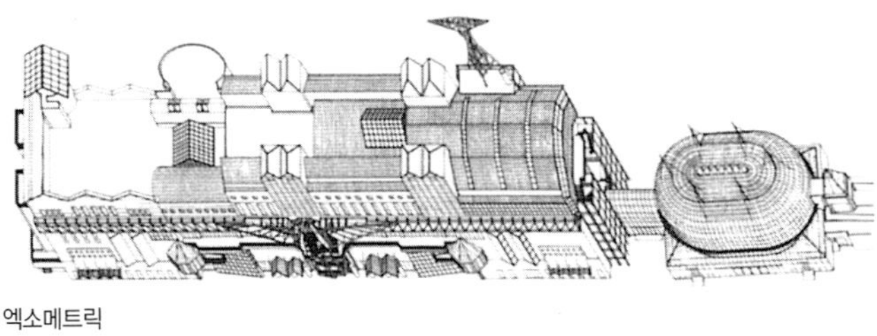

엑소메트릭

프리머티브(Primitive)

1993년
설계 / 宮元健次+TCA

리조트지에 세워진 전문학교 연수시설.

고교그라운드의 네트가 바다로의 조망을 방해하고 있기 때문에, 높은 곳에 노천온천과 바다를 조망할 수 있는 시설 등을 설치하여 대응한 사례이다.

수변에서의 거리를 확보함으로써, 리조트시설에 필요한 경관을 얻어내는데 성공했다.

외관

1층 평면도

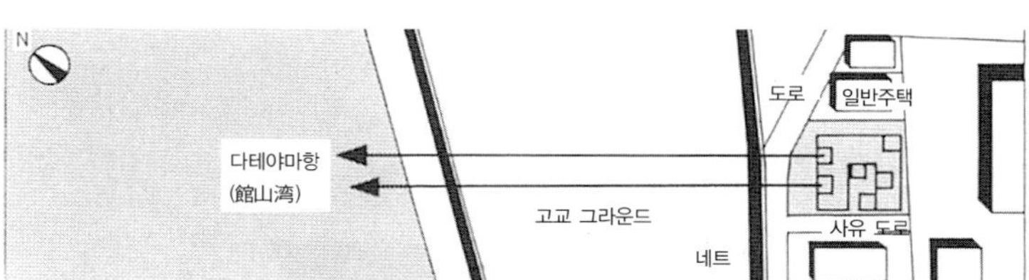

배치도

물의 동굴

1999년

설계 / 懋研吾 건축도시설계사무소

강변의 경관을 보호하기 위해, 건물 그 자체를 홍수를 막을 수 있는 제방에 매몰시켜 배치한 사례이다.

기타카미가와(北上川) 운하의 전시설로 최적의 배치계획으로 완성되었다.

외부 모습

외부에서 바라본 모습

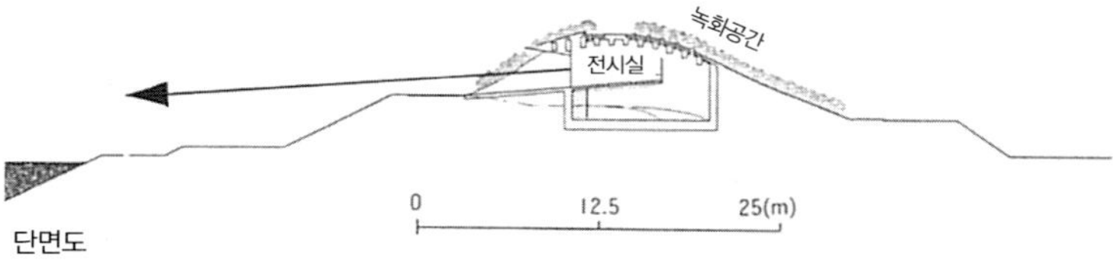

단면도

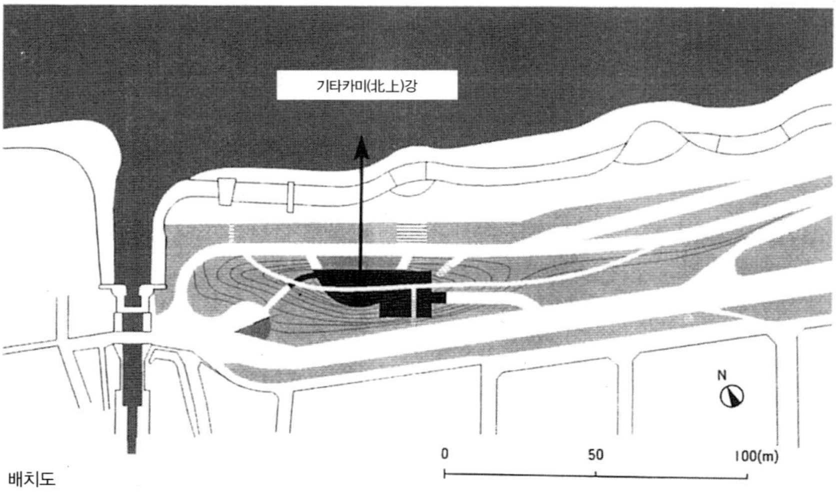

배치도

4
지형

◆ 작품사례

슈가쿠인리큐(修学院離宮) ······ 역사건축물
닛코 토쇼구우(日光東照宮) ······ 역사건축물
테라스 · 하우스 · 카왓토아 ······ 알바 · 알토
울빈 대학기숙사 ······ 쟌칼로 · 데 · 칼로
시라즈 미술관 ······ 알바 · 알토
야쯔카다케(八ヶ岳) 미술관 ······ 村野藤吾十村野 · 森건축사무소
카사마(笠間)의 집 ······ 伊東豊雄건축설계사무소
롯코(六甲)의 집합주택 Ⅰ, Ⅱ, Ⅲ ······ 安藤忠雄건축연구소
카니발 쇼 케이스(Carnival show case) ······ 粟生종합계획사무소
미카타쪼우(三方町) 승문박물관 ······ 横内敏人건축설계사무소
시마(志摩) 스페인 마을 ······ 竹中工務店
류코쿠(龍谷)대학 프로젝트 ······ 宮元健次＋宮元庭園건축연구소
히지리(聖)고원 사레지오의 집 ······ 藤木隆男건축연구소
겐카이(玄海)의 주말 주택 ······ 塩塚隆生아트리에
현립 군마 천문대 ······ 磯崎新아트리에
아마노(天野)제약 기후(岐阜) 연구소 ······ 黒川紀章건축도시설계사무소
마츠시마(松島) 요트하버(Yacht harbor) 공원사무소 ······ 阿部仁史아트리에
꽃과 녹음의 문화관 ······ 飯田善彦건축공방
아와지(淡路) 꿈의 무대 ······ 安藤忠雄건축연구소
오타구(大田区) 휴양촌 도우부 ······ 伊東豊雄건축설계사무소

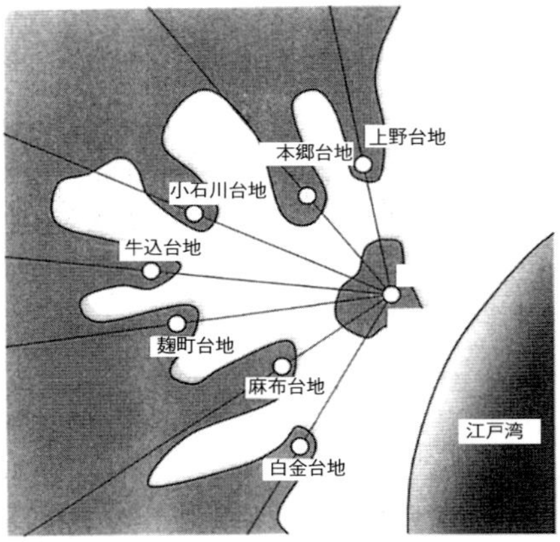

그림 1. 에도의 교차명당형(交差明堂形) 지형

앞에서 빛이나 바람, 물의 항목에 대해 언급한 바와 같이, 풍수학에서 설명하는 명당인 사신상응(四神相応)의 토지 혹은 용맥(龍脈)이 통하는 대지는 환경 · 과학적으로 보아도 납득할 수 있는 지형이라는 것은 말할 필요도 없다. 이밖에 음양오행설에서 7개의 언덕에 둘러싸인 「교차명당형(交差明堂形)」이라 불리는 지형 역시 마찬가지로 대기나 물의 순환이나 채광으로부터 보더라도 매우 설득력이 있다.

예를 들면, 현재 일본의 수도 도쿄의 원형인 에도(江戸)는, 우에노(上野), 혼고우(本郷), 고이시가와(小石川), 우시고메(牛込), 코지마치(麹町), 아자부(麻布), 시로가네(白金)의 총 7개의 언덕으로 둘러싸여진 성의 중심 언덕에 에도성을 건설하고, 그곳을 중심으로 도시계획이 이루어졌다(그림 1).

풍수학에서도 이 지형이 선인(仙人)의 손바닥과 닮고 있기 때문에 「선장격(仙掌格)」이라 하여 이상적인 땅의 모습이라 하고 있으며, 나아가 땅의 기를 보강하기 위해 중심에 옥을 묻었다고 한다. 실제로 원래 에도성이 있었던 궁성 지면의 자기를 측정해 보면, 궁성 밖의 주변에서는 자기가 약 1가우스(gauss)인데 비해 궁성에서는 2가우스로 나타나 거의 2배에 가까운 자기를 띠고 있는 것을 알 수 있다(그림 2). 그 원인에 대해서는 현대과학을 통해 보더라도 분명치 않다. 다만 한약 등은 그 효용은 명확하면서도 왜 그것이 효력이 있는 것인지가 불분명한 부분이 많은 것과 같이 그런 현상을 해명하는 데는 많은 시간이 필요할 것이다.

더욱이 현재 교토의 원형인 헤이안쿄우(平安京)가 모방했다고 하는 중국 장안의 수도에서도, 고대 4대문명의 하나로 꼽히는 이탈리아 로마

그림 2. 황실배치도

의 수도에서도, 에도성과 같이 7개의 언덕에 둘러싸여져 있는 것은 우연의 일치만은 아닐 것이다.

그런데 선인이 음양오행설을 근거로 선정했다는 현재의 교토나 도쿄의 도시를 뒤돌아보면, 오랜 세월 동안의 난개발을 한 결과, 도시의 원형 대부분은 남아있지 않다. 예를 들면, 교토에서도 사신상응의 신의 하나인, 주작(朱雀)에 대응하는 오구라이케(巨椋池)는 간척을 통해 논밭으로 바뀌었다. 또 도쿄에서도 7개의 언덕은 택지조성 때문에 깎여나갔으며, 예전에 주작에 해당하는 도쿄만은 매립에 의해 축소되어, 「에도마에(江戸前)」라고 불리던 이 항구에서 잡혔던 고등어는 이미 먹을 수 없게 되었다. 다시 말해, 바람직한 대기나 물의 순환은 파괴되어, 교토에서도 도쿄에서도 에도시대보다 최고기온이 5도 이상 상승하였고, 열섬현상은 점점 박차를 가하고 있는 현실이다.

덧붙이자면 이러한 지형의 특성은 그 지역의 지명에 자주 나타난다고 한다. 예를 들면 「롱[滝]」자가 붙는 토지에는 흙더미 붕괴나 홍수의 재해가 많다고 한다. 1982년 나가사키(長崎)에서 집중호우로 흙더미 붕괴가 일어났는데, 이 부근에는 「구즈레코시(崩越)」라고 하는 지명이 있었다고 한다. 또 1984년 나가노(長野)현 서부지진에서는 오타키무라(王滝村)에서 대규모 흙더미 붕괴가 일어났다고 하는데, 원래 여울[滝]의 특성을

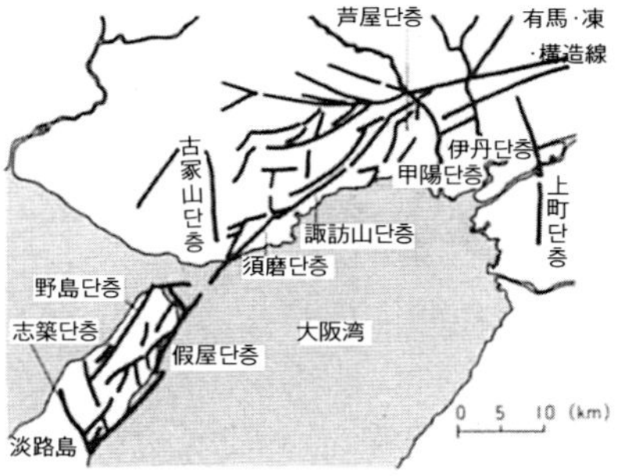

그림 3. 한신 아와지 지역의 활단층

그림 4. 일본 내륙에서 주의가 필요한 활단층

가진 지형을 인공적으로 변화시켰다 하더라도 대지의 특성은 쉽게 바꿀 수 없다는 것을 이야기하는 것이다. 더욱이 1995년 한신(阪神) 아와지(淡路) 대지진(그림 3)에서 가장 큰 피해를 낸 히가시나다(東灘)지구의 「탄[灘]」이라고 하는 지명 또한 그렇다. 이곳은 롯코산(六甲山)의 물을 이용해서 옛날부터 양질의 술을 만드는 풍습이 있는 지방이지만, 그와 더불어 불안정한 토지이며, 매립에 의해 보충했다고는 하지만 그 특성은 바꿀 수 없었던 것이다. 그 외에 흥미로운 것은 한신 아와지 대지진 이후, 주목을 받게 된 지진을 일으키는 요인인 활단층(그림 4)이 있는 토지의 지명에 여울[滝]이나 산골짜기[谷] 등이 쓰인 사례가 많다는 것이다.

이렇게 볼 때 환경을 강제적으로 바꾸었다고 하더라도, 그 특성은 결단코 좋아지는 것은 아니며, 오히려 악화를 초래하는 것에 지나지 않는다는 것을 알 수 있다. 다시 말해, 건축의 배치계획에서는 그 지형과의 공생을 최우선으로 생각해야 하며, 그것을 위해서는 지형과의 대응에 배려해야 할 것이다.

이하에서는 지형과 능숙하게 조화되고 있는 배치계획의 사례 몇 개를 소개한다.

슈가쿠인리큐(修学院離宮)

1659년경
설계 / 역사건축물

상 · 중 · 하의 다도건축물이 고저차가 있는 지형에 맞추어 배치되어 있으며, 전답을 사이에 두고 가로수길이 이어져 있다. 각 지형의 특성을 가장 잘 끌어내기 위한 노력이 여러 곳에서 시도되었다.

예를 들면 제일 위에 있는 다도건축물은 3개의 강이 흐르는 산골짜기를 댐으로 막아서 만들어낸 것이나 중간의 섬은 원래 있었던 산등성이를 그대로 남겨 놓은 것이다.

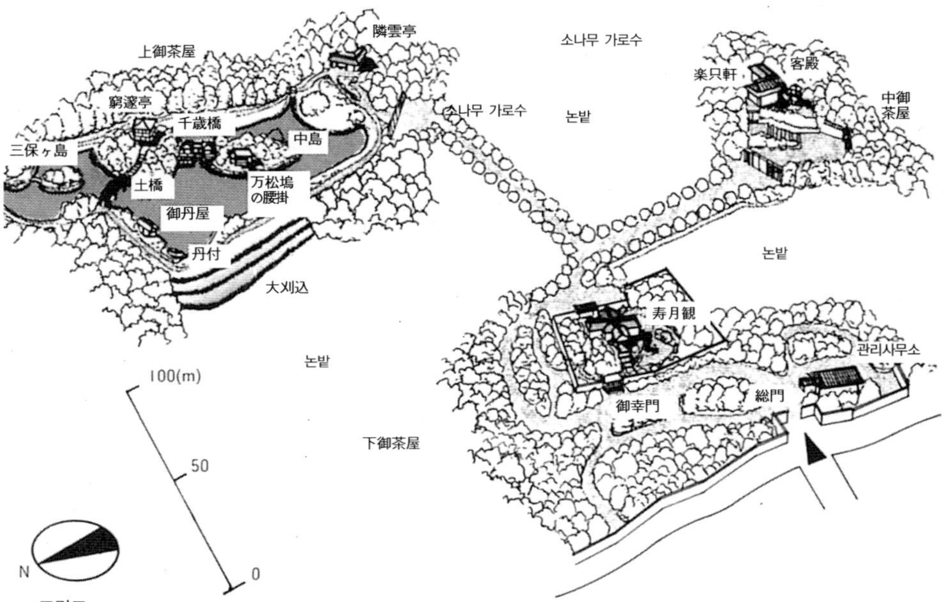

조감도

닛코 토쇼구우(日光東照宮)

1617~1634년
설계 / 역사건축물

여러 건축물이 고저차가 있는 대지에 배치되어 있으며, 이것들이 참배도로로 이어져 있다. 발길을 옮김에 따라 서서히 기분이 상승되고, 마지막에 도달하는 본당이 엑스터시(Ecstasy)의 장소가 되고 있다.

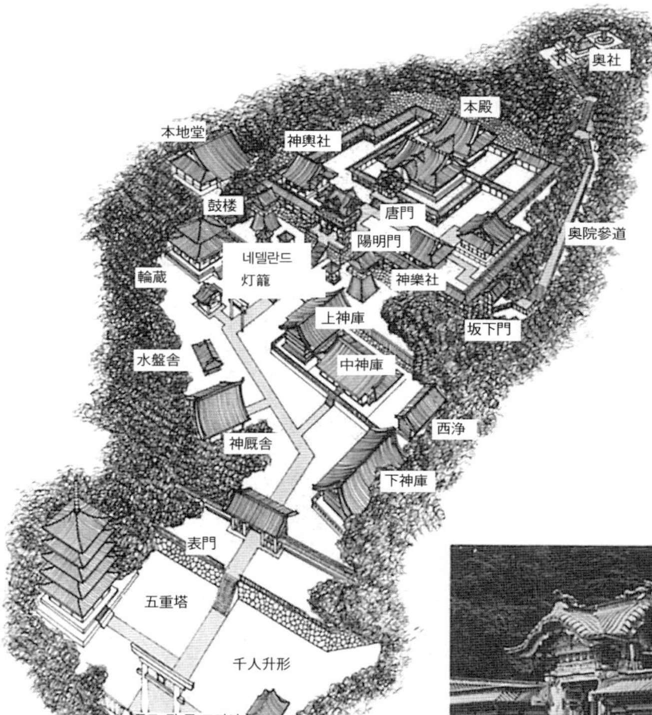

조감도

닛코 토쇼구우 唐門 및 본전

陽明門

테라스 · 하우스 · 카왓토아

1940년
설계 / 알바 · 알토

자연 지형의 고저차와 등고선 방향에 맞추어 테라스 하우스를 조화롭게 배치한 작품.

건물이 평면 · 단면 모두 다 지형에 융화되어 자연과 공생하고 있다.

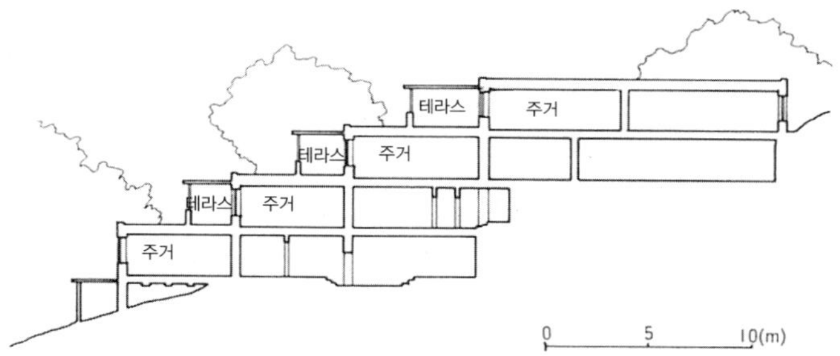

단면도

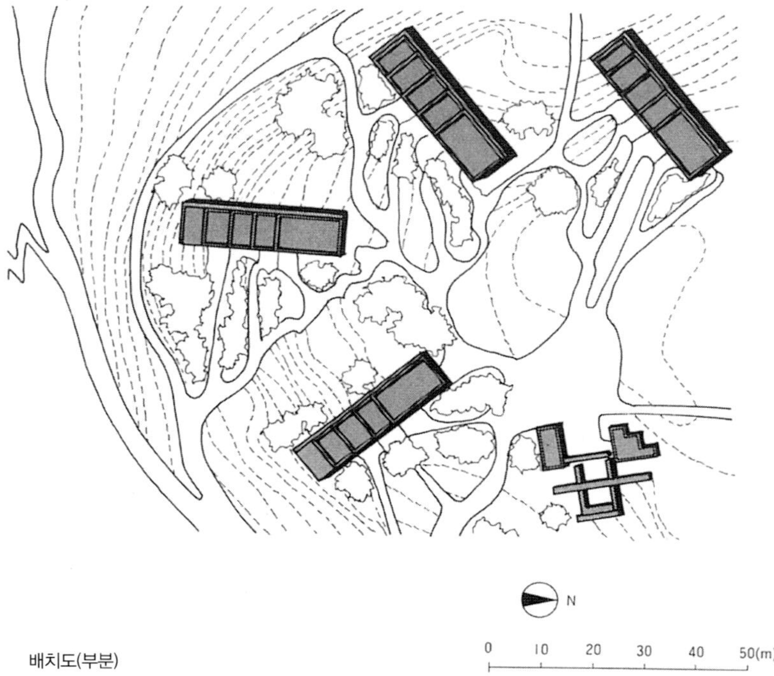

배치도(부분)

울빈 대학기숙사

1966년
설계 / 쟌칼로 · 데 · 칼로

부채 모양 계곡의 지형등고선에 맞추어 대학기숙사를 배치하고, 낮은 중앙부분에 공동시설을 둔 사례.

기숙사는 각기 약간씩 어긋나게 배치하여 프라이버시의 확보에 도움을 주고 있다. 아울러 공동시설을 기숙사가 둘러싸는 이상적인 배치가 자연지형과 동화되어 매우 바람직한 형태를 취하고 있다.

기이하게도 풍수의 이상적 배치인 용맥(龍脈)과 혈(穴)을 일치시킨 레이아웃이 되어 있다.

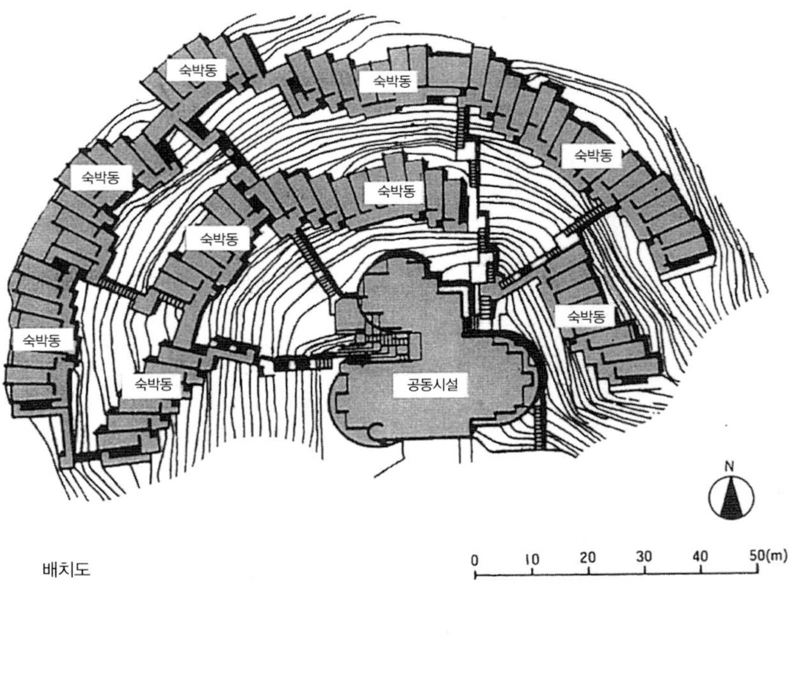

배치도

시라즈 미술관

1970년
설계 / 알바 · 알토

건물을 지형에 맞추어서, 나아가 내부공간은 서로 어긋나도록 분할하여, 기획전시가 개별적으로 개최될 수 있도록 배치시킨 미술관의 사례.

설계자 알토의 스케치에 나타난 것처럼 경관적으로도 잘 융화된 성공적인 작품이다.

알토의 스케치

평면도

야쯔카다케(八ヶ岳) 미술관

1979년

설계 / 村野藤吾十村野・森건축사무소

주위의 자연지형이나 삼림의 특성을 고려하여 전시관을 사방으로 펼쳐 배치한 미술관.

주변 삼림의 스케일에 위화감 없이 융화되고 있다. 수목의 벌채도 최소한으로 했음이 틀림없다.

평면도

카사마(笠間)의 집

1981년
설계 / 伊東豊雄 건축설계사무소

건물을 지형과 교묘하게 연결시키면서 거주동과 아트리에동을 분리하고 있다.

그 결과 거주동은 남쪽에서의 채광을 많이 받아들일 수 있는 배치를 얻게 되었고, 또한 아트리에동도 북향의 안정된 확산광을 얻는 등 적재적소의 배치가 이루어졌다.

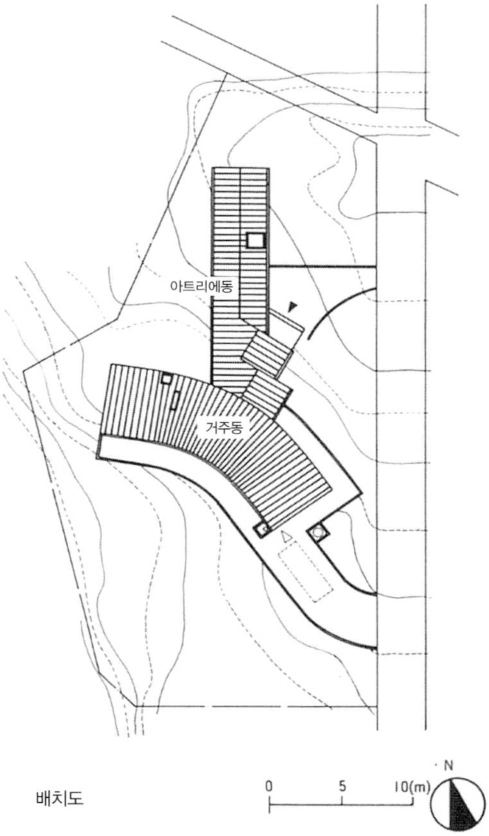

배치도

외관

롯코(六甲)의 집합주택 I, II, III

1983~1999년
설계 / 安藤忠雄 건축연구소

과거에는 도저히 건축이 불가능할 것 같았던 롯코(六甲)의 급경사 자연지형에 맞추어 세워진 집합주택.

노출 콘크리트의 외관 때문에 당초에는 경관 파괴로 이어질 것이라는 우려가 높았으나, 주변 수목이 성장함에 따라 주위 산들과 융합되어 교묘하게 동화되었다.

외관

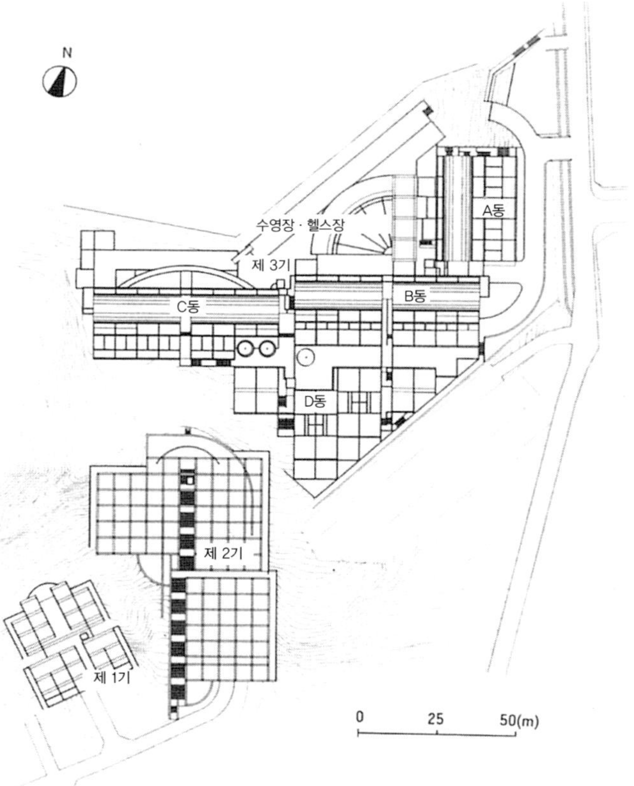

배치도

카니발 쇼 케이스(Carnival show case)

1988년
설계 / 粟生종합계획사무소

지형을 잘 이용하여 세워진 쇼 케이스.

유리로 된 고저차가 있는 공간에 여러 시설이 배치되어, 다양한 공간 만들기에 일조하고 있다. 마치 떡이나 상자를 뒤집어 놓은 것 같은 흥미로운 작품이다.

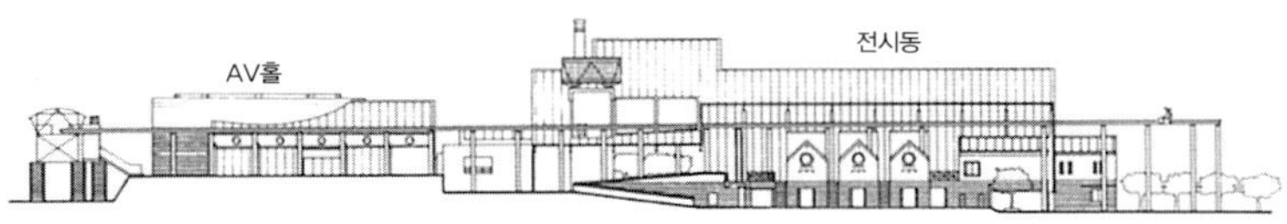

입면도

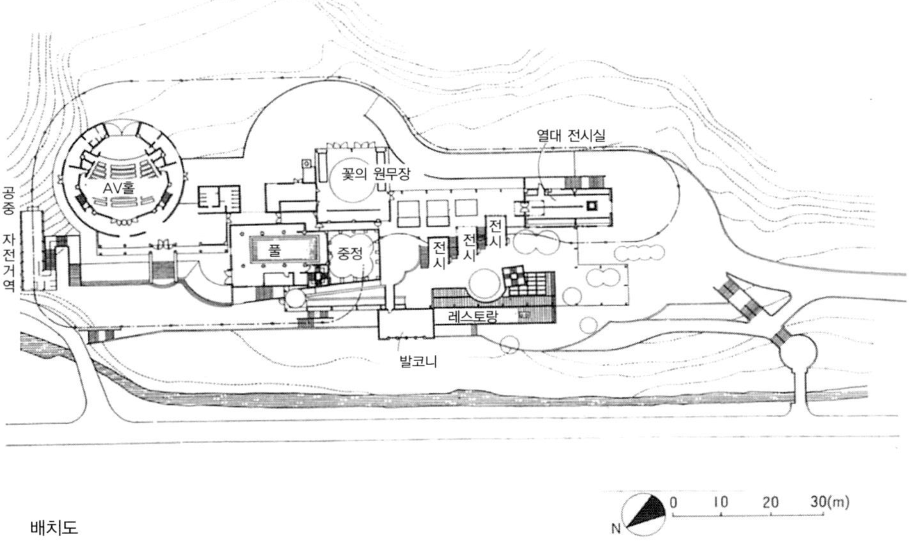

배치도

미카타쪼우(三方町) 승문박물관

2000년

설계 / 橫内敏人건축설계사무소

땅 속에서 발굴된 승문(繩文)시대(약 1만6천5백 년 전부터 약 1만 년 전)의 유물을 지하에 매몰시킨 전시공간에서 견학하는 박물관. 지상에서는 승문시대의 숲 경관이 전개되고 있는 듯하다.

외관

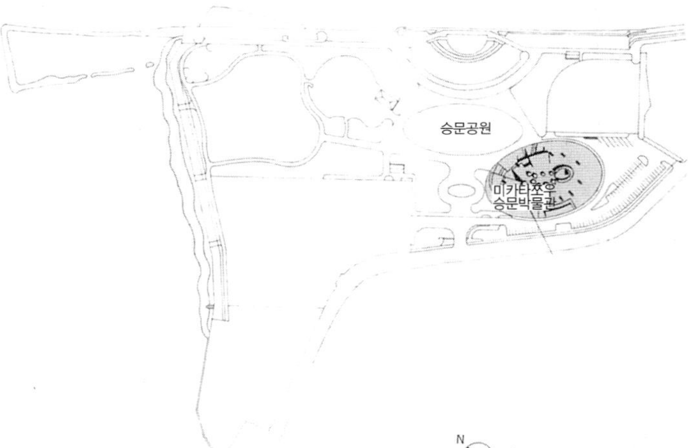

배치도

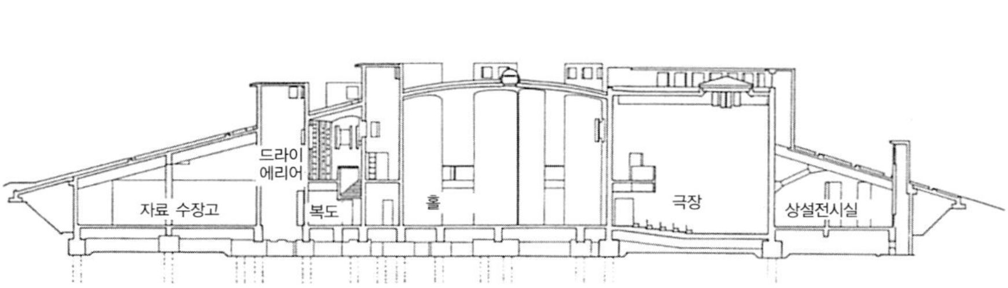

단면도

시마(志摩) 스페인 마을

1994년
설계 / 竹中工務店

지형을 살려 배치계획이 이루어진 테마파크.

대규모 시설인 동시에 국정공원(国定公園)으로도 지정되어 있는 주변의 대자연 경관과 훌륭하게 공생하고 있다.

대상지의 조감

류코쿠(龍谷)대학 프로젝트

1995년
설계 / 宮元健次＋宮元庭園건축연구소

자연 그대로인 사면지형을 따라서 아트리에동, 교실, 도서관, 갤러리 등을 마치 산악취락과 같이 배치한 사례.

각각이 가로공간을 상기시킬 수 있는 균일하지 않은 회랑으로 연결되어 있어, 대학캠퍼스에서 거리를 산책하는 것 같은 다양한 공간체험의 즐거움을 주고 있다.

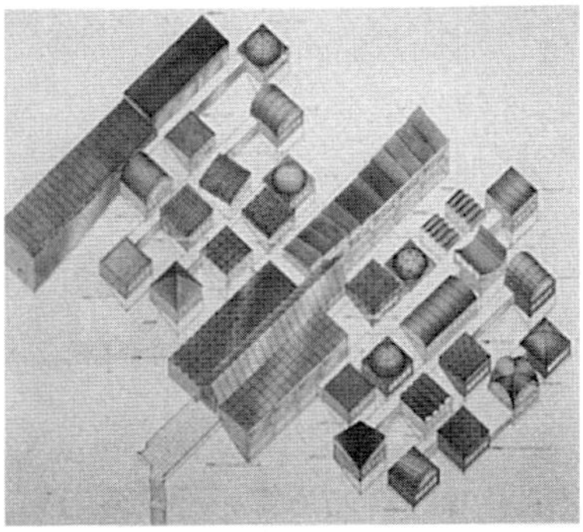
엑소메트릭

배치도

히지리(聖) 고원 사레지오의 집

1997년
설계 / 藤木隆男건축연구소

각 시설이 언듯 보기에는 무질서하게 배치되어 있는 듯이 보이지만, 잘 관찰해 보면 각각의 시설 용도에 따라 지형의 특성을 교묘하게 살려, 더 이상 움직일 여지가 없는 배치가 되어 있음을 알 수 있다.

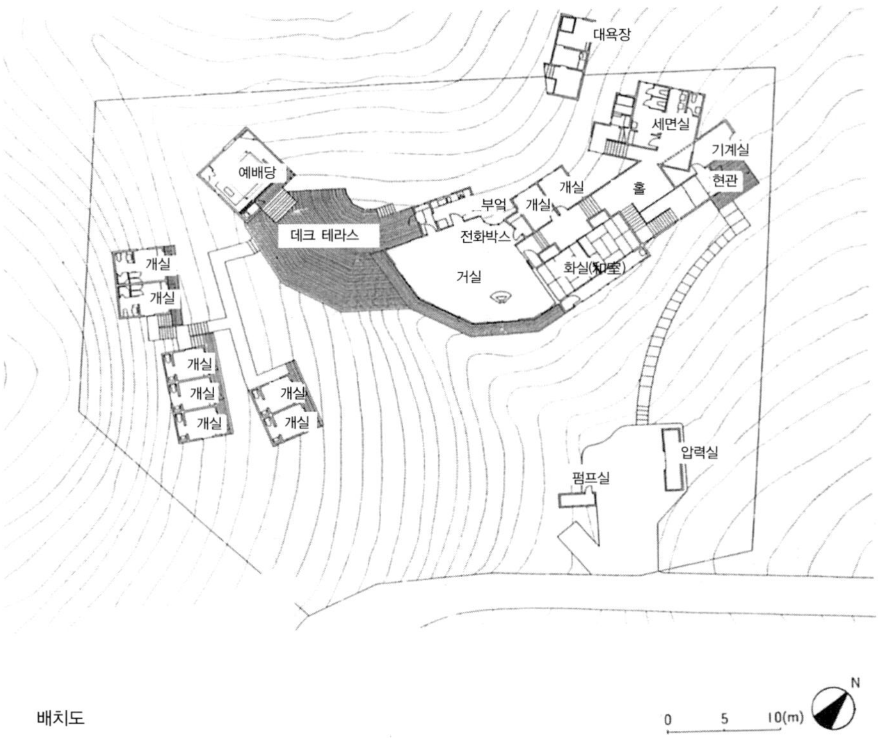

배치도

겐카이(玄海)의 주말 주택

1999년
설계 / 朴塚隆生아트리에

도로형상과 자연지형에 맞춰 세워진 별장건축.

남쪽방향으로 마치 손을 벌린 것과 같은 배치로 되어 있어, 평범한 디자인처럼 보이지만 채광, 통풍, 경관면에서도 이상적인 구성으로 되어 있다.

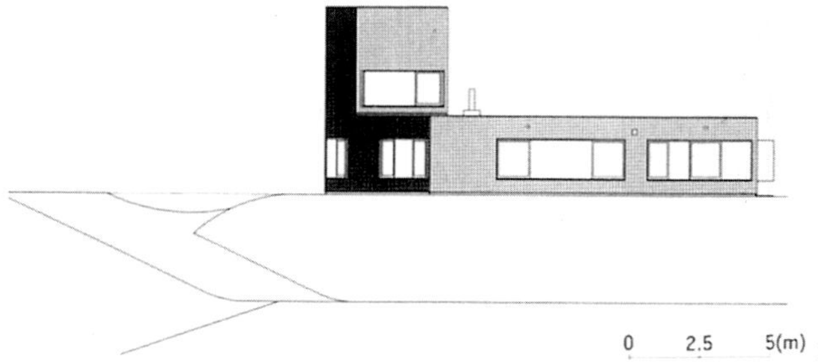

입면도

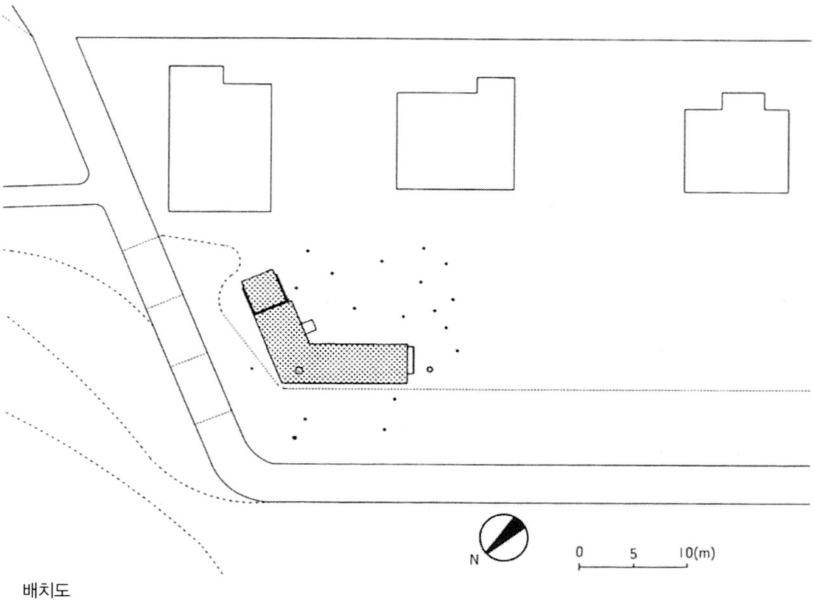

배치도

현립 군마 천문대

1999년
설계 / 磯崎新아트리에

자연지형에 맞춰, 조화롭게 배치된 천문대 시설.

별의 관측을 위하여 방해가 되는 도시의 빛을 피하기 위한 2개의 돌출된 지붕이 선택되었다. 또한 천체의 운행을 배려하여 각 건물이 교묘하게 배치되어 졌다.

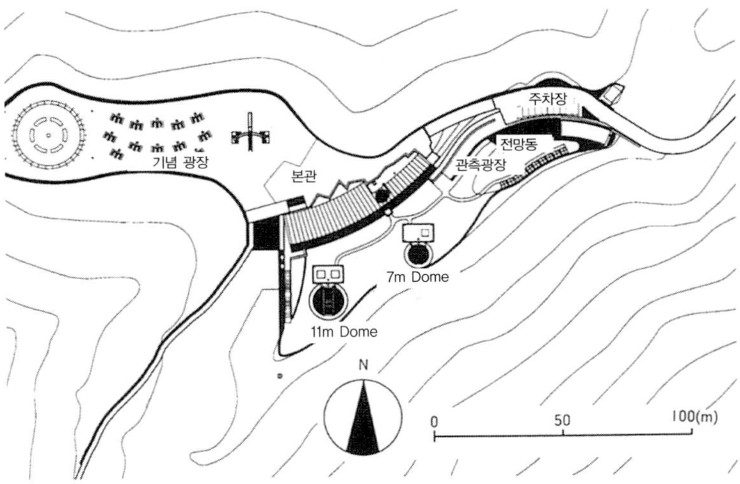

배치도

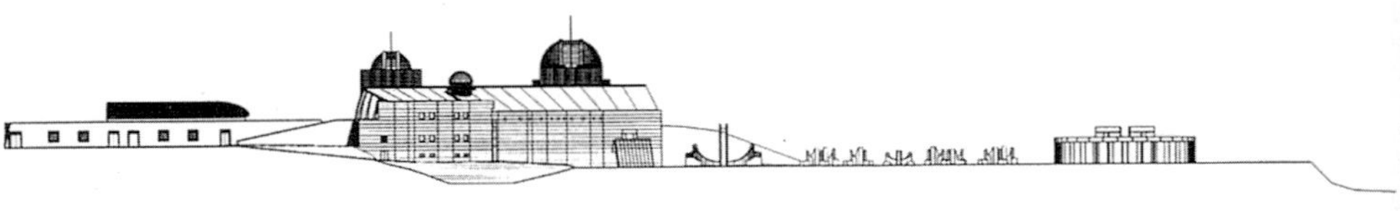

입면도

아마노(天野)제약 기후(岐阜)연구소

1999년

설계 / 黑川紀章 건축도시설계사무소

기복이 있는 지형을 이용하며, 언덕 정상의 녹지를 보존하도록 배치한 사례.

인접대지의 테크노플라자와 디자인에 통일성을 주어 일체가 된 경관이 형성되고 있다.

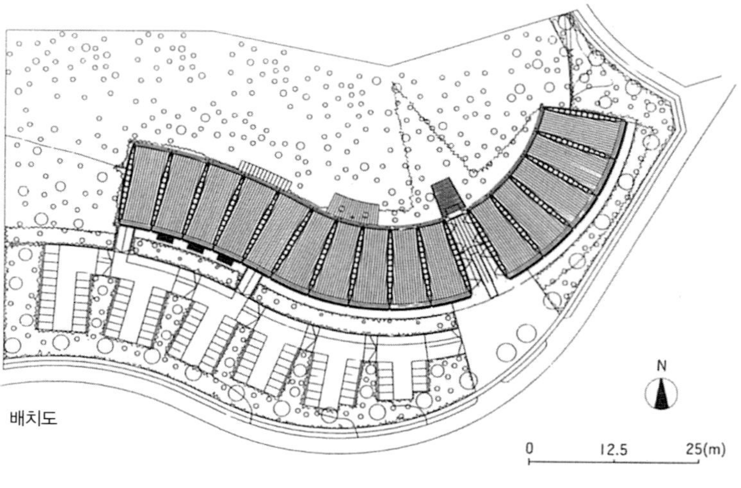

배치도

외관

마츠시마(松島) 요트하버(Yacht harbor) 공원사무소

2000년
설계 / 阿部仁史아트리에

바다에서 바라보는 경관을 배려하기 위해, 배후의 언덕지형에 동화되도록 뱀 형태의 배치를 취한 사례.

곡면으로 되어 있는 지붕의 조형도 지형과의 융화에 일조하고 있다.

바다를 조망

외관

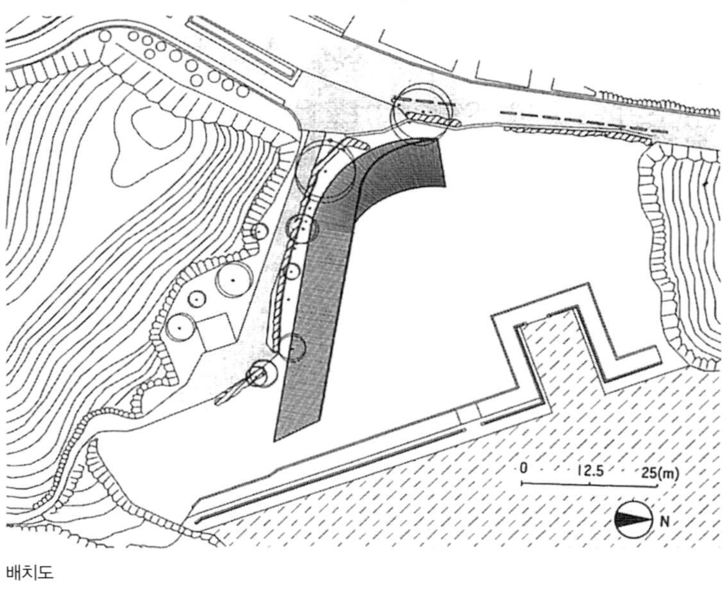

배치도

꽃과 녹음의 문화관

2000년
설계 / 飯田善彦건축공방

원예에 관한 여러 시설과 식물원이 복합된 건축물.

언덕 위의 랜드스케이프를 최우선하여 계획하였기 때문에, 각 매스들을 어떻게 경관과 조화시킬 것인지를 염두에 두고 디자인한 사례.

건축과 언덕의 지형이 일체가 된 자연스런 경관을 만들어내고 있다.

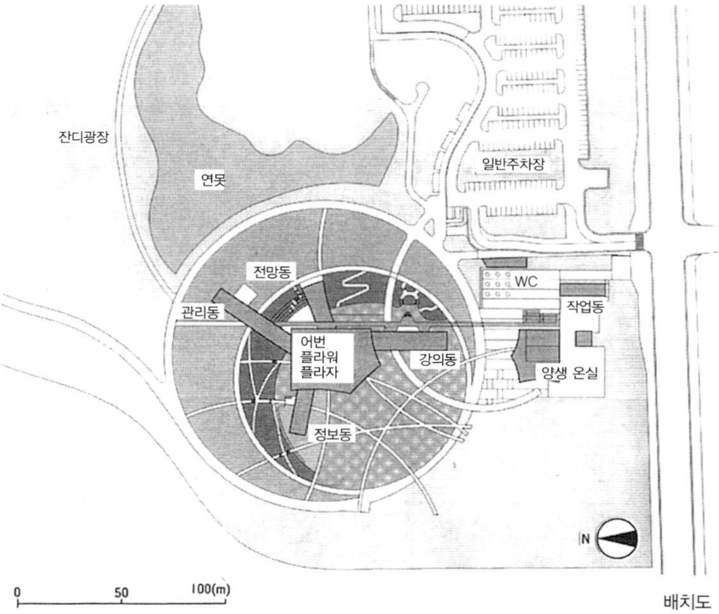

배치도

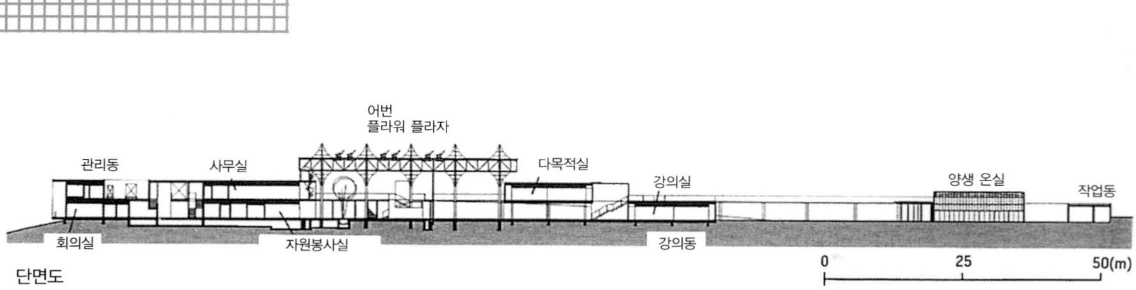

단면도

아와지(淡路) 꿈의 무대

2000년
설계 / 安藤忠雄 건축연구소

지형을 교묘하게 살린 박람회 건축.

각 토지마다의 높낮이, 바다와 산으로의 조망, 사면의 각도와 사람의 움직임 등, 각 대지의 특성을 최대한 끌어낼 수 있도록 전시실을 배치하면서, 전체를 하나로 통합시키고 있다.

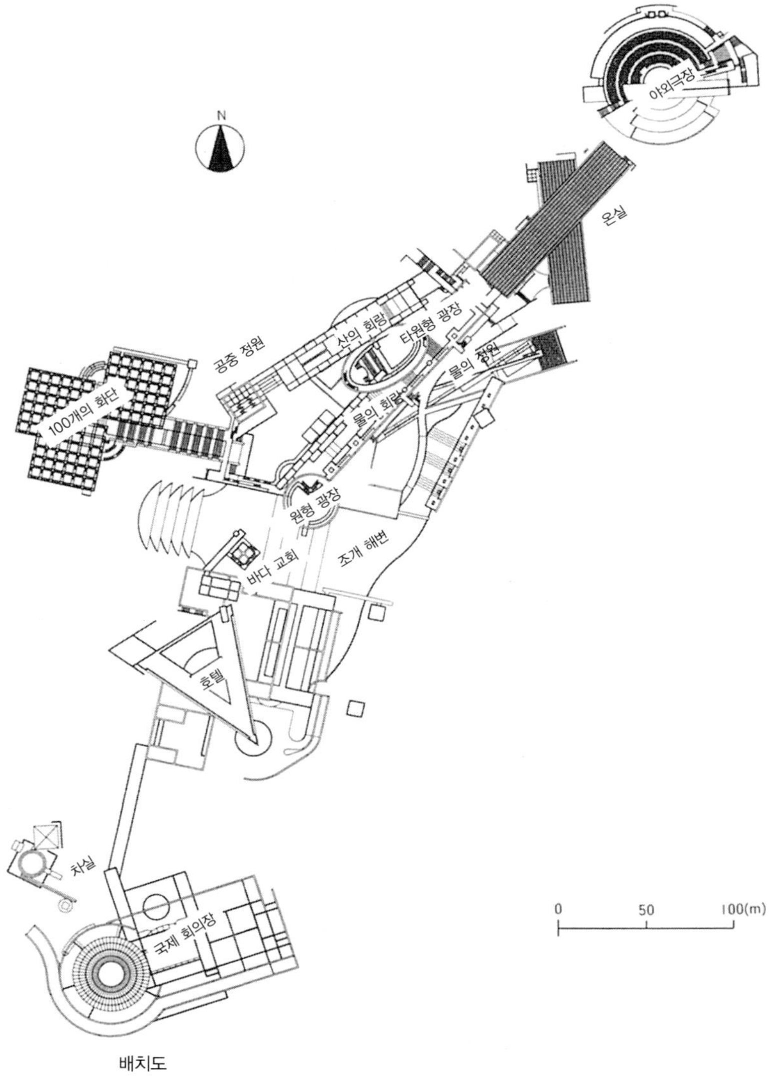

배치도

오타구(大田区) 휴양촌 도우부

1998년
설계 / 伊東豊雄 건축설계사무소

배후에 있는 오무로야마(大室山)의 등고선에 맞추어 완만하게 호를 그리며 배치된 레크리에이션 시설.

모든 실들에서 광장과 강으로의 조망을 확보하면서 전체 지형 속에 동화되도록 자연스럽게 배치되어 있다.

조감

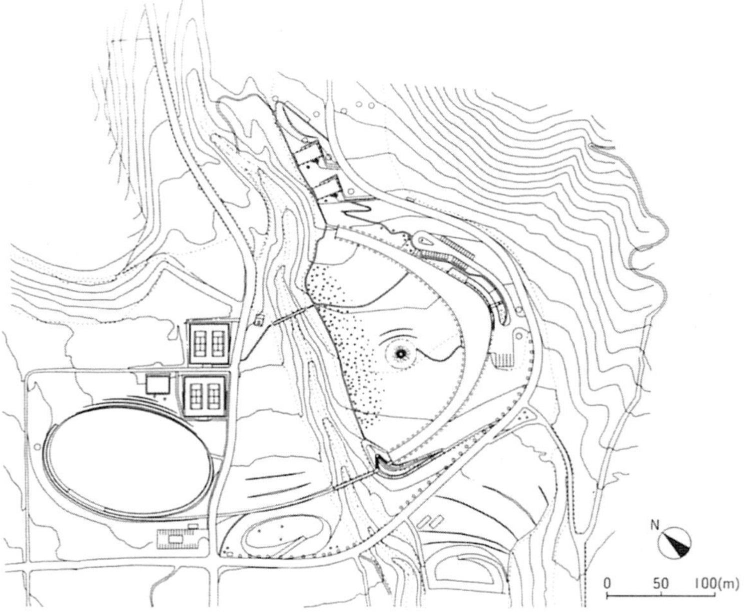

배치도

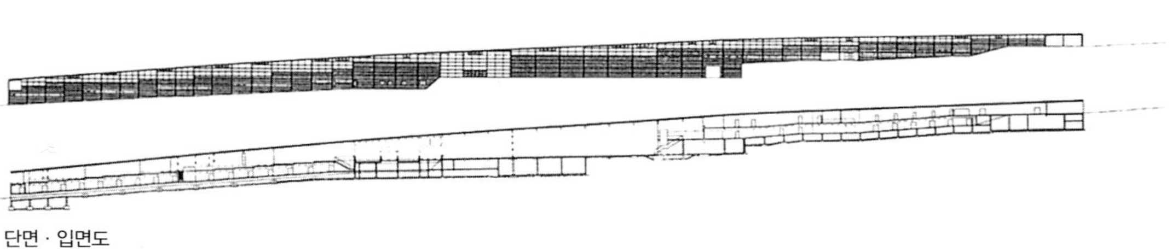

단면 · 입면도

5
조망

◆ 작품사례

슈가쿠인 리큐(修学院離宮)의 우에우(上御) 차정(茶屋) ………역사건축물
모우비뎃쿠 ……………………………………………………宮脇檀건축연구실
시세이도우(資生堂) 아트 하우스 …계획 · 설계공방(谷口吉生 · 高宮真介)
고치(高知)현립 사카모토류마(坂本龍馬) 기념관
……………………………高橋晶子+高橋寛／워크스테이션(work station)
가루이자와(軽井沢) 프린스호텔 ………………………………디자인 · 시스템
오오츠(大津) 프린스호텔 …………………丹下健三 · 도시 · 건축설계연구소
인터콘티넨탈호텔 ……………………………………………………日建設計
리조널 · 비블클럽 고부치자와(小淵沢) · 음악의 숲
……………………………………………………마리오 · 페리니아소시에이쯔
MAX 프린스호텔 ……………………………………………宮元健次+TCA
칸나베유우의 숲「유도로기」 ……………………………………象설계집단
가와니시쪼(川西町)의 별장 B
……………………………아트리에 · 원+도쿄공업대학건축학과 츠가모토(塚本)
연구실+미무라(三村太郎)건축환경설계사무소
이하마(伊浜)의 집 ……………………………………………榎本弘之건축연구소

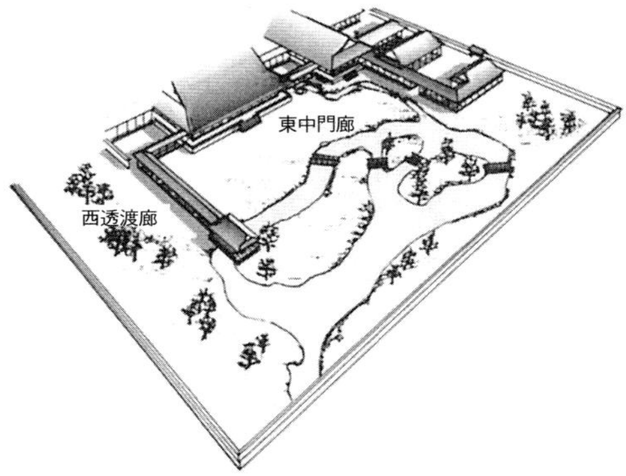

그림 1. 히가시산죠우덴(東三条殿) 복원도
(太田静六씨 복원평면도를 근거로 작성)

그림 2. 산수도

인간은 예로부터 집에서 보이는 조망을 중시해 왔다. 특히 섬나라 일본의 경우에는 토지의 기복이 크고, 나아가 수목이나 물과 같은 풍요로운 자연에 혜택을 입어왔기 때문에, 그러한 것들을 경관으로서 감상하는 것에 노력을 기울여 왔다(그림 1). 덧붙이자면, 한국이나 중국에서도 뛰어난 풍경을 선인이 사는 신선향(神仙郷)=유토피아(Utopia)라 칭하며, 풍수적으로 보더라도 이상향이라 해 왔다(그림 2).

일본에서는 나라시대에 이미 정원이 만들어졌으며, 그 후 오늘까지 많은 진전이 있었다. 귀족의 주거형식인 신덴츠쿠리(寝殿造)가 양식화하면서, 음양오행설의 사신상응(四神相応)에 영향을 받아 남쪽에는 연못을 파고, 동쪽의 강으로부터 물을 끌어 들이고, 서쪽의 도로를 향해 문을 열고 있다. 정원계획의 바이블이라 불리는 『작정기(作庭記)』에 따르면 「물을 흘리는」 것은 「동쪽방향에서 나와서 가옥의 아래를 통과하고 미신(未申)쪽으로 나가는 것이 가장 좋은 땅이며, 청룡의 물을 가져다가, 여러 가지 악한 기운을 백호의 길로 방출하는 것」이라고 하고 있는 것을 보아도 음양오행설의 영향이라는 것을 명확히 알 수 있다. 또한, 마찬가지로 사신상응으로부터, 「사계의 정원」이라고 불러야 할 계절적 성격이 있었다. 『영화(栄華) 이야기』에서는 「바다용왕의 집쯤 되어야 사계를 사방으로 볼 수 있다」고 되어 있고, 또 실존한 토바덴(鳥羽殿)에서는 동서남북에 궁전이 있고, 서쪽 산에는 단풍을 심은 가을 산이 있었다고 한다. 나아가 『원평성쇠기(源平盛衰記)』에서는 타이라노키요모리(平清盛)가 후쿠하라(福原)궁궐에 「사계절의 저택[어전]」 즉 꽃 구경을 하는 봄의 언덕에 있는 궁궐, 달 구경을 하는 가을의 해변에 있는 궁궐, 배 구경을 하는 해변 후미의 궁궐, 눈 구경을 하는 벌판의 궁궐을 만들었다고 전해

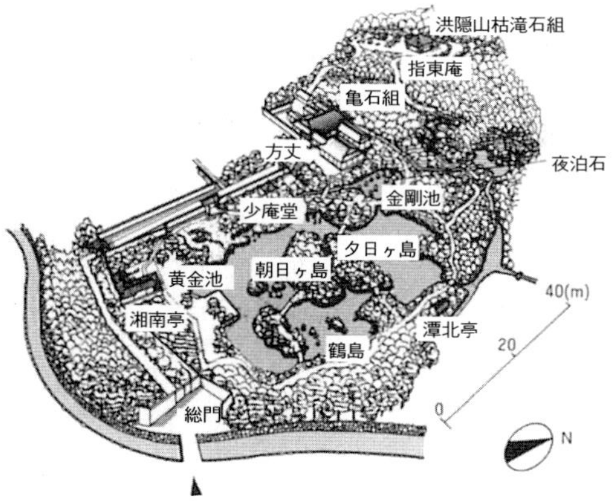

그림 3. 사이호우지(西芳寺) 정원의 조감도

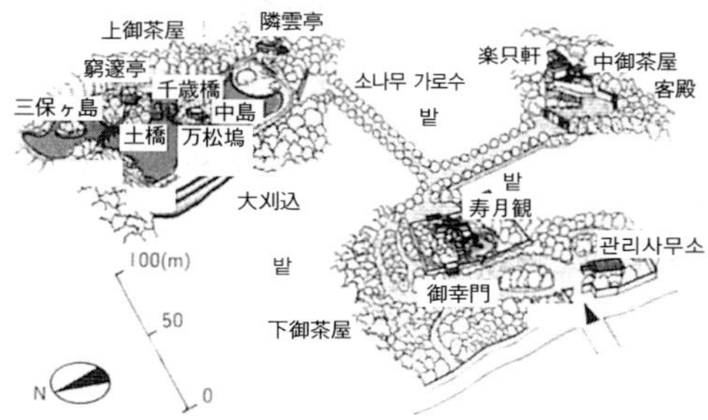

그림 4. 슈가쿠인리쿠(修学院離宮) 정원의 조감도

진다. 또한 후지와라(藤原賴通)의 고요원(高陽院)에도, 동쪽에 벚나무, 남쪽에 상록수, 서쪽에 단풍, 북쪽에 소나무를 심어서 사계절을 표현하고 있었다고 한다. 그 외, 『작정기』에도, 음양오행설을 인용하면서 동쪽으로 벚나무, 서쪽에 단풍, 남쪽으로 상록수, 북쪽에 설산을 만들어서 소나무를 심는 것으로 설명되고 있다.

이러한 침전조계 정원에서 음양오행설의 영향이, 그 후 서원 만들기의 정원이나 가레산수이(枯山水) 등 일본정원의 배치계획에 크게 영향을 주었던 것이다(그림 3). 바꿔 말하면, 일본정원은 그 성립에서부터 단지 정원을 바라본다고 하는 것뿐만 아니라, 음양오행설을 통해서 채광, 물과 대기의 순환과 같은 환경과의 공생을 중시한 배치계획을 해왔다는 것을 알 수 있다.

한편 사신상응 속에 예로부터 현무(玄武)에 해당하는 산으로의 조망도 중시되어 왔다. 예를 들면, 슈가쿠인 리쿠(修学院離宮)나 엔츠우지(円通寺)에서는, 교토의 귀신을 막는 문으로서 엔라쿠지(延曆寺)가 세워진 히에이잔(比叡山)을 차경(먼 곳의 풍경을 앞의 정원과 함께 감상하는 것)을 끌어 들이고 있다(그림 4, 5). 또한, 에도막부(江戸幕府)를 연 도쿠가와(德川家康)는 「불사신」이라는 별명으로부터 「후지미(富士見)」에 구애되어, 자기가 거주하는 슨푸(駿府)성이나 에도성, 어전, 또는 사후의 신으로서 제사 지내는 구노잔(久能山) 도이쇼쿠우(東照宮)에서의 조망이나 배치에서 후지산을 조망하고자 하는 의도가 담겨 있었다.

후지산은 고대로부터 음양오행설에서 불로불사 신선세계의 상징으로서 신앙을 모으고, 극락정토를 위해 후지산의 산행이 유행하고, 또 에도시대에는 에도에서도 후지산으로의 산행을 할 수 있도록 시내 각처의 절과 신사 경내에 가공의 후지산을 만들기도 하였다. 또한 후지산을 조망

그림 5. 엔츠우지(円通寺) 부근에서 본 차경

그림 6. 우키요에(浮世絵)에 묘사된 후지산과 비스타
(三井文庫蔵「駿河町初春의 그림」을 근거로 작성)

그림 7. 우키요에(浮世絵)의 속에 나타난 조망포인트로서의 후지산

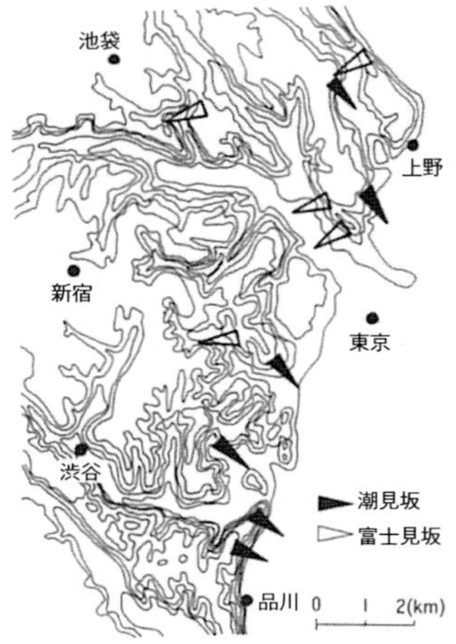

그림 8. 도쿄의 지형과 시오미사카(潮見坂)·후지미사카(富士見坂)(服部蛙二郎씨 작도를 근거로 작성)

포인트(Eye point)로 한 도시계획도 행해진 것으로 보인다. 즉 우키요에(浮世絵)의 많은 작품에서 도로의 조망 포인트로 후지산이 그려져 있는 사실도 그것을 의미하는 것이라고 말할 수 있다(그림 6, 7). 현재 도쿄에는 「후지미(富士見)」라는 이름이 붙여진 지명이 많고, 후지미오카(富士見丘)라든가 후지미가오카(富士見ヶ丘)라고 한 토지에서는 실제로 후지산이 보였다고 한다(그림 8). 최근 눈에 띄게 줄었지만 대중탕에 가면, 많은 곳에 후지산 그림이 그려져 있는 것도 그 흔적이라고 볼 수 있겠다.

그러나 현재 초고층 빌딩에 가로막히고, 또 대기오염에 의해 후지산을 도쿄에서 바라보는 것은 불가능해졌다. 다시 말해 예전에 일본인이 중시했던 조망에 의한 자연숭배의 모습을 상실하고 있다고 해도 과언이 아닐 것이다. 예로부터 정원 만들기를 통해서 행해져 왔던 자연환경과 공생하는 배치계획에 대해서도 그 의미가 상실되고 있는 것 같아 안타깝다.

그래서 여기에서는 몇 개의 사례를 바탕으로, 조망을 통한 환경과의 공생에 대해서 재고해 보기로 한다.

슈가쿠인 리큐(修学院離宮)의 우에우(上御) 차정(茶屋)

1659년경
설계 / 역사건축물

제 1장 제 4항의 작품 사례에서 소개했던 것처럼 슈가쿠인 리큐(修学院離宮) 전체는 상, 중, 하의 3개의 다도건축물로 되어 있고, 각각 지형의 고저차에 따른 다양한 조망을 갖고 있다.

특히 조망경관을 압도하고 있는 것은 우에우(上御) 차정에서, 강을 댐으로 막은 인공연못이 있는 정원을 차경으로 이용하고, 예로부터 황성의 귀문(鬼門)수호로서 숭배되어 온 히에이잔(比叡山)을 전경으로 하고 있다.

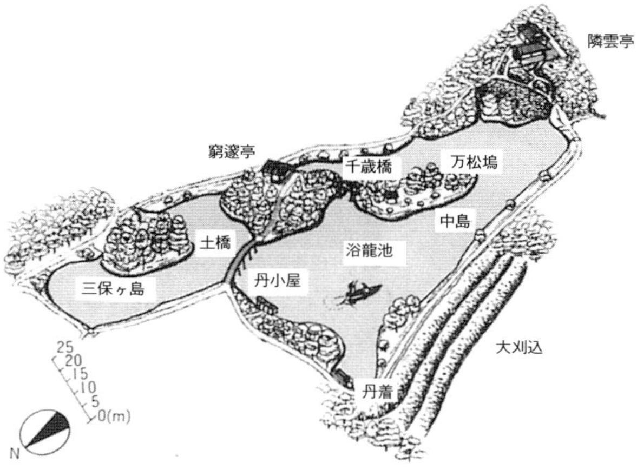

우에우 차정의 배치도

우에우 차정의 연못

모우비뎃쿠

1966년

설계 / 宮脇檀건축연구실

첨경으로 심겨진 수목 너머로 테라스를 사이에 두고 야마나카고(山中湖)의 조망을 감상할 수 있는 별장건축.

호수로의 조망 축선상에 거실이나, 망루모양으로 상부가 들어 올려진 침실 등 모든 공간을 배치하고 있다.

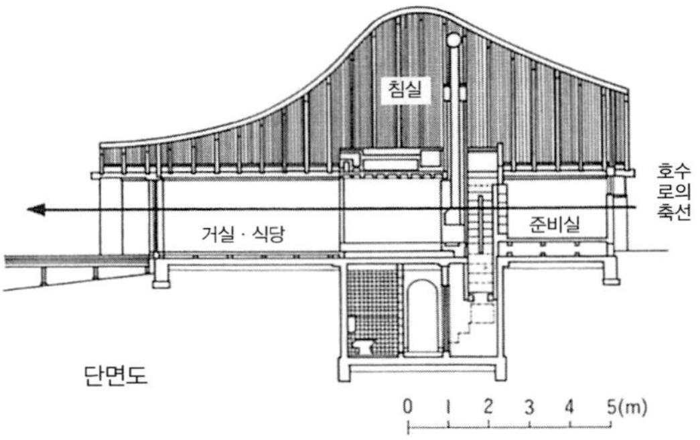

단면도

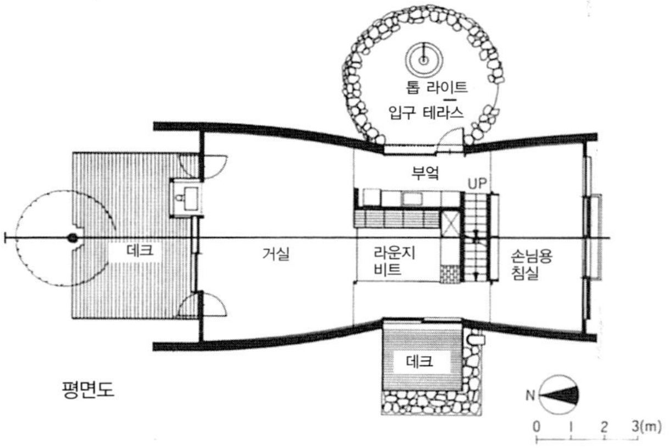

평면도

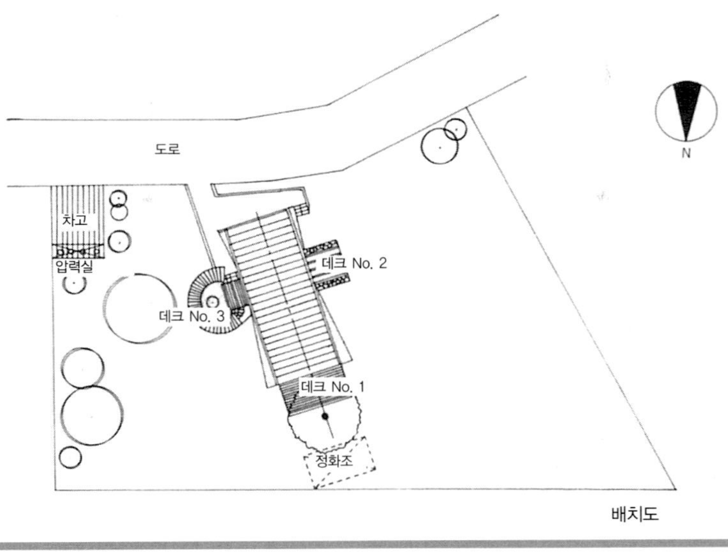

배치도

시세이도우(資生堂) 아트 하우스

1979년

설계 / 계획 · 설계공방(谷口吉生 · 高宮真介)

원형의 중정을 둘러싼 전시실을 지나가면 이번에는 푸른 잔디의 정원을 조망할 수 있는 대 파노라마의 전시공간이 연출되어, 잠시나마 숨을 돌릴 수 있는 배치가 되고 있다.

응축과 개방이라고 하는 공간의 반전에 조망을 활용한 작품이다.

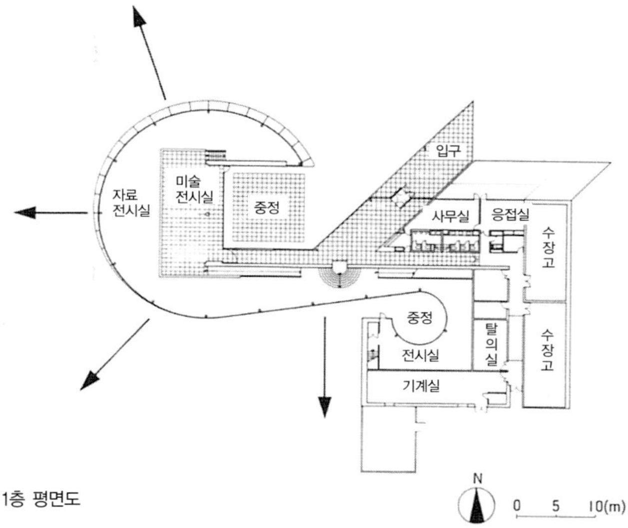

1층 평면도

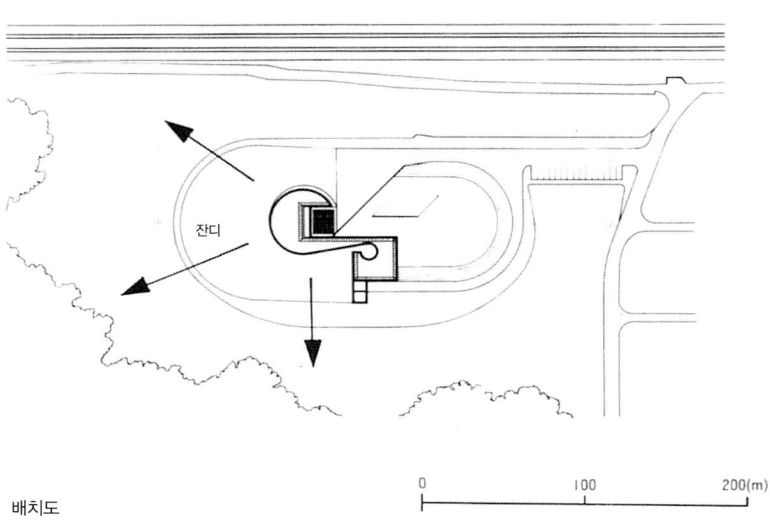

배치도

고치(高知)현립 사카모토류마(坂本龍馬)기념관

1991년

설계 / 高橋晶子＋高橋寛／워크스테이션(work station)

대지는 바다가 내려다보이는 언덕 위에 있으며, 진입 램프나 전시실은 바다로 돌출되어 있다. 바다의 경관을 대담하게 건물 내부로 수용한 배치이다.

언덕 위로 배치된 건물 그 자체도 지역의 상징으로서 경관을 만들어내고 있다.

외관

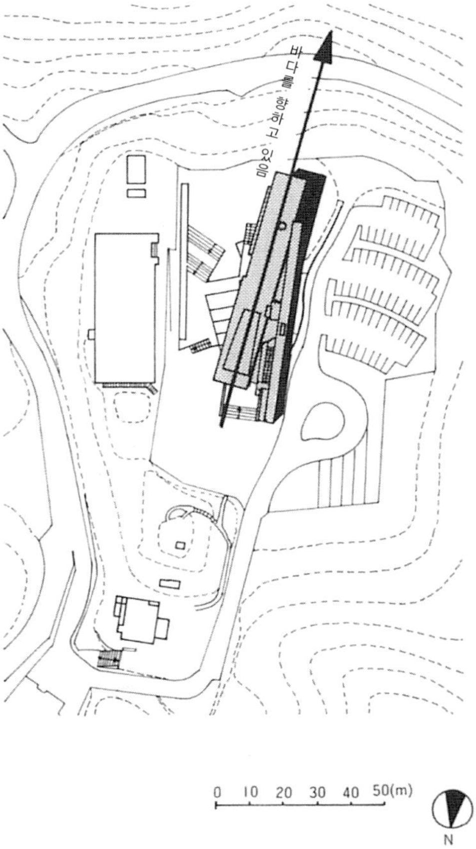

배치도

가루이자와(軽井沢) 프린스호텔

1982년
설계 / 디자인 · 시스템

호수로의 조망을 끌어들인 호텔. 로비뿐만 아니라 모든 객실에서의 조망이 호수를 향하고 있다. 특이한 점은 각 실 배치에 곡선이 사용되었기 때문에 각 실 마다의 조망은 미묘하게 조금씩 다르게 보여, 다른 방에 숙박할 때마다 새롭고 다른 조망을 즐길 수 있다.

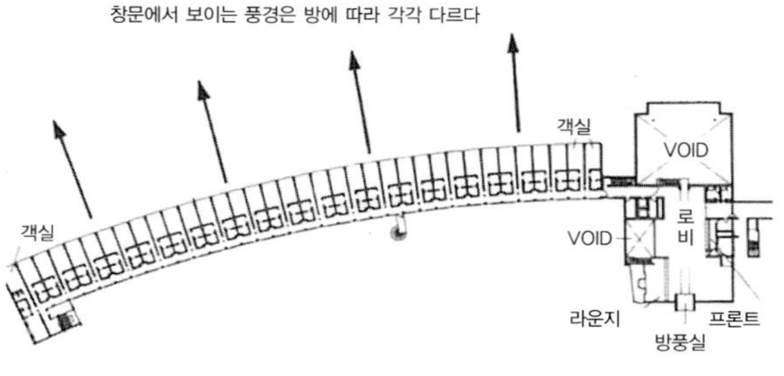

2층 평면도

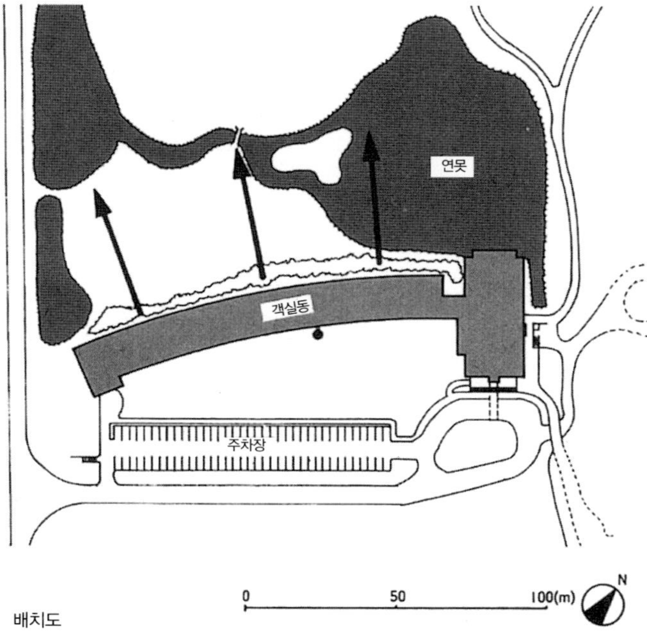

배치도

오오츠(大津) 프린스호텔

1989년

설계 / 丹下健三 · 도시 · 건축설계연구소

건물을 남향으로 하여 빛을 단순하게 받아들인 것이 아니라, 의도적으로 비와코(琵琶湖)의 조망을 중시한 리조트호텔이다.

그 조망 각도도 절묘해서, 오우미(近江) 후지(富士)를 중심으로 세타(瀨田)의 카라하시(唐橋)에서 비와코(琵琶湖) 대교에 이르기까지 각 객실에서의 파노라마에 반드시 특정 경관이 들어가도록 계획되어 있다.

외관

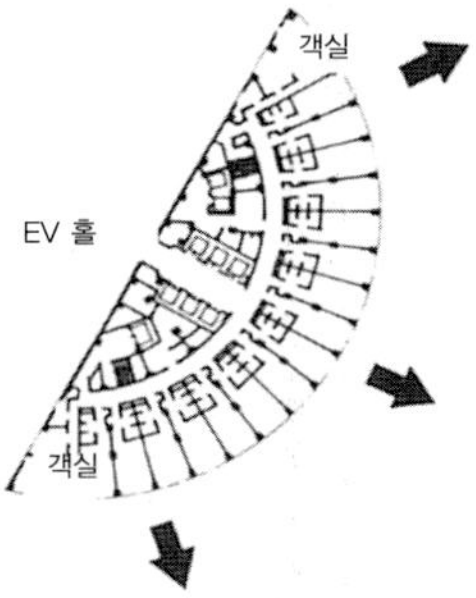

기준층 평면도

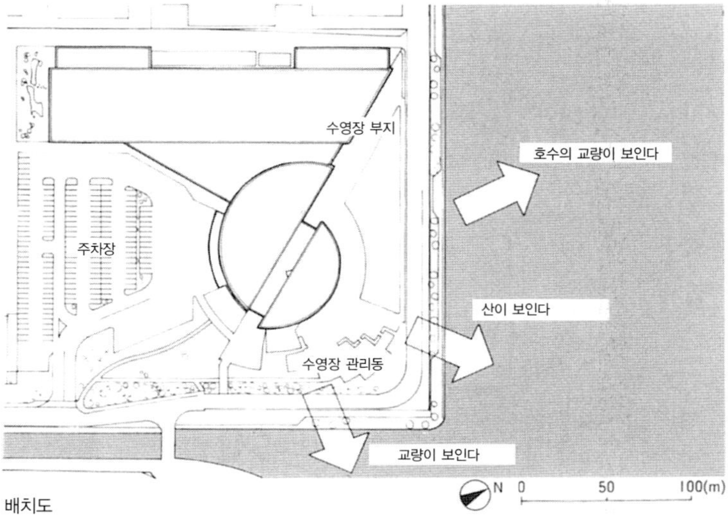

배치도

인터콘티넨탈 호텔

1991년
설계 / 日建設計

요코하마(橫浜)항에 면한 호텔.

각 실의 배치를 크게 2개로 나누어, 요코하마 방향의 명소인 베이브리지(bay bridge)를 조망하는 쪽과 시내 및 후지산을 조망하는 쪽으로 나누어 놓았다.

건물외관이 배의 돛 형태와 비슷하게 되어 있는 것은 물가의 경관을 배려한 디자인일 것이다.

외관

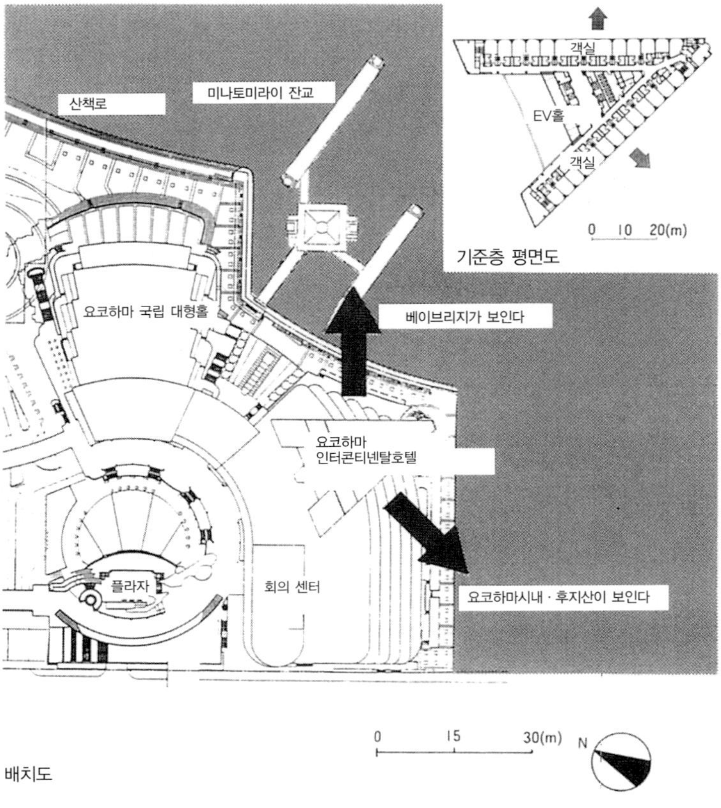

배치도

리조널 · 비불클럽 고부치자와(小淵沢) · 음악의 숲

1992년

설계 / 마리오 · 페리니아소시에이쯔

야츠가타케(八ヶ岳)와 코마가타케(駒ヶ岳)를 연결하는 축선상에 호텔로비를 배치한 사례이다.

환경과 건물에서의 조망이 양호한 관계를 유지하고 있다.

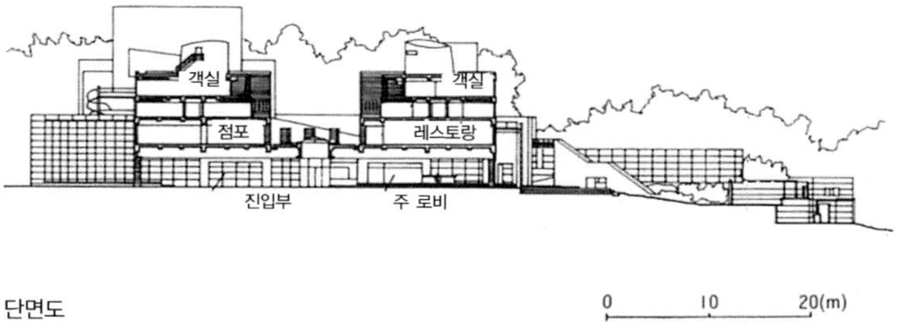

단면도

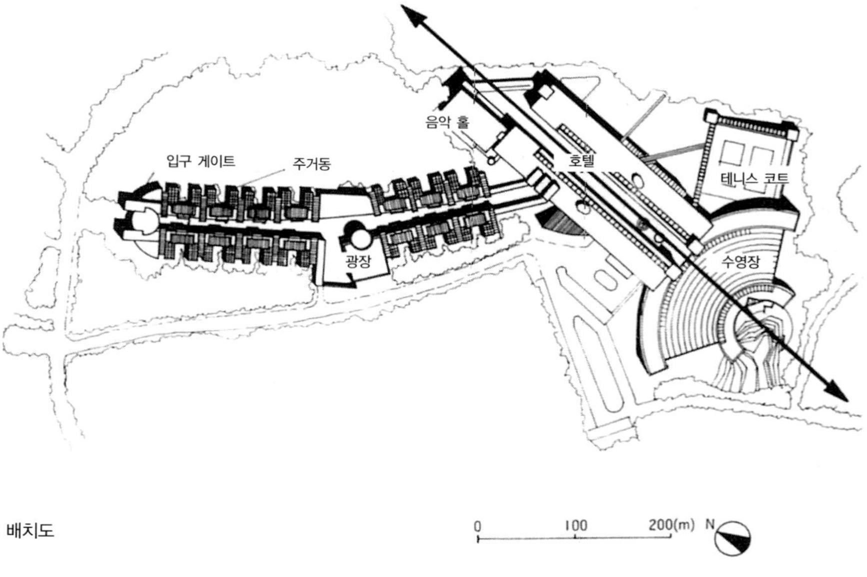

배치도

MAX 프린스호텔

1993년
설계 / 宮元健次 + TCA

다테야마(館山) 항만을 조망하는 대지에 세워진 학교 연수시설.

바다로의 조망을 얻기 위해 높은 곳에 설치된 노천온천을 서로 겹치지 않도록 바다로 향하는 축선상에 배치했다.

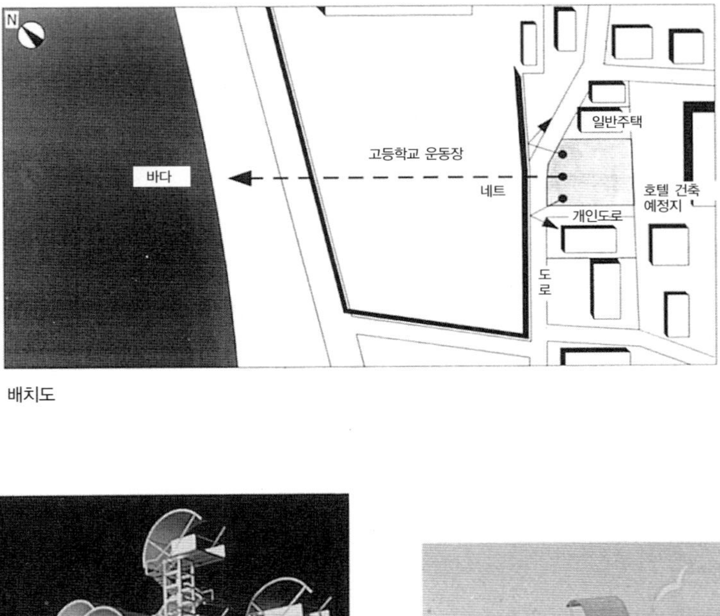

배치도

외관

조감

칸나베유우의 숲「유도로기」

1994년
설계 / 象설계집단

산골짜기, 신도우(神鍋) 산과 신도우(神鍋)고원 각각으로 향하는 축선에 의해 전체 배치가 결정되었다.

불연속적인 자연지형 위에 조망에 의한 정합성을 부여하는 작업에 성공한 작품이다.

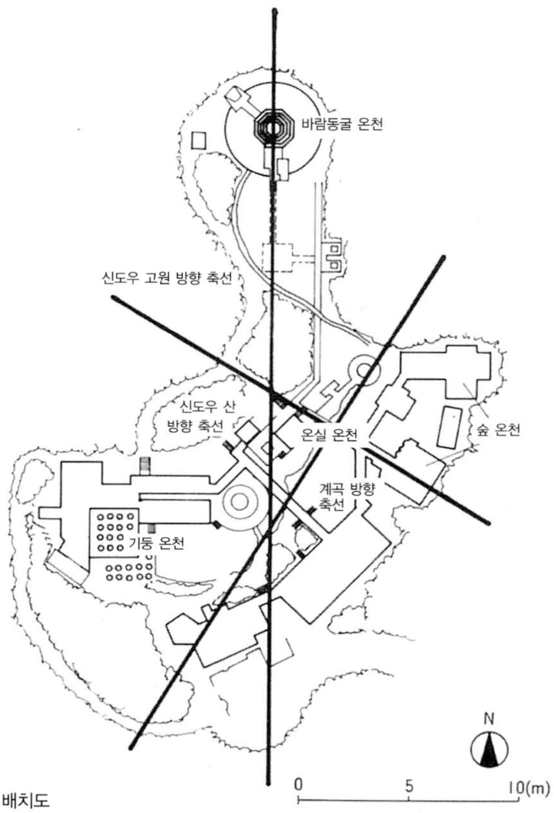

배치도

입면도

가와니시쪼(川西町)의 별장 B

1999년

설계 / 아트리에 · 원+도쿄공업대학건축학과 츠가모토(塚本)연구실+
미무라(三村太郎)건축환경설계사무소

거실 · 식당, 침실, 수변의 3개 동을, 각각 세 방향으로 개구부가 향하도록 배치한 주택.

각각의 공간에서 서로 다른 조망을 즐길 수 있도록 의도하고 있다.

원경

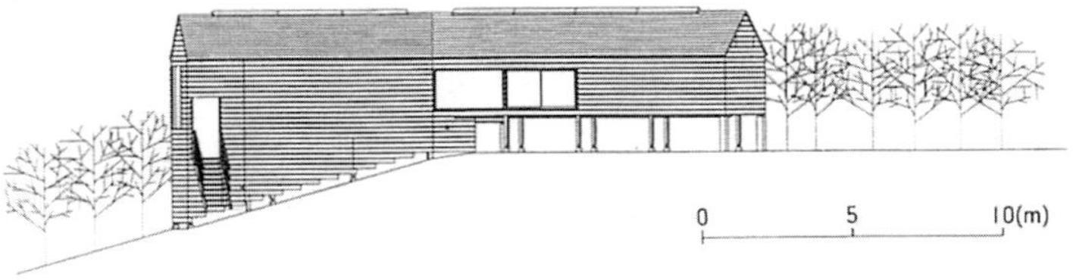

입면도

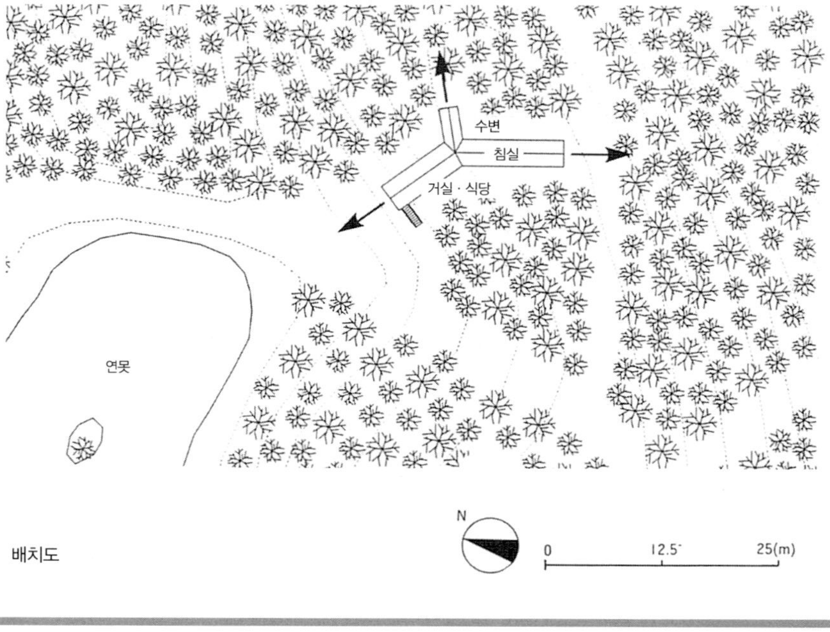

배치도

이하마(伊浜)의 집

2001년
설계 / 哥本弘之 건축연구소

해안에서 300m 위의 산등성 돌출부에 세워진 주택.

바다쪽 건물과 산쪽 건물로 나누어 각각의 조망을 즐길 수 있게 배치되었다.

또한 양쪽 건물 사이에 만들어진 중정 및 바다쪽 건물의 언덕에 돌출된 형태로 만들어진 노천온천에서는 대자연 속으로 저무는 석양을 즐길 수 있도록 의도된 것이다.

노천온천에서 석양을 조망

바다동에서의 조망

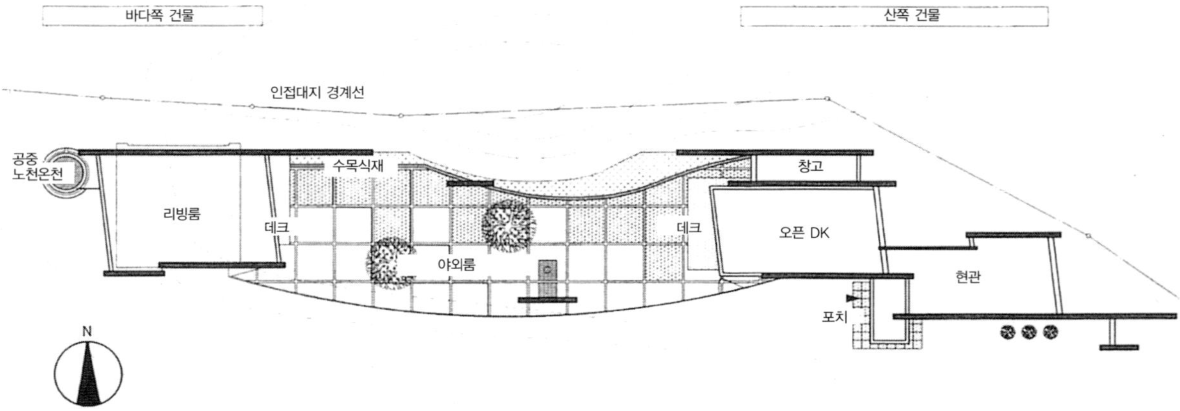

배치평면도

제 **2** 장

도시에의 대응

그림 1. 교토의 주택 파사드

그림 2. 타카야마(高山)의 주택[吉島家] 그림 3. 타카야마(高山)의 가로

제 1장 총론에서는 일본과 서양의 건축재료가 달라짐에 따른 공간의 차이에 대해서 설명했다. 다시 말해 일본의 목조 기둥 및 보의 구조와 서양의 조적조에 의한 벽식 구조의 차이가 바로 그것이다. 일본의 건축은 개구부를 용이하게 만들 수 있었기 때문에 안과 밖의 관계성이 증가되었고, 도시에 대하여는 격자문과 같은 애매한 칸막이가 발달했으나, 서양 건축은 개구부를 크게 만들 수 없는 상황이었기 때문에 어쩔 수 없이 안과 밖의 관계가 희박해진 것이라 생각된다.

또한 건축공간의 이러한 차이는, 일본과 서양에서 도시공간의 성립에도 영향을 미친 것으로 보인다. 건축가 구로카와(黒川紀章)에 따르면, 일본에는 본래 공공공간으로서의 「광장」의 개념은 없으며, 그 대신 공공공간으로서의 가로, 이른바 「경계공간」이 발달했던 것이 아닐까라고 지적한다. 예를 들면 교토(京都)나 전국 각지의 거리모습을 살펴보면, 가로에 대하여 벽은 폐쇄적이지 않게 개구부의 격자문이나 격자창문으로 통하게 되어 있어, 가로공간이 단순한 통로가 아니고 커뮤니케이션의 장소로서 형성되었음을 알 수 있다(그림 1~3). 더욱이 그 배경에는 나라(奈良)의 헤이조교우(平城京)나 교토의 헤이안교우(平安京) 등 일본 고

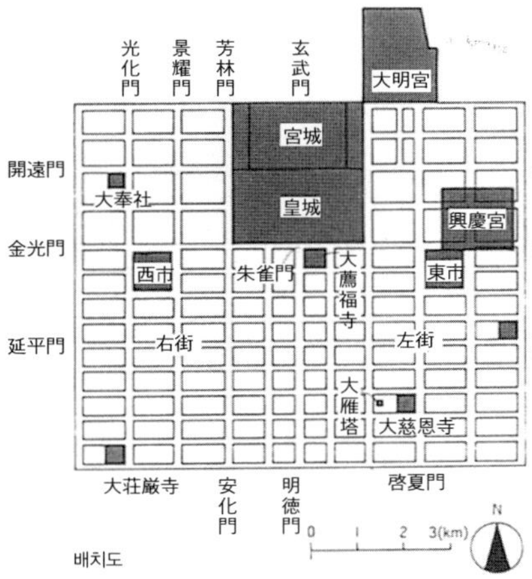

그림 4. 중국 수도 장안(長安)의 도로형식

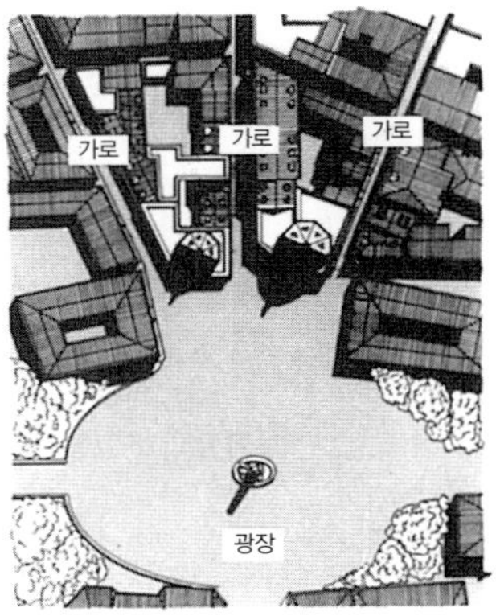

그림 5. 이탈리아 도시공간의 사례

대 계획도시의 대부분이 중국 도시인 장안(長安)을 본 따, 광장을 가지지 않고 가로를 격자형으로 배치하는 형식을 채용했던 것에서 그 유래를 찾을 수 있을 것 같다(그림 4).

한편 이러한 공공적인 「길(道)」공간의 발달은 일본의 문화 전반에도 영향을 주었다고도 한다. 원래 일본은 「길」에 구애받는 경향이 강한지, 다도(茶道), 화도(華道), 유도(柔道), 검도(剣道) 등 전통적인 문화에 「도(道)」라는 명칭을 붙이는 경우가 많다. 전통건축에서도 회유식정원(廻遊式庭園)이라 하여 원로(苑路)로 각 건축물을 연결하는 형식이 있으며, 또 다실(茶室)의 노지(露地:차를 마시는 방의 정원) 등도 취향을 집중시켜 각 요소를 길로 연결시켜 나가는 형식이다.

이렇게 일본의 공공공간이 가로인 것에 비해, 서양의 대다수 국가들은 공공공간이 광장인 경우가 많다. 예를 들면, 이탈리아의 도시공간을 살펴보면 사원 등의 공공시설은 광장에 면하여 입구가 계획되어 있다. 그런데 막상 광장으로 연결되는 가로로 한 걸음 들어가 보면, 주택이나 상점들은 대부분 개구부를 갖고 있지 않으며, 단지 통로만으로 끝나 버린다(그림 5). 다시 말해, 이탈리아의 도시공간에는 공공공간의 성격을 갖는 가로는 거의 존재하지 않는다고 하여도 좋을 것이다(그림 6). 그렇다고 이탈리아의 거주방식이 옥외공간과의 관계가 단절되어 있다는 것은 아니다. 각 주택마다 안뜰을 갖고 있으며 그곳에서 외부와의 관계를 보충해 가고 있다(그림 7).

이상이 일본과 서양의 도시에서 보이는 공공공간에 대한 건축의 대응 차이다. 최근 일본의 공공공간으로서의 가로공간은, 주로 자동차의 급격

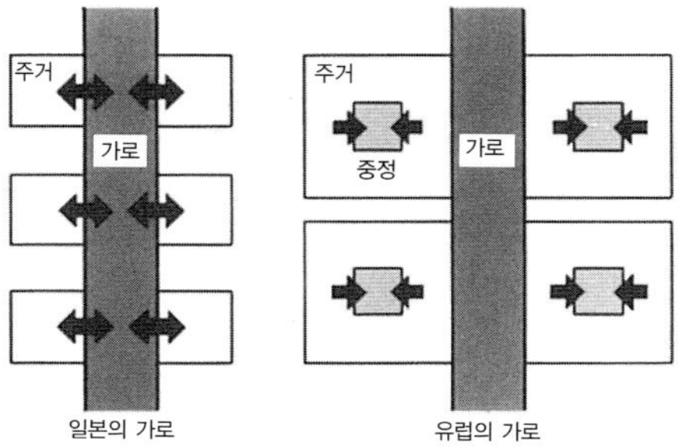

그림 6. 일본과 유럽의 가로공간

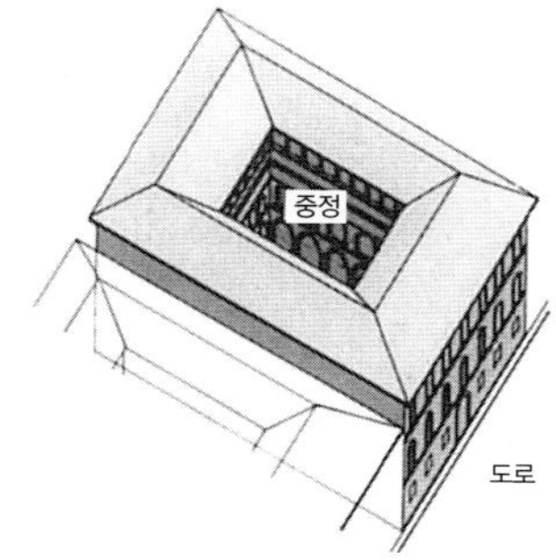

그림 7. 일반적인 이탈리아의 주거형태

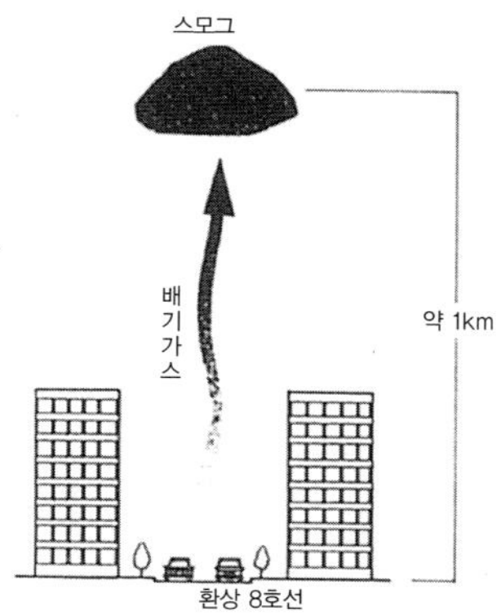

그림 8. 칸야쿠모(環八雲:스모그의 일종)의 개념도

한 증가에 의해 그 의미가 크게 변질되었다. 종래에는 사람들의 「경계공간」으로서 존재했었던 가로공간이, 자동차의 증가에 의해 점령당하고 배기가스나 소음에 의한 도시환경의 파괴가 심각해지고 있는 것이다. 자동차가 만성적으로 정체하는 가로방향으로 각 건축물이 출입구를 만든다고 하는 옛 시대의 배치계획은 이미 종말을 맞이하고 있다고 해도 과언이 아닐 것이다.

예를 들면, 도쿄의 환상 8호선 도로는 항상 차로 정체된다. 그런데 최근 이 도로의 상공에 「칸야쿠모(環八雲)」라고 불리는 스모그가 띠 모양으로 발생하고 있는 것이 목격되었다(그림 8). 다시 말해 차의 배기가스에 의해 상공에 광화학 스모그가 발생되었고, 유해한 비나 집중호우를 초래하게 된 것이다. 이러한 현재의 도시환경에 대해 아무런 대책도 강구하지 않는 것은 아니며, 배기가스가 나오지 않는 차의 개발이나 보급을 진척시키고 있는 중이다. 그렇다면 건축적인 측면에서, 그러한 배치계획에 대하여 도대체 우리들은 무엇을 해야만 하는 것일까?

이하에서는 대지형상, 소음(Noise), 교통, 랜드마크, 경관이라고 하는 5가지 시점에서 해결책을 모색해 보기로 한다.

1
대지형상

◆ 작품사례

교토(京都)의 가로 …… 역사건축물
가츠라리큐(桂離宮) …… 역사건축물
사와다(沢田) 화백의 집 …… 동경공업대학 清家연구실
탑상형의 집 …… 東孝光
스미요시(住吉)의 집 …… 安藤忠雄건축연구소
건강문화센터 이시가와(石川) 후생연금회관 …… 黒川紀章건축도시설계사무소
카시이(香椎) 갤러리아 …… 三浦紀之건축공방
메가미야마(目神山)의 집 8 …… 石井修 · 芙建. 설계사무소
그린메존 사와타리(沢渡) …… 井出一済설계사무소
스칼라 · 레디아 …… 宮元健次＋宮元庭園건축연구소
경시청 본부청사 …… 岡田新一설계사무소
Tan-1 0.2 …… 계획공방 · 村上美奈子松
마츠시타(松下) 클리닉 …… 葉디자인사무소
도쿄(東京) 국제포럼 …… 라파엘로 · 비니오리건축사사무소
모이와(藻岩) 산기슭의 집 …… 中井仁実건축연구소
중소기업대학교 …… 久米설계

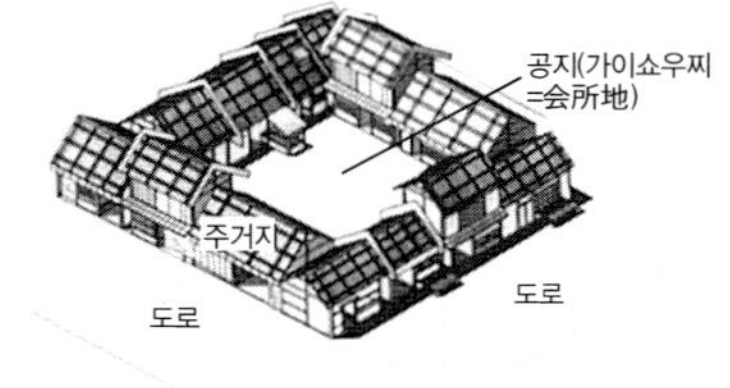

그림 1. 헤이안교우(平安京)의 가구분할

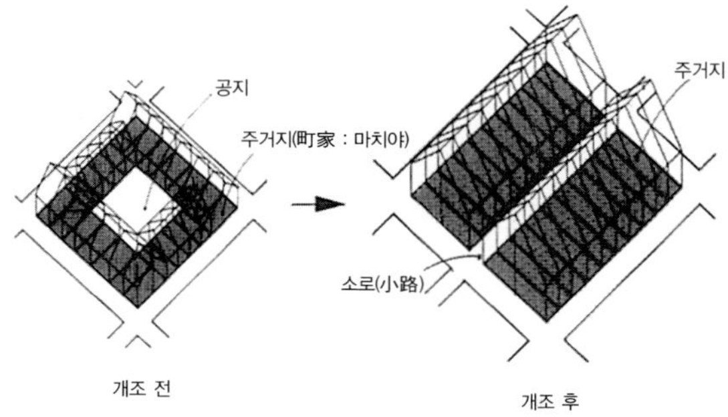

그림 2. 히데요시(秀吉)가 개조한 후의 가구분할

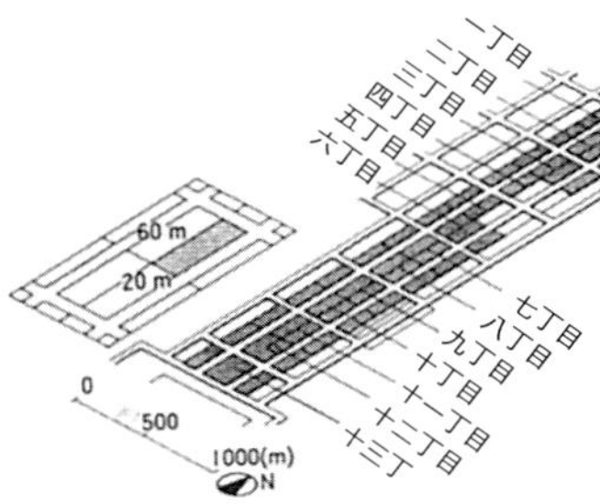

그림 3. 오사카(大坂)의 가구분할

제 2장 총론에서 종래 대부분의 계획도시에서는 격자형 가로에 의한 도시계획이 이루어졌다고 언급했다. 대체 이들 형식은 어떤 장점을 가지고 있었던 것일까?

그 힌트가 되는 것이 1587년 타이코(太閤) 도요토미 히데요시(豊臣秀吉)에 의한 도시의 개조이다. 교토(京都)의 뿌리는 794년에 천도된 헤이안교(平安京)이지만, 히데요시 시대가 되면서, 원래 다이리(内裏:황궁 속의 천황의 거처를 중심으로하는 저택)에 있었던 우에노(内野:平安京 大内裏가 있던 곳)에 거주를 위해 쥬라쿠다이(聚楽第:히데요시가 교토에 만든 저택)라고 불리는 성을 만들었다. 그와 동시에 히데요시는 헤이안교 이후 계속된 격자형식의 형태가 남아 있던 라쿠난(洛南:교토의 남부교외)의 도시구획을 대개조했다. 종래에는 사각으로 된 사방 100m의 도시구획을 하나의 단위[一町]로 하고, 거기에 길고 폭이 좁은 형태[短冊状]로 주거를 배치하고 중앙에 공지를 만들었었다(그림 1). 그런데 히데요시는 이 공지에 골목길을 통과시키고 새롭게 마치야(町家:마을 중앙에 있는 집)를 만든 것이다(그림 2). 이렇게 한 이유는 그때까지는 이 공지가 농작물 등을 재배하기 위해서 이용되고 있었으나, 히데요시는 상업지와 그 이외의 농지를 분리함으로써 타이코켄지(太閤検地:히데요시에 의해 전국적으로 실시된 토지구획정리사업)라고 불리는 넓이의 토지에서 세금을 징수하기 위해 공지를 마치야(町家)로 바꾼 것

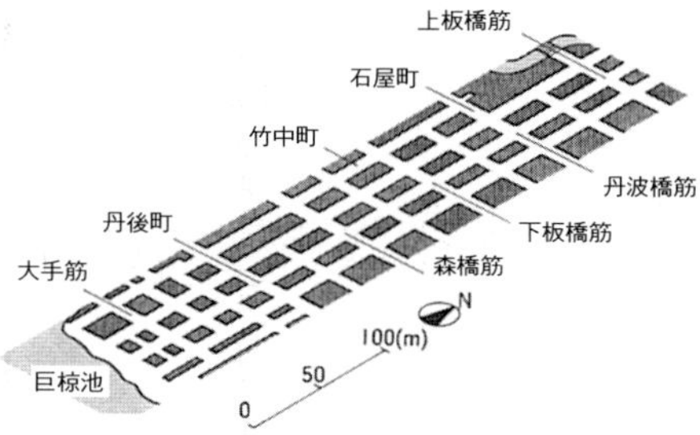

그림 4. 후시미(伏見)의 가구분할

후시미의 가로

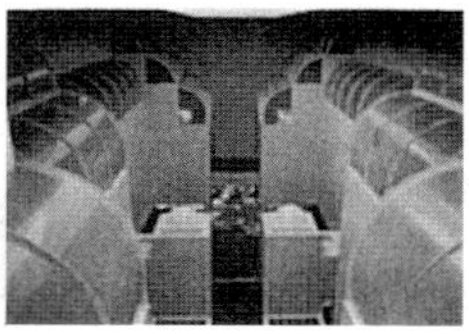

내부

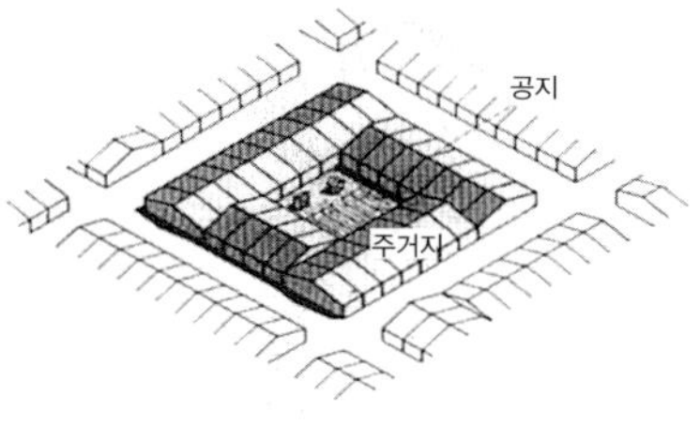

그림 5. 에도(江戸)의 가구분할

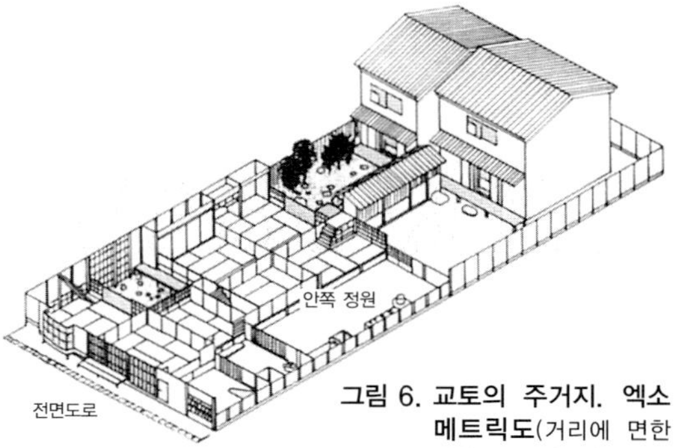

그림 6. 교토의 주거지. 엑소메트릭도(거리에 면한 정원이 있는 사례)

이라 전해진다.

히데요시는 2년 전에 오사카성과 그 성곽도시의 정비작업을 실시했는데, 여기서도 한개 마을[町]의 단위를 108m로 하고, 여기에 폭 36m, 안길이 216m의 가늘고 긴 대지를 계획하고 있다(그림 3). 이것들은 모두는 토지면적에 대한 세제를 명확히 할 목적을 가지는 것 외에 다른 뜻은 없다. 즉 예로부터 일본에서 후지와라교우(藤原京), 나니와교우(難波京), 헤이죠우교우(平城京), 쿠니교우(恭仁京), 오츠교우(大津京), 시라라끼노미야(紫香楽宮), 나가오카교우(長岡京), 헤이안교우(平安京) 등과 같은 격자도시도 원래는 국가를 지탱하는 기반이 되는 세금제도로부터 그 형식이 채용되어 왔다고 보인다. 그리고 그것이 근세 이후까지 이어져 오사카(大阪)나 후시미(伏見), 에도(江戸) 등의 성곽도시에 응용된 것으로 생각된다(그림 4, 5).

이러한 격자도시의 공통점은 길고 폭이 좁은 형태[短冊状]의 대지형상을 갖는 구획정리이다. 가늘고 긴 「뱀장어의 잠자리」와 같은 토지에 세워지는 주택을 보면, 사람이 지나가기 위한 정원이나 빛이나 통풍을 위한 정원 등 공통된 구성을 가지는 사례가 많다(그림 6). 흥미로운 것은, 이들 주거의 배치구성은 격자도시의 배치구성과 상당부분 비슷한 관계를 갖는다는 사실이다.

1970년 이후, 주택에 도시를 내포하는 개념을 도입, 주택을 도시의 유

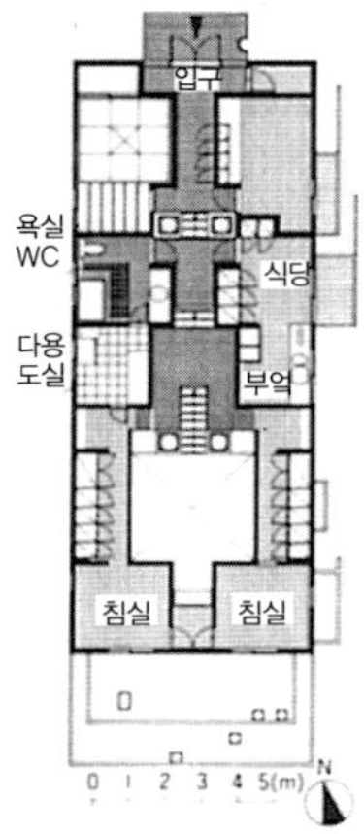

평면도

그림 7. 하라(原)씨의 주택

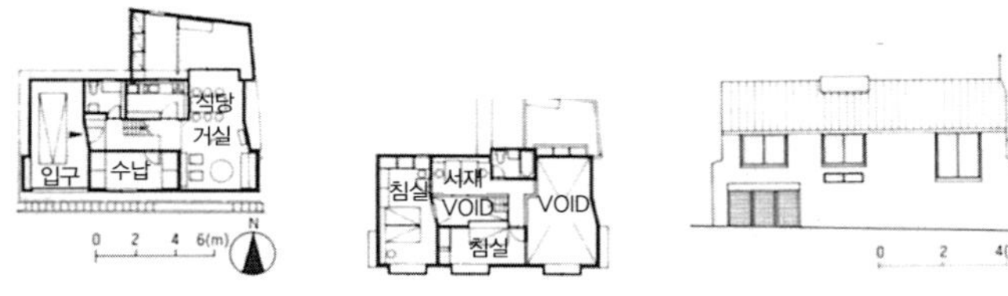

1층 평면도 2층 평면도 남측 입면도

그림 8. 미나세(水無瀨)의 주택(町家)

그림 9. 산타(散田)의 공동주택

전자로 보고자 하는 건축가가 있었다. 이것은 어떤 생물의 유전자 속에 그 생물 전체의 설계도(유전자 지도)가 갖춰져 있다는 것에 착안하여, 도시를 형성하는 건축물 하나하나에도 도시 전체가 포함되어 있다고 하는 사고방식에 의한 것이다. 하라(原広司)씨가 설계한 「하라(原)저택」(그림 7)이나 사카모토(坂本一成)씨 설계의 「미나세(水無瀨)의 마치야(町家)」(그림 8)이나 「산타(散田)의 공동주택」(그림 9) 등이 대표적인 사례이다. 그리고 이러한 징후는, 실제로 예로부터 일본의 도시계획에 면면히 이어져 온 격자도시와 마치야(町家)의 배치구성과의 상관관계에도 기이하게 일치하고 있다.

여기서 서양도시에서 건물 배치구성의 관계는 어떠했을까를 살펴보자. 2장 총론에서 언급한 바와 같이 각 주택은 안뜰을 가지나, 도로(가로)에 대해서는 폐쇄되었다는 점에 있어서, 역시 광장을 공공공간으로 하고 있는 도시 배치구성의 축도(縮図)=유전자에 비유하는 것이 가능할 것이다. 바꿔 말하면 일본과 서양 모두 건축물의 배치구성 그대로가 도시의 배치구성으로 확대되어 있다고 할 수 있으며, 부분과 전체의 공생이라고 하는 도시에 대한 건축의 대응(Response)이라고 볼 수 있다. 이것들은 도시에서 건축물의 배치계획에 결정적인 힌트를 줄 수 있을 것이다.

이상, 도시와 건축에 있어서 배치구성의 유사점에 대해 다루어보았으나, 이것들의 불가사의한 징후를 염두에 두면서, 이하에서는 몇 개의 사례를 들어가면서, 좋은 배치계획이란 도대체 어떤 것인가 살펴보기로 하자.

교토(京都)의 가로

에도시대 초기~메이지시대
설계 / 역사건축물

좁고 긴 「뱀장어의 잠자리」가 늘어선 가로 건축물의 대표적 사례.

조방(条坊) 도시의 유전자라고 해도 과언이 아닐 정도로, 도시와 주택 양자간에는 공통점이 있어 보인다.

교토의 거리모습

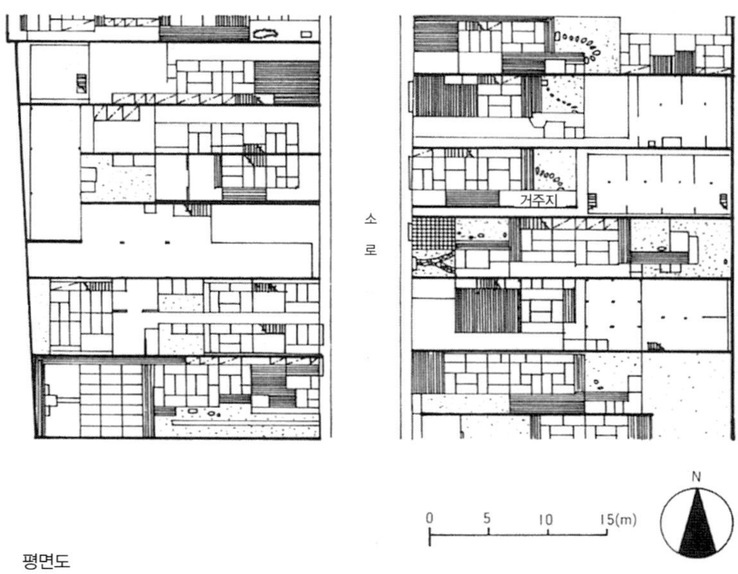

평면도

가츠라리큐(桂離宮)

1615~1662년
설계 / 역사건축물

일본건축을 상징하는 것 중의 하나라 일컬어지는 가츠라리큐의 중심 어전(御殿:높은 사람이 사는 주택을 일컬음)인 고서원(古書院) 월견대(月見台)를 중심으로 원을 그리면, 대지 전체가 안쪽으로 접하고 있다.

이것은 창건 당시부터 의도적으로 계획한 것으로 보이며, 대지 형상이 원래부터 원 혹은 그것에 가까운 형태였을 가능성을 암시한다.

그 외 대지경계선 상의 한 점에서 연장선을 그은 직선에 의해, 각 시설의 배치가 기하학적으로 결정되어 있음을 알 수 있다.

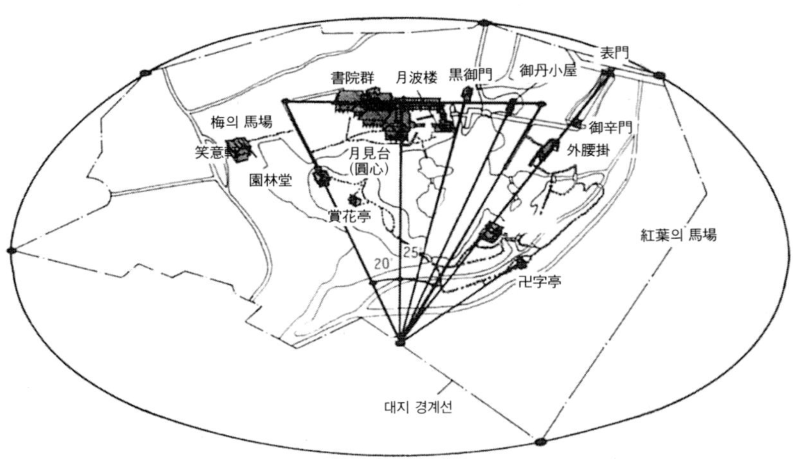

가츠라리큐의 배치계획과 기하학

사와다(沢田) 화백의 집

1964년
설계 / 동경공업대학 清家연구실

대지경계선이 바르지 못한 것을 이용하여, 원근법의 효과를 주택의 진입부분에 만들어낸 작품.

앞이 좁아 보이는 공간연출을 통해 원근감이 강조되어, 실제보다 멀게 느껴지는 착시현상이 이용되고 있다.

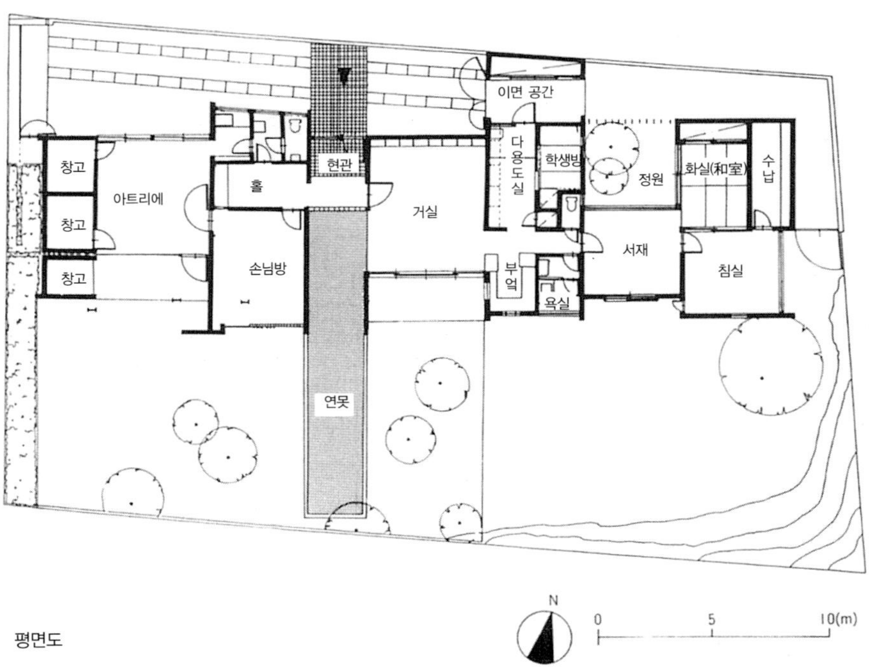

평면도

탑상형의 집

1966년
설계 / 東孝光

규모가 아주 작은 기형적인 대지에 세워진 탑상의 도시형 주택.

일견 쓸모없어 보이는 모퉁이 대지를 계단실로 이용하는 등 지혜와 노력을 결집시킴으로써, 어떤 대지에도 주택을 세울 수 있다는 것을 알려준 작품이다.

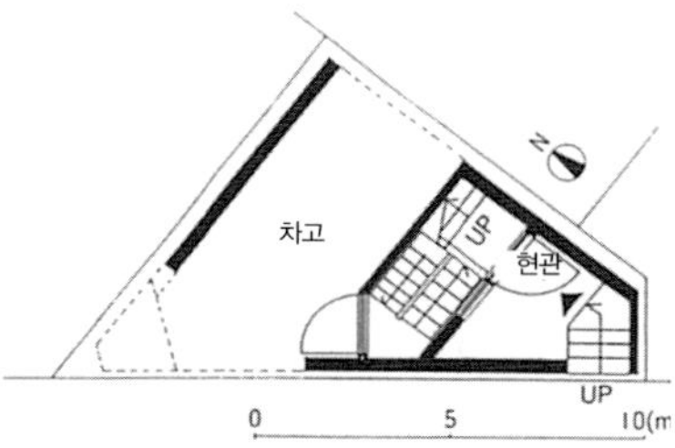

1층 평면도

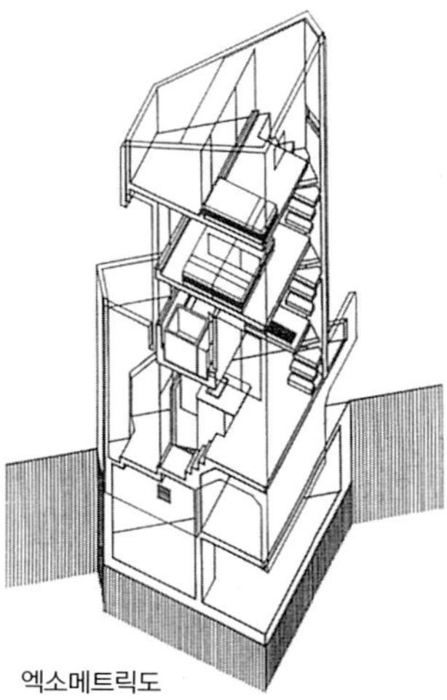
엑소메트릭도

외관

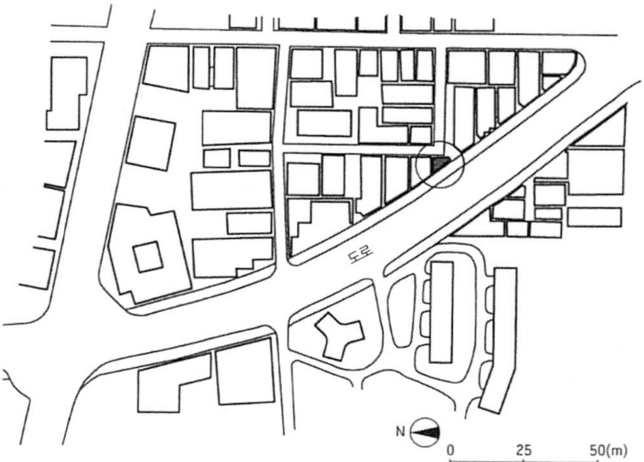

배치도

스미요시(住吉)의 집

1976년
설계 / 安藤忠雄 건축연구소

원래 마치야(町家)였던 좁고 긴 대지를 세 개로 나누고, 중앙을 중정으로 계획하였다.

이 중정은 예전에 거주지 계획에서 채광을 위한 정원(공지)을 중심부에 두었던 것에서 힌트를 얻은 것이다. 비가 내리는 날에는 우산을 가지고 이동해야만 하는 불편함을, 의도적으로 사람들이 바람이나 비나 빛과 같은 자연과 접촉하는 기회로 만들어주고 있다.

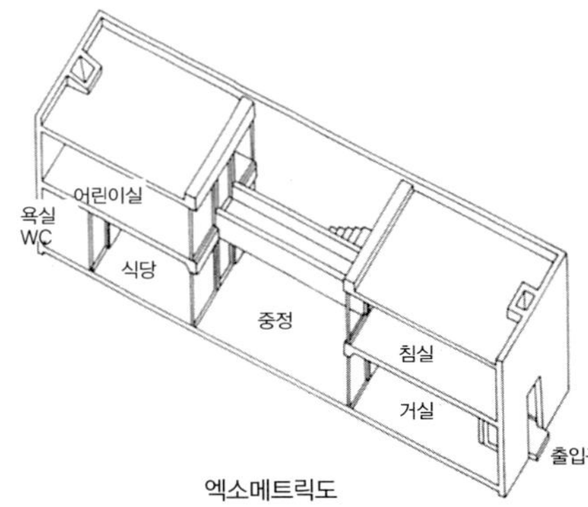

엑소메트릭도

배치도

건강문화센터 이시가와(石川) 후생연금회관

1977년
설계 / 黒川紀章 건축도시설계사무소

도로측 대지 경계선의 곡선을 활용한 극장건축.

특이한 형태의 대지특성과 건축 프로그램을 무리없이 융화시켜 대지에 표현하고 있다.

외관

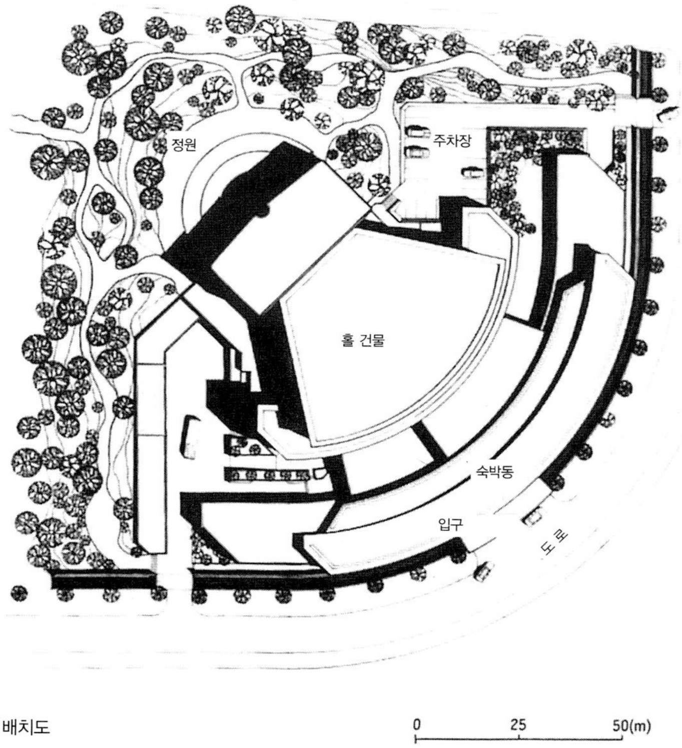

배치도

카시이(香椎) 갤러리아

1981년
설계 / 三浦紀之 건축공방

비뚤어진 부지를 수용하면서 복합 상업시설을 연결하는 아트리움으로 완성시킨 작품.

철도와 접하는 면은 피막역할을 하는 벽으로 덮여 있다.

제 2항 소음(Noise)에서 다시 설명한다.

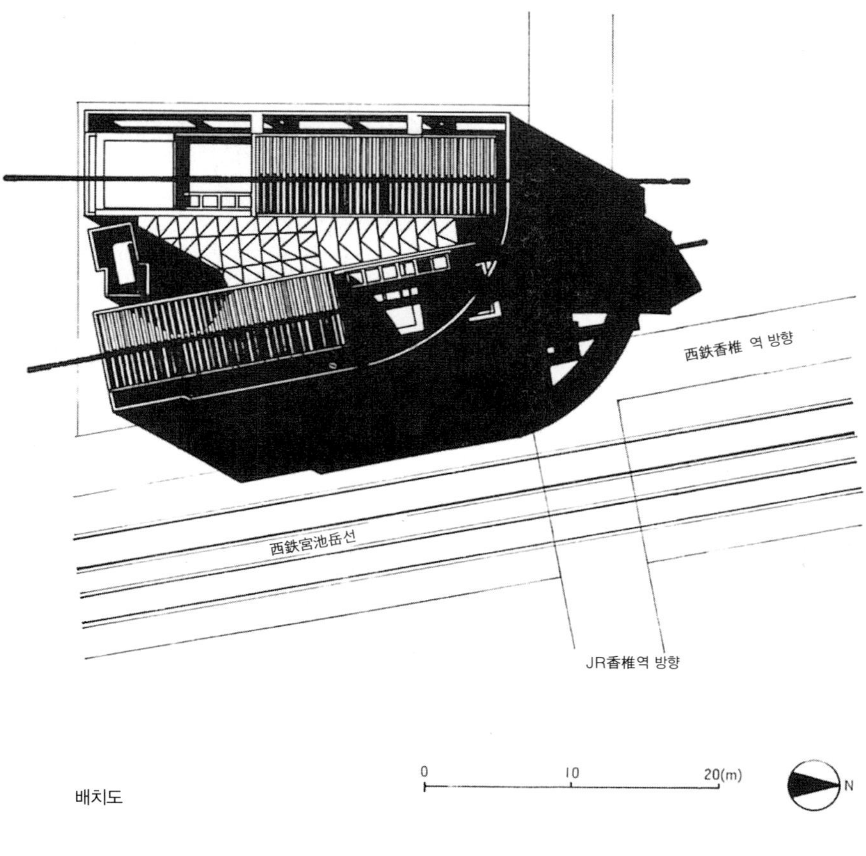

배치도

메가미야마(目神山)의 집 8

1983년

설계 / 石井修・芙建. 설계사무소

약 70×4m에 이르는 좁고 긴 대지를 정성껏 디자인해서 하나의 주택작품을 만들어냈다.

통상 이 정도의 길이라면 밋밋한 공간이 되기 쉽지만, 어느 공간도 느슨함 없이 긴장감으로 넘치는 건물이다.

외관

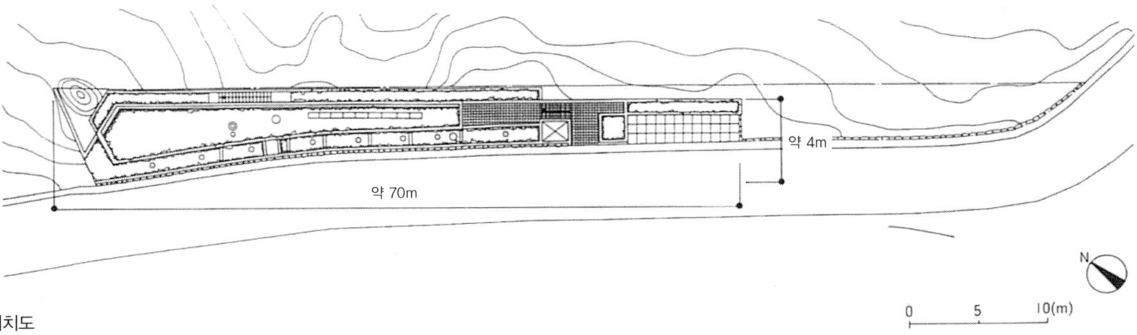

배치도

그린메존 사와타리(沢渡)

1981년
설계 / 井出一済 설계사무소

근처를 통과하는 도로의 굽은 선형을 그대로 집합주택에 수용하여 각 동을 조금씩 어긋나게 배치함으로써 프라이버시를 확보하고 있다.

도로측과 파사드측의 의장 대비도 매력적이다.

외관

배치 · 1층 평면도

스칼라 · 레디아

1985년
설계 / 宮元健次＋宮元庭園건축연구소

비뚤어진 대지를 감싸는 것처럼 철도측과 가로측에 복합상업시설을 세우고, 그 사이의 빈틈에 계단을 두어 강렬한 원근감의 효과를 갖는 공간을 만들어낸 작품.

이 공간은 각 층의 상업시설로의 접근이기도 하며, 철도를 지나 주차장이 있는 공원으로도 접근할 수 있어, 사람들이 계단을 올라가는 동기를 부여해 주고 있다.

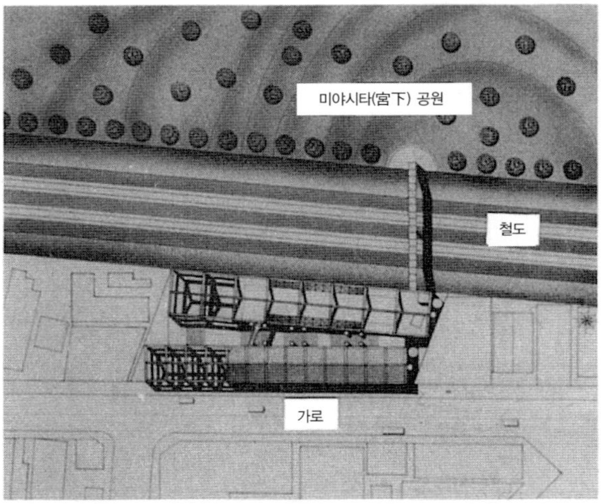

배치도

경찰청 본부청사

1980년
설계 / 岡田新一 설계사무소

두 도로가 만나는 Y자 지역에 세워진 관청사.

비뚤어진 대지특성을 이용하여 각 도로를 따라 서로 다른 파사드를 만들고 있다. 데드스페이스가 되기 쉬운 V자형 대지의 모퉁이를 입구로 이용하고 있는 점도 주목할 만하다.

외관

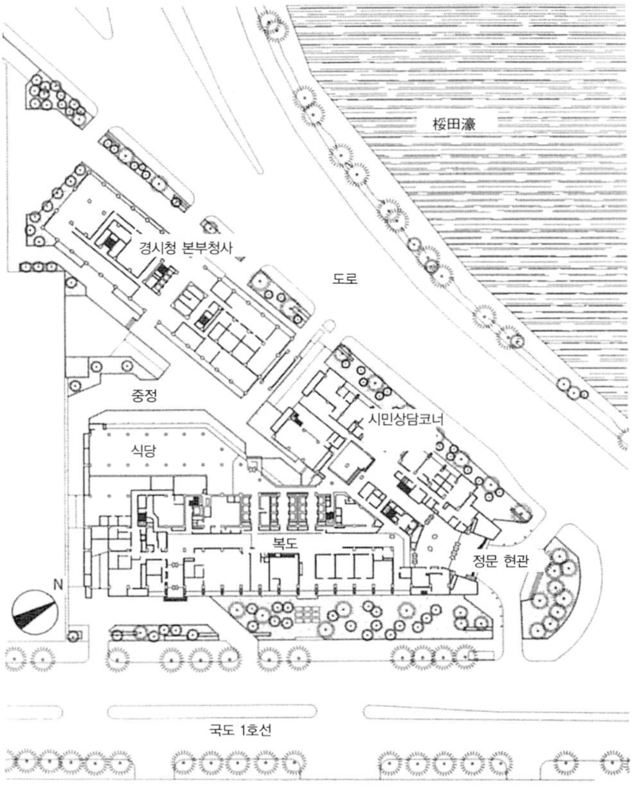

배치도

Tan-1 0.2

1990년
설계 / 계획공방 · 村上美奈子松

대지형상에 맞추어 주택의 각 공간을 어긋나게 배치한 작품.

단순히 대지를 효과적으로 이용하는 것뿐만 아니라, 공간을 서로 어긋나게 배치함으로써 변화되는 조망이 내부공간에 미묘한 차별성까지 부여하고 있다.

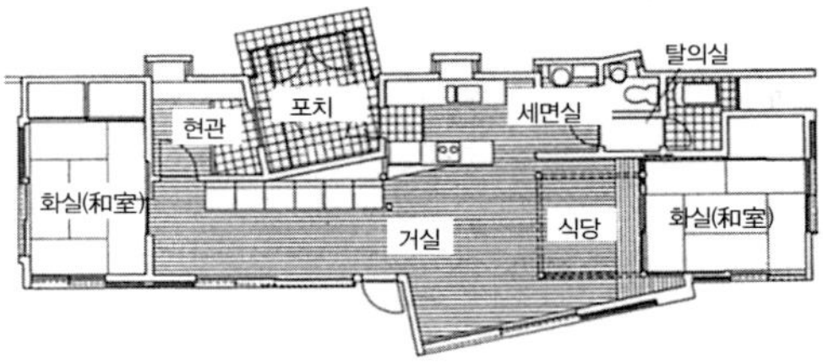

평면도

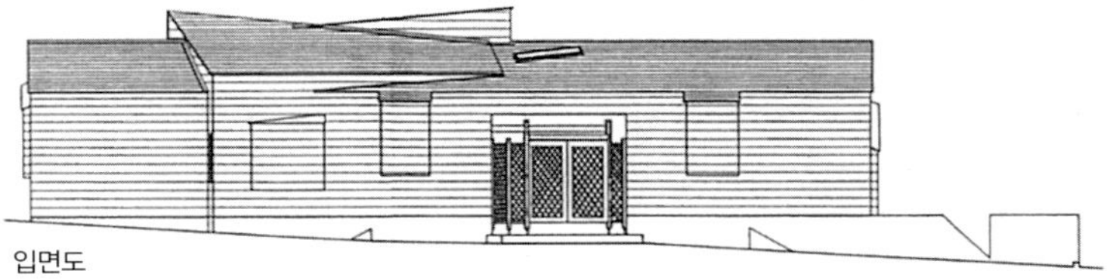

입면도

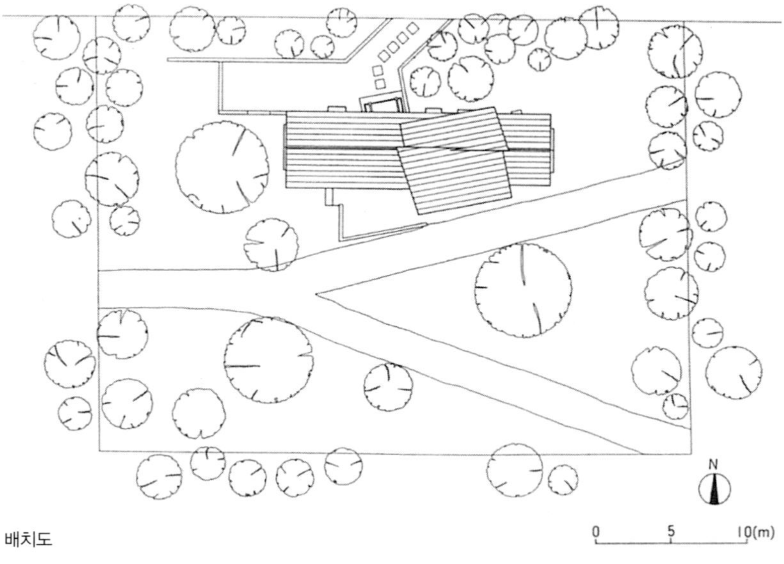

배치도

마츠시타(松下) 클리닉

1991년
설계 / 葉디자인사무소

Y자형의 협소한 대지에 세워진 병원건축. 건축이 불가능할 것 같아 보이는 아주 작고 비뚤어진 대지를 절묘하게 이용하여 건축물을 세워 놓았다.

또한 특이한 대지형상을 역으로 이용한 응력구조(Tension)에 의한 개성적인 외관이 랜드마크로서도 작용하고 있다.

현관에서 조망

건물 외관

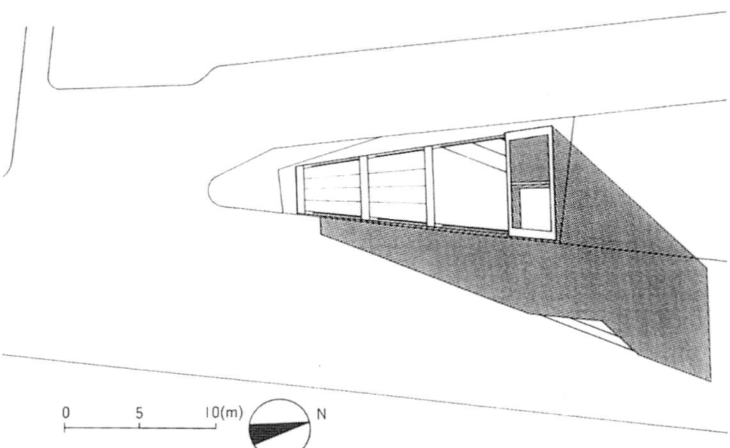

배치도

도쿄(東京) 국제포럼

1996년
설계 / 라파엘로 · 비니오리건축사사무소

대지의 옆을 통과하는 철도의 커브를 좌우대칭형태로 반복하여, 노아의 방주를 연상시키는 유리로 된 아트리움을 만들어냈다.

또한 그 반대측은 정연한 대지의 형태를 살려 4개의 사각형 전시공간을 적절히 배치하였다.

외관

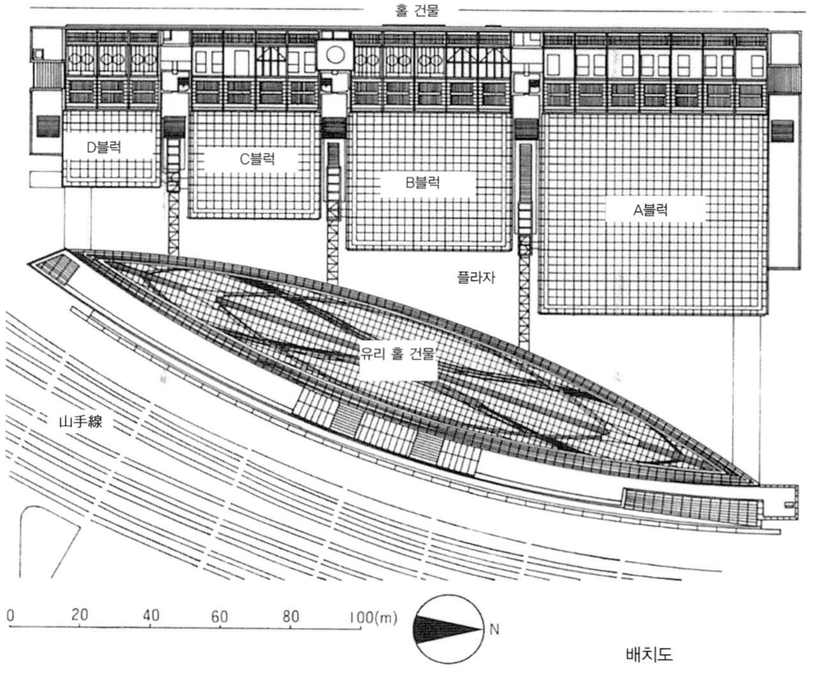

배치도

모이와(藻岩) 산기슭의 집

1999년
설계 / 中井仁実 건축연구소

비뚤어진 대지형태를 이용하여 내부에 미묘한 변화를 부여하고, 다양한 공간을 솜씨있게 만들어내는데 성공한 건축물이다.

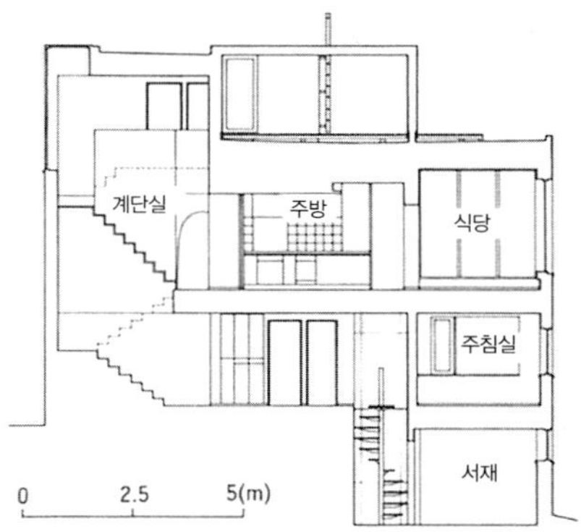

단면도

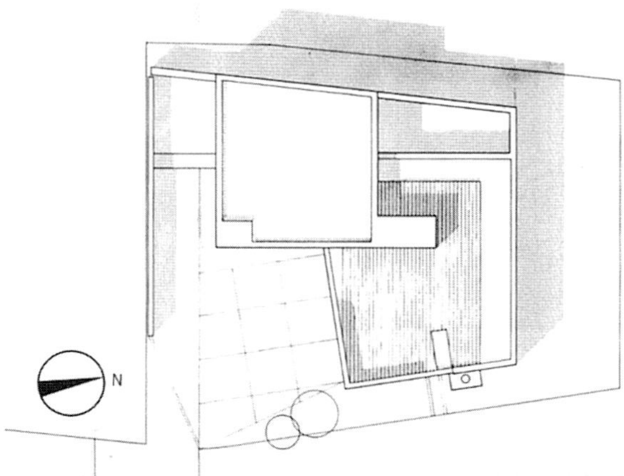

옥상 외관

배치도

중소기업대학교

1999년
설계 / 久米설계

비뚤어진 대지형태를 이용하여 교육동과 시설동을 분할시켰다. 또한 각 부분의 의장에 대지의 왜곡을 모티브로 도입하고 있다.

평범한 디자인이 되기 쉬운 복합시설을 「어긋남」을 이용해 섬세하고 치밀한 디자인으로 완성시킨 작품이다.

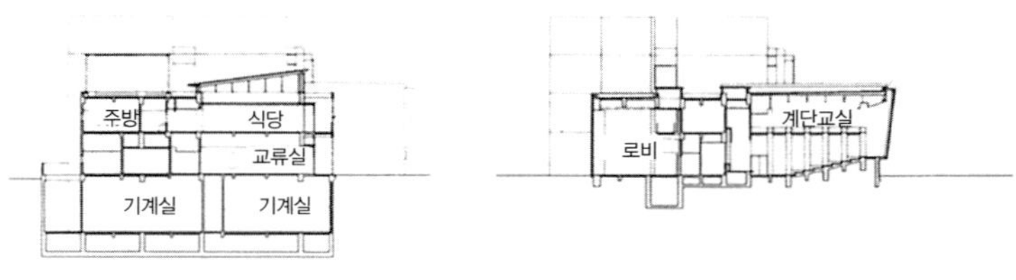

단면도

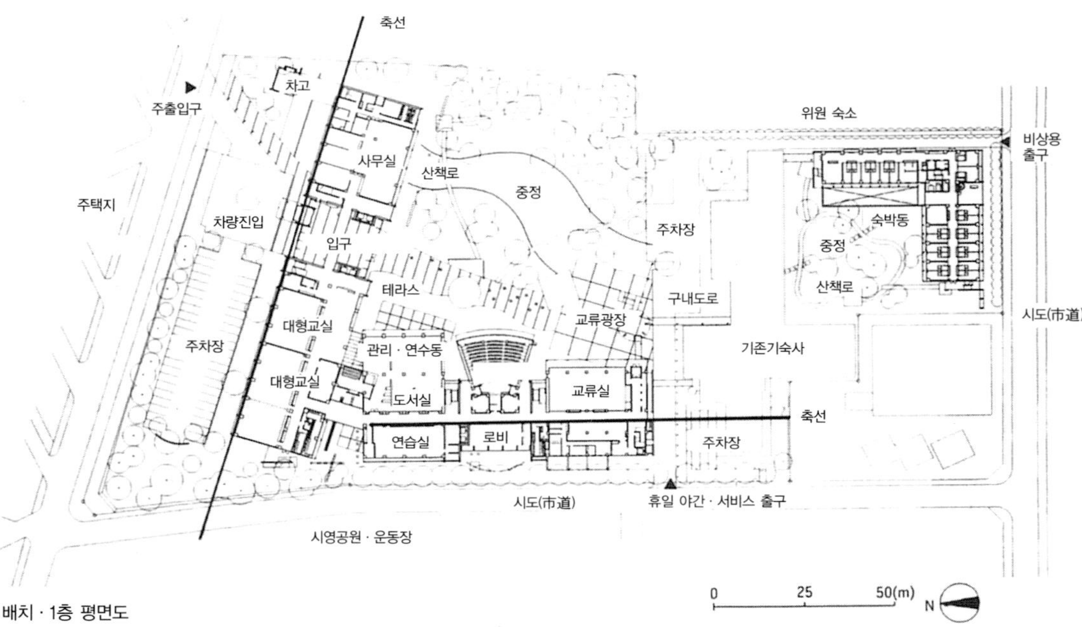

배치 · 1층 평면도

2
소음(Noise)

◆ 작품사례

록본기(六本木) 프린스호텔 ………………… 黒川紀章건축도시설계사무소
나카야마(中山)의 집 ………………………………村上徹건축설계사무소
D-HOTEL OSAKA ………………………………竹山聖十アモルフ
퐁피드 센터 …………………렌조 · 피아노+리챠드 · 로저스+오브 · N · 아랍
가부키쪼우(歌舞伎町)를 덮는 한 장의 천(프로젝트)………………宮元健次
바람의 탑……………………………………………伊東豊雄건축설계사무소
도시의 엔트로피를 가시화한다(프로젝트) …………………………渡辺大介
2/5(5분의 2) House ……………………………………二坂茂건축설계

그림 1. 도시를 끌어들인 공공시설의 사례(교토역 중앙개찰구)

그림 2. 거리를 끌어들인 공공시설의 사례(캐널시티 하카타)

도시환경에서 광장이나 가로에 접하는 건물의 맨 아랫부분이나 대지의 일부를 가로의 연장으로서 사람들에게 제공하고, 공공시설이나 상업시설을 위화감 없게 연속시켜 줌으로써 도시의 활력을 이끌어내는 배치계획은 오늘날 흔하게 볼 수 있다(그림 1, 2). 그러나 활기에 찬 도시공간의 양상을 과연 즐거움으로 받아들일 것인가 혹은 소란함으로 받아들일 것인가는 사람에 따라 다를 것이다.

도시의 소음을 단순한 시끄러움으로 본다면, 소음은 프라이버시를 침범하는 공해이며 당연히 거절해야 할 것임에 틀림없다. 만약 미개한 대자연 속에 있다면, 혹독한 기후나 야생동물 혹은 침입자로부터 내부를 지키는 것이 건축의 사명이 될 것이다. 그렇다면 건축은 본래 쉘터(shelter)의 기능을 가지며 환경으로부터 내부공간을 차단하고 확보해가는 것에 그 의미가 있었을 것이다. 다시 말해 도시환경이 악화의 일로를 걷는 현재, 프라이버시를 지키기 위해서라면 거절하는 것도 어쩔 수 없는 필연적인 행위가 될 것이다. 바꿔 말하면, 도시는 그 혹독함으로부터 다시 야성으로 되돌아가고 있으며, 건축은 그 본래의 사명을 다시 일깨워줄 필요를 절감하고 있다고 하겠다.

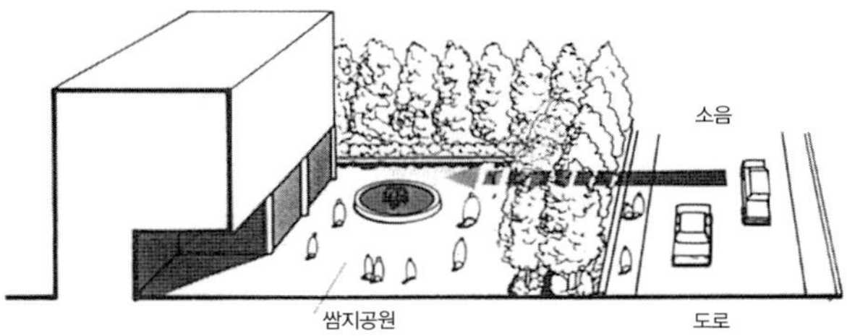

그림 3. 필터로서의 중간영역

그러나 만약 거리의 건물 대부분이 도시공간을 거절하게 된다면, 경계지역은 단순한 통로로 변할 것이며 광장은 공지로 변해서 무미건조하게 될 것임에 틀림없다. 도시경관은 하나하나의 건축물 참여에 의해 형태가 만들어진 공동체이며, 건축이 「사회예술」이라 불리게 된 원인이기도 하다. 그러므로 건축은 사회의 일환으로 당연히 도시를 거부하지 말고 참여하는 것이 바람직할 것이다.

이렇게 보면, 도시공간에 있어서 건축은 그 활동상황을 받아들이면서도 프라이버시를 지킨다고 하는, 일견 상반된 조건을 받아들이지 않으면 안 되는 입장에 직면해 있다. 이 어려운 문제에 힌트를 주는 것이, 서론 제 3항이나 제 1장 총론 등에서 되풀이해서 언급하고 있는 일본 문화특성의 하나인 좋은 의미에서의 애매성, 바꿔 말하면 공생(共生)사상이다. 즉 서구문화 특성의 하나가 그리스도교의 삶과 죽음이나, 조적조로부터 온 안과 밖이라고 하는 이원론이라면, 일본은 불교에 의한 삶과 죽음과 환생 그리고 기둥과 보의 구조로부터 형성된 안과 밖과 경계부분 등의 중간영역이라고 하는 다원론적인 사고방식을 갖고 있다는 점에 주목해야 한다. 도시와 건축이 서로 용납하지 못하는 오늘날의 상황에 대해, 도시의 도입인가 거부인가 하는 이원론이 아닌 공생이라고 하는 제 3의 선택이 필요하다.

그렇다면, 도시환경에 있어 구체적인 건축의 배치계획에 환경공생의 발상을 어떻게 적용시키는 것이 가능할 것인가? 예를 들면 우선 일본건축에 있어 공간특성의 하나인 중간영역의 형식이 바로 그것이다. 즉 「사이(間)」공간의 부활이다. 예로부터 「사이(間)」의 개념은 「공간(空間)」「인간(人間)」「세상(世間)」「틈(間合い)」「틈새(間抜け)」와 같이 사용되어 왔는데, 이것들 모두는 2가지 경계의 중간영역을 가리키고 있다는 것은 말할 필요도 없을 것이다. 즉 도시공간과 건축의 사이에 아주 작은 쌈지공원(Pocket Park) 등과 같은 반 옥외공간을 마련함으로써 도시를 건

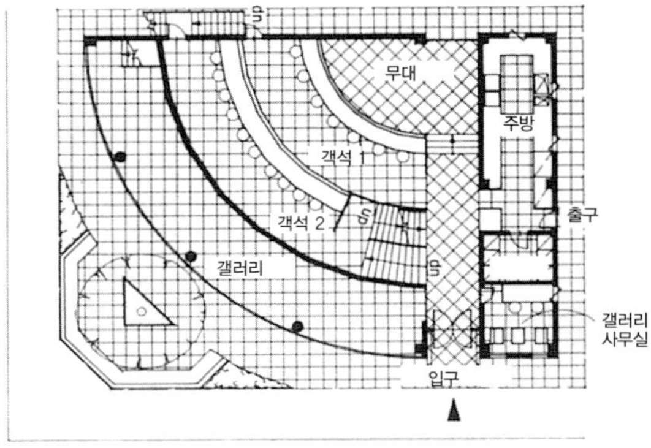

1층 평면도

그림 4. 도시공간의 녹화 배치계획 사례

모형의 외관

축에 끌어들이면서, 프라이버시를 유지하는 것이 가능한 것은 아닐까(그림 1, 2). 바꿔 말하면, 종래의 외부요인을 단지 피하기 위한 「쉘터(shelter:은신처)」의 의미에서 「필터(filter:여과장치)」로 건축의 발상이 전환되었다고 할 수 있다. 즉 소음 등의 공해를 여과하면서 사람이나 자연 혹은 정보는 내부로 받아들이는 공간의 배열을 만들어내는 것이다(그림 3).

그리고 또 하나는 도시의 인공환경과 자연과의 공생일 것이다. 도시경관이 무미건조하게 되는 요인의 하나로 자연환경과의 격리(Gap)를 들 수 있다. 또한 식물의 굴광성(屈光性:직사 일광을 반사해서 약화시키는 성질)이나 광합성을 이용해서 도시의 열섬현상이나 광화학 스모그를 막는 것이 가능할 것이다(그림 4). 이하에서 몇 개의 사례를 설명한다.

록본기(六本木) 프린스호텔

1984년

설계 / 黑川紀章 건축도시설계사무소

대도시의 혼잡 속에 도시리조트로서 호텔을 세운 사례.

투시형(See-through) 엘리베이터나 식재, 나선형 계단이나 수영장이 있는 중정을 건물이 둘러싸도록 배치하여, 소음을 피하면서 안쪽에 화려한 공간을 만들어내고 있다.

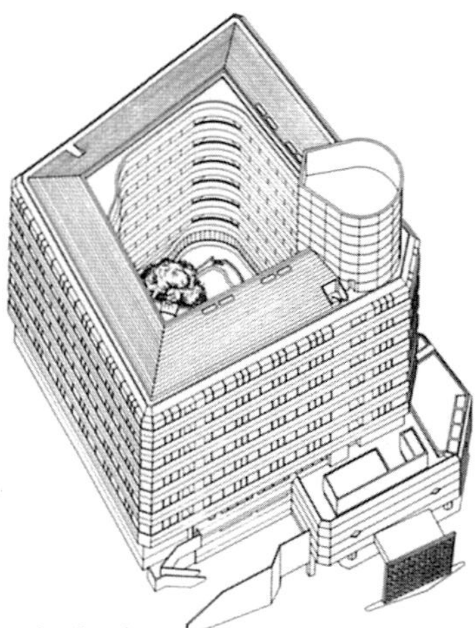

엑소메트릭도

중정

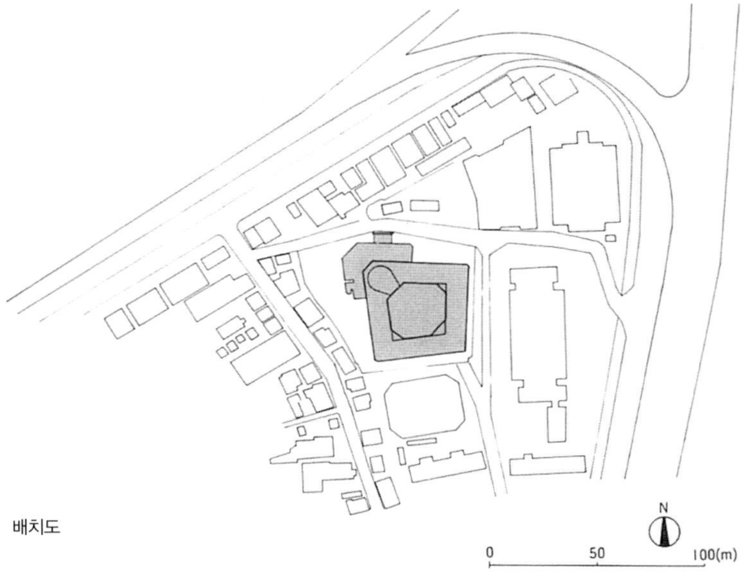

배치도

나카야마(中山)의 집

1989년
설계 / 村上徹 건축설계사무소

가로와 접하는 부분은 가능한 한 벽으로 막아 소음을 막아 주고, 중정 쪽으로 실내 대부분의 개구부를 집중 배치한 주택.

각 실의 배치를 관찰해 보면 역시 보도 측으로 수납이나 위생 등과 같은 거주 이외의 공간을 배치하여 대응하고 있다.

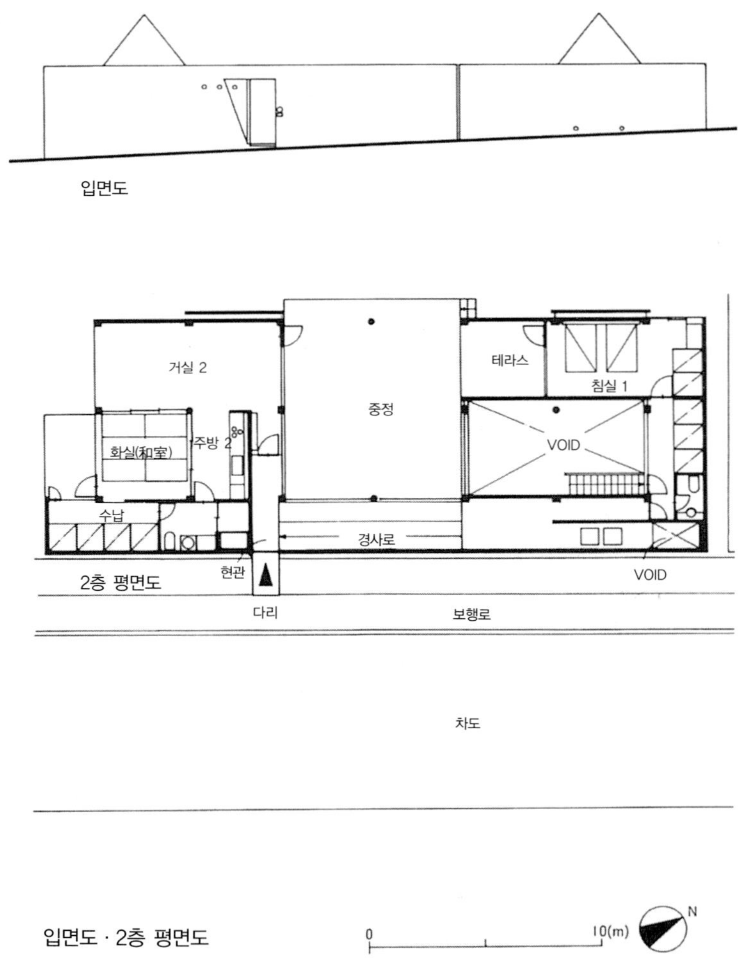

입면도 · 2층 평면도

D-HOTEL OSAKA

1989년
설계 / 竹山聖十アモルフ

고속도로변에 세워진 호텔.

소음을 피하기 위해 곡면형태의 벽을 설치하여 파사드로 삼고 있다. 실제로 외부환경에 대한 대책 외에도 숙박객에게도 심리적인 방어막이 되고 있는 것 같아 보인다.

건물 외관

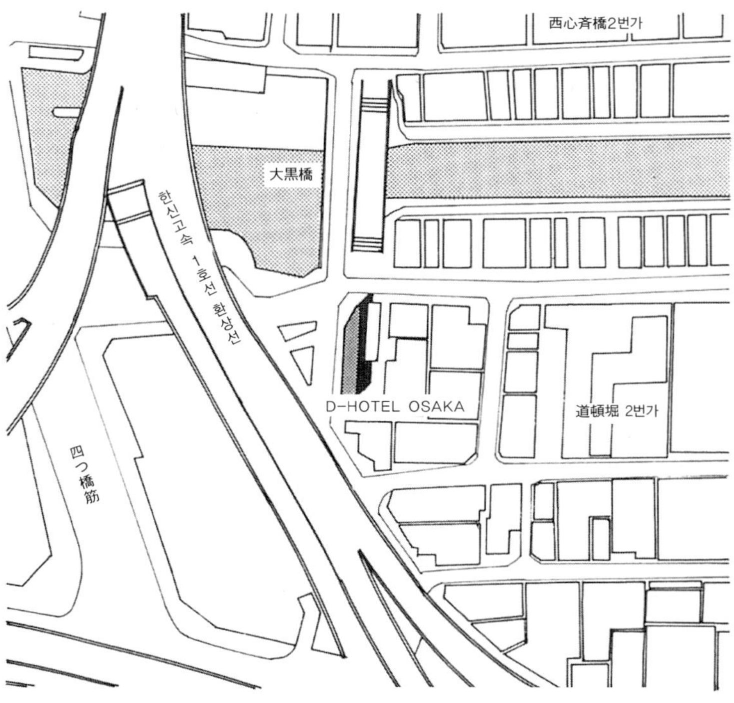

0 50 100(m) N

배치도

퐁피드 센터

1977년

설계 / 렌조 · 피아노+리챠드 · 로저스+오브 · N · 아랍

프랑스를 대표하는 미술관.

광장 쪽으로 설비시설을 오브제로 노출시키고 있는 것으로 유명하다. 그러나 알려지지 않은 사실은 광장이 건물 쪽으로 1층 높이 정도 경사져 있다는 것이다. 이것은 미술관으로의 접근성을 시가지의 활동으로부터 지키는 것을 의도한 것이다.

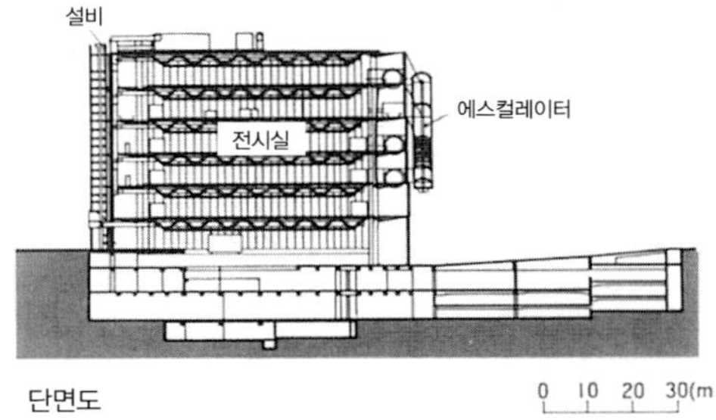

단면도

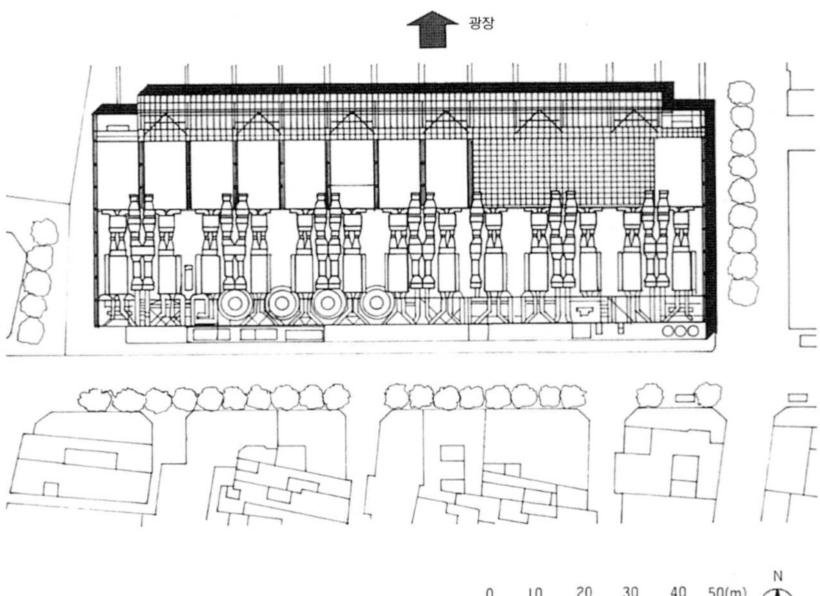

배치도

가부키쪼우(歌舞伎町)를 덮는 한 장의 천(프로젝트)

1990년

설계 / 宮元健次

일본 굴지의 밤의 환락가 · 가부키쪼우(歌舞伎町)를 한 장의 에어돔(Air dome)으로 덮고자 하는 프로젝트.

가로의 에너지가 돔에 「욕망의 빛」으로 투영되며 바로 그것이 사람을 모으는 원동력이 되는 것을 의도한 것이다.

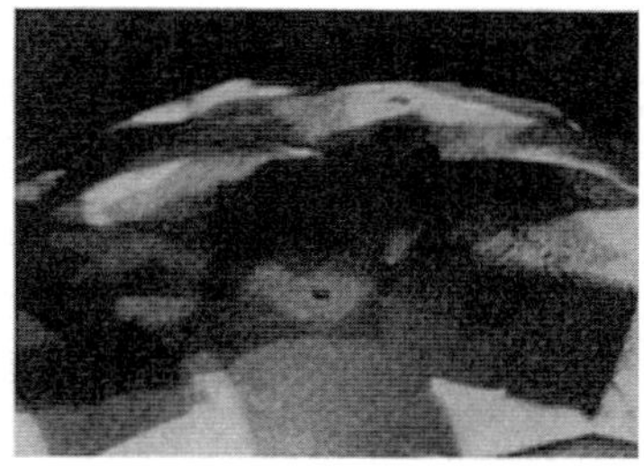

조감

드로잉

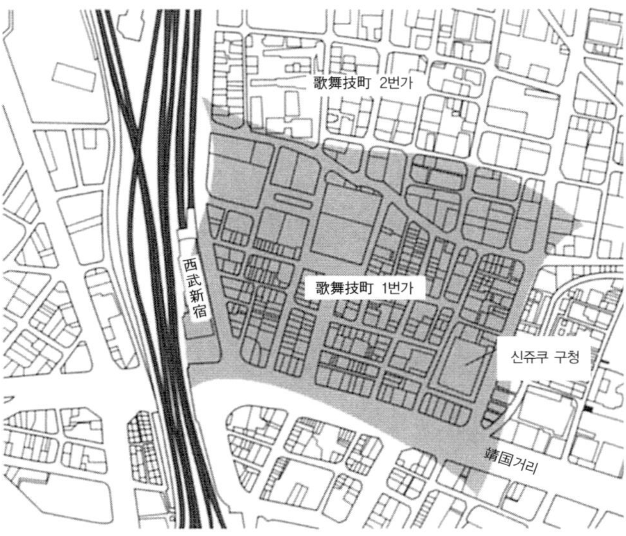

배치도

바람의 탑

1987년

설계 / **伊東豊雄** 건축설계사무소

요코하마(横浜) 역 앞의 로타리 중앙에 배치된 오브제.

비, 바람, 빛, 소리, 공기의 특성, 온도, 습도, 시간 등 환경의 변화에 대응하고, 시시각각 발광상태를 변화시키는 환경의 비쥬얼 정보발신 장치이다.

제 4항의 「랜드마크」의 작품 사례에서 다시 설명한다.

건물 외관

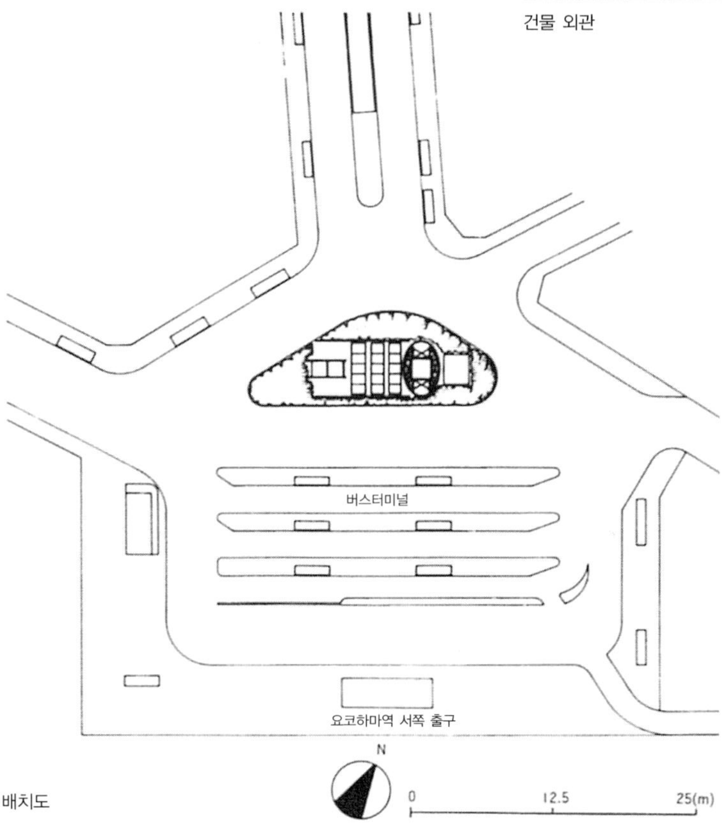

배치도

도시의 엔트로피(Entropy)를 가시화한다(프로젝트)

1999년
설계 / 渡辺大介

도시의 소음을 피하는 것이 아니라, 오히려 지하에서 밤마다 일어나는 사람들의 행위를 도시의 엔트로피로서 가시화하려고 시도한 프로젝트.

향후 상업시설의 이상적인 형태로 고려할 필요가 있다.

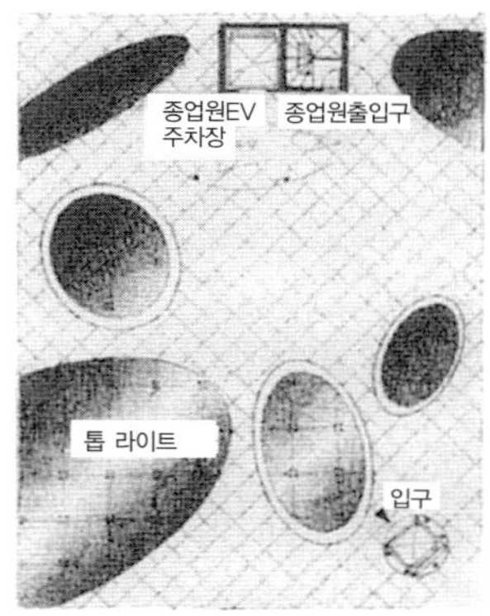

지상층

평면도

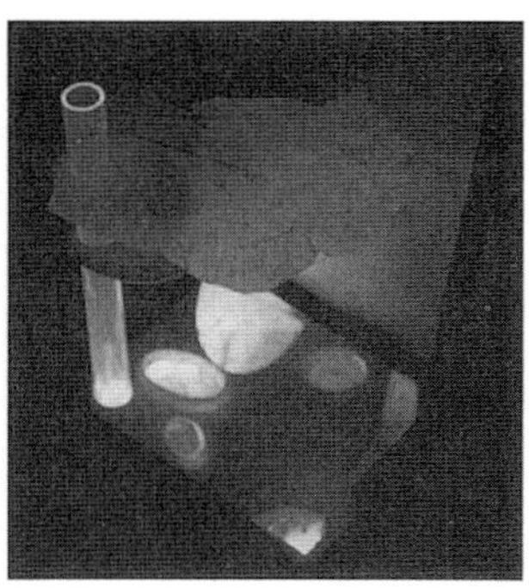

조감

단면도

2/5(5분의 2) House

1995년
설계 / 坂茂 건축설계

코트 하우스(Court House)로서 소음에 대응한 주택 사례.

도로와 면한 부분에 알루미늄의 펀칭메탈 스크린을 설치함으로써 소음과 시선을 차단하고 있다. 그 내측에는 공지를 확보하여 완충공간으로 사용하며, 공적인 접객공간으로 거실을 두었다.

또한 안쪽 중정을 사이에 두고 침실이나 차를 마시는 공간 등 사적인 공간이 배치되어 있어 도로에서 안쪽으로 들어갈수록 프라이버시가 유지되는 공간배열을 취하고 있다.

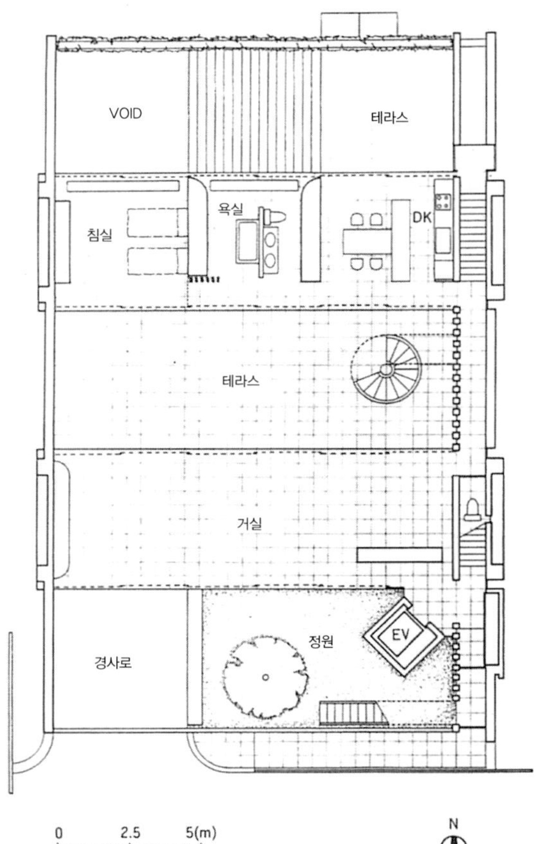

1층 평면도

3
교통

◆ 작품사례

기노구니야(紀伊国屋) 서점 ……………………………川国男건축설계사무소
후롬파스토 빌딩 ………………………………………………山下和正건축연구소
국립 문라쿠(文楽) 극장 ………………………黒川紀章건축도시설계사무소
스카라 · 레지아 ……………………………宮元健次＋宮元庭園건축연구소
도쿄(東京) 도립체육관 …………………………………………槇종합계획사무소
퍼시픽 · 타워(Pacific Tower) ………………黒川紀章건축도시설계사무소
토치기(栃木)현 나카가와 수족관의 재미있는 물고기관
……………………………………古市徹雄도시건축연구소 · 佐藤종합계획
특정설계업무공동기업체
유라쿠쬬우(有楽町)의 마리온……………………………………竹中工務店

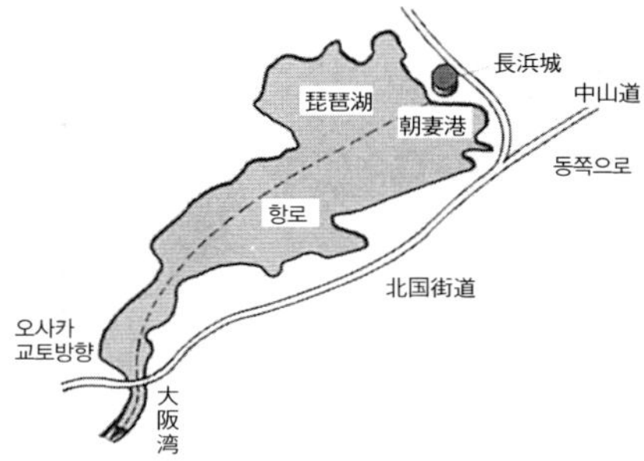

그림 1. 나가하마(長浜)성 교통개념도

그림 2. 다이츠지(大通寺)[長浜] 가로

음양오행설에서 명당에 해당하는 지역인 사신상응(四神相応)의 토지는 그 서쪽 백호에 해당하는 길이 있다고 한다. 원래 교통의 요충은 반드시 번성하는 것에서부터 출발한다. 사신상응에 의해 만들어진 도시의 사례를 살펴보면, 헤이안교우(平安僚)는 산요우도우(山陽道), 에도(江戸)는 도카이도우(東海道)가 있었는데, 교통로는 현대에서 말하는 물류시스템과 정보네트워크로서 도시의 번영에 간과할 수 없는 것이었다.

전술한 사신상응의 토지에서는 서쪽에 길이 있다는 것이 묘사되고 있는데, 이 사신상응은 상당부분 일본화 된 음양오행설의 지침이며, 원형인 용맥(龍脈)의 내용에서는, 남쪽과 북쪽 이외라면 동서 어느 쪽에 길이 있어도 개의치 않는 것으로 되어 있다. 남쪽과 북쪽은 각각 물과 산이 있는 형상을 길지(吉地)라고 하는데, 그것들에 의해 길이 폐쇄되는 형상을 피하고 싶었기 때문에, 동서 어느 쪽인가에 길이 있는 방위가 된 것으로 보인다.

오늘날 예전에 관광지나 상업지로서 번성한 도시가 구조조정에 의한 철도노선의 폐선 등에 의해 쇠퇴하거나 공동화되는 사례가 보이며, 지역부흥에 없으면 안 되는 것에 고속도로의 정비나 정체완화, 고속철도의 역이나 공항의 설치를 들고 있는 이유는, 교통이 도시의 성쇠를 좌우하

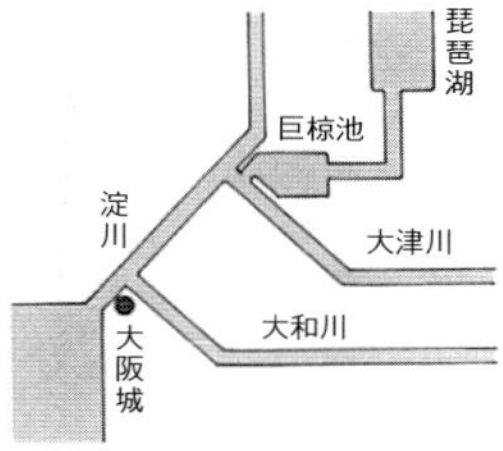

그림 3. 오사카성 교통개념도

그림 4. 덴마가와(天満川)

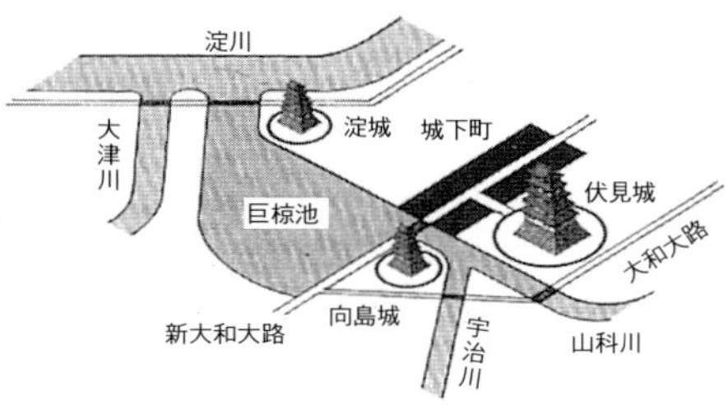

그림 5. 후시미성의 교통개념도

그림 6. 후시미성 고가우(御香) 참도

게 되는 것을 의미한다.

일본의 전국시대에 성곽이 세워졌던 장소는 역시나 하고 수긍될 정도로 육운과 수운에 혜택을 입은 교통요충지이며, 몇 개의 강이 합류하는 지점이거나 육로가 교차되는 지점이었다. 예를 들면 옛 성을 보더라도 처음 거주하기 위한 나가하마(長浜)성은 나카센도우(中山道)·홋코쿠카이도우(北国街道)의 교차점에 있었으며, 나아가 아사즈마(朝妻) 항에서 교토·오사카로 이어지는 수로의 요충지이기도 했다(그림 1, 2).

또한 오사카성은 관동지방으로 통하는 육로와 교토·비와코(琵琶湖)로 통하는 수로의 요충으로, 옛날부터 타카츠쿄우(高津京)나 난바쿄우(難波京), 쇼우토쿠다이시(聖徳太子)의 시텐노우지(四天王寺), 잇코우쇼우(一向宗)의 이시야마혼간지(石山本願寺) 등이 만들어진 성지로, 오다(織田信長)도 탐을 내어 잇코우쇼우(一向宗)와 10년이나 싸움을 벌인 끝에 손에 넣은 지역이었다(그림 3, 4 참조).

더욱이 히데요시(秀吉)가 말년에 지은 후시미(伏見)성에는 교토·나라 사이를 연결하는 야마토(大和) 대로를 일부러 성곽도시에 다리를 놓아 통과시킴으로써, 야마토 대로는 어쩔 수 없이 다리를 지나가야 하는 길로 바뀌게 만들었다. 또한, 성곽도시에서는 성까지만 도로를 연결시켜 막다른 도로를 만드는 것이 통상적이나, 일부러 성 옆에 길을 내고 돌아

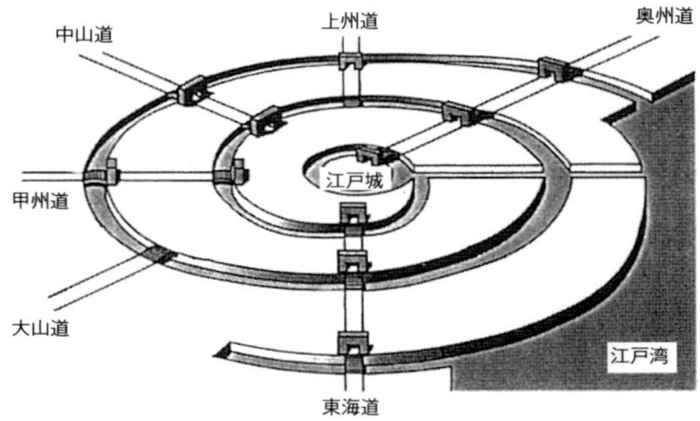

그림 7. 에도와 고카이도우(五街道) 개념도

갈 수 있게 도로배치를 함으로써 교통의 활성화를 도모하고 있다. 이밖에 우지(宇治)천을 새로 조성하여 비와코(琵琶湖)나 오사카(大坂)로의 수로교통도 확보하고, 다시 바깥 해자를 타카세가와(高瀬川)와 합류시켜서 교토로 향하는 교통을 확보했다(그림 5, 6).

이렇게 강제적으로 교통로의 변형을 시도한 것은, 두말할 나위도 없이 성곽도시의 번영을 목표로 했기 때문이다. 그리고 히데요시의 후시미성에 시도된 교통노선의 변경은 그 후의 에도성의 도시계획에서 더욱 발전되어 전국과 에도를 묶는 고가이도우(五街道)가 정비되기에 이른다(그림 7).

이렇게 일본의 도시계획을 뒤돌아보면, 가로만들기=길만들기 계획이라 해도 과언이 아닐 것이다. 그리고 그 교통로에 대하여 어떻게 주요 건축물을 배치할 지가 중요한 포인트였다. 우선 건물의 배치에서 보행로에 대한 배려를 살펴보면, 역이나 버스정류장과 같이 사람이 집중하는 지점과의 사이에 대지가 위치하게 되는 경우, 그 교통을 방해하지 않으면서 대지를 통과할 수 있는 배치가 바람직하다고 하겠다.

다음으로 차도와 접해 보행로의 폭이 좁은 경우에는, 보행자를 위해 건물을 조금 후퇴시켜 보행로에 여유를 주는 것도 배려가 될 것이다.

나아가 대지 안으로 연결되는 주차장 출입구는 가능한 한 보행로와의 교차를 피해야 한다. 만약 어쩔 수 없이 교차되는 경우라면 횡단보도 등을 설치해야 한다. 그 외에 철도나 차도 등과 직접 접하는 대지의 경우는, 시선에 의한 프라이버시의 문제나 쓰레기 투기 등에 배려해서 차폐할 필요가 있다고 생각된다.

다음에는 교통에 관한 배치계획의 대표적인 사례 몇 가지를 소개한다.

기노구니야(紀伊国屋) 서점

1964년
설계 / 前川国男 건축설계사무소

일본에서 「통과」의 개념을 연 선두적인 건축물이다.

특별히 연출된 것은 아니지만, 언제나 사람들로 붐비고 있어 통과공간의 배치효과를 재확인 할 수 있다.

외관

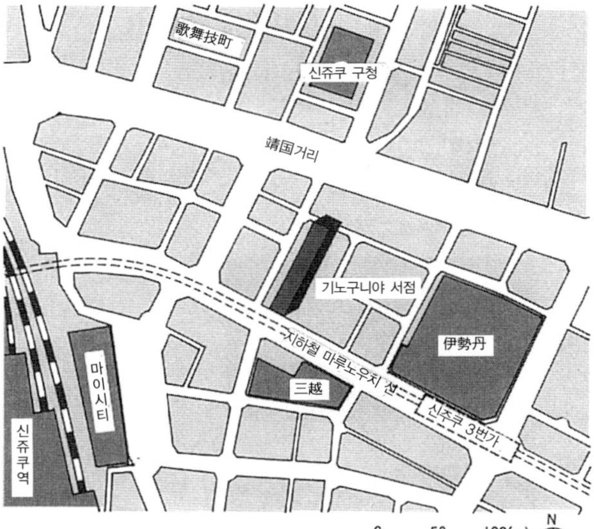

배치도

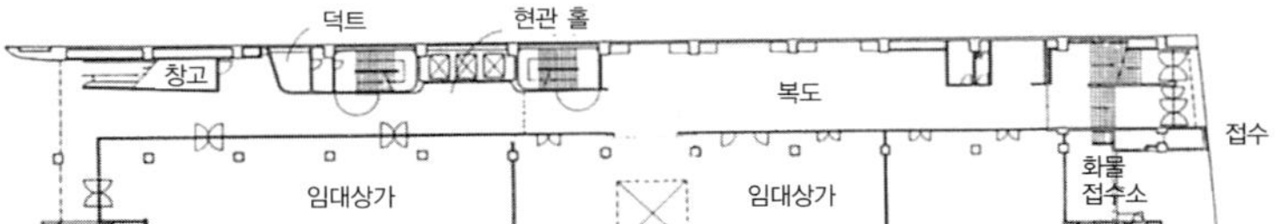

1층 평면도

후롬파스토 빌딩

1975년
설계 / 山下和正 건축연구소

가로공간이 연상되도록 불규칙하게 상점을 배치하여 가로와 연결시킨 사례.

사람들을 자연스럽게 도시공간의 연장으로서 건물 안으로 끌어들이는 것을 의도하고 있다. 빠져나가는 것도 가능해서, 잠시 들어가보고 싶어지는 호기심을 자극하는 공간 만들기에 성공한 작품이다.

외관

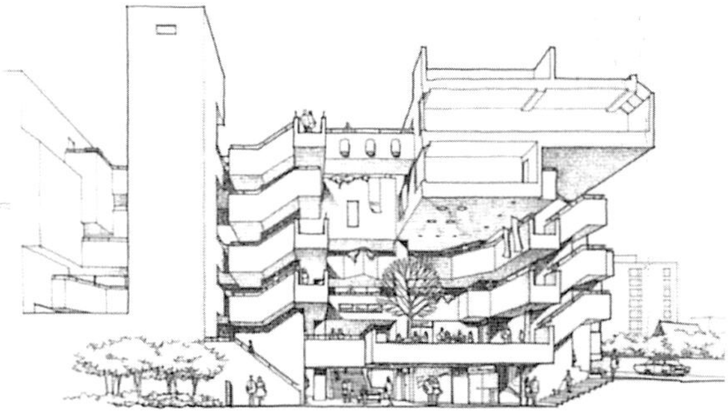
단면투시도

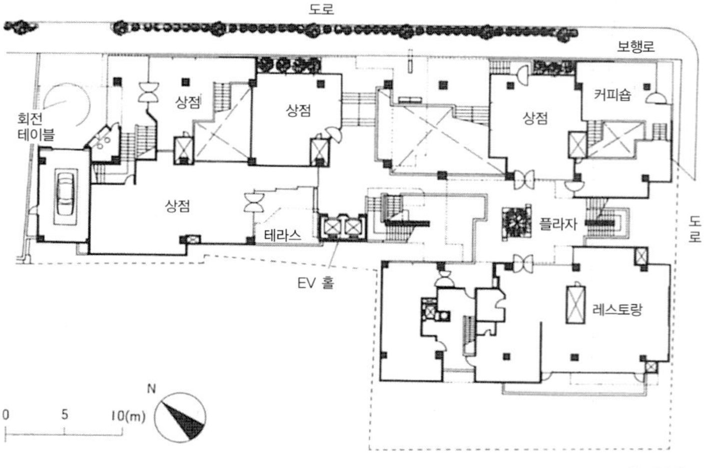

1층 평면도

국립 문라쿠(文楽) 극장

1983년

설계 / 黒川紀章 건축도시설계사무소

보행로 폭이 좁은 주변가로를 배려하여 건축물의 외측을 회랑으로 만든 작품.

도시공간의 결함을 수경(修景)하면서, 조화롭게 건물을 공생시키고 있다.

외관

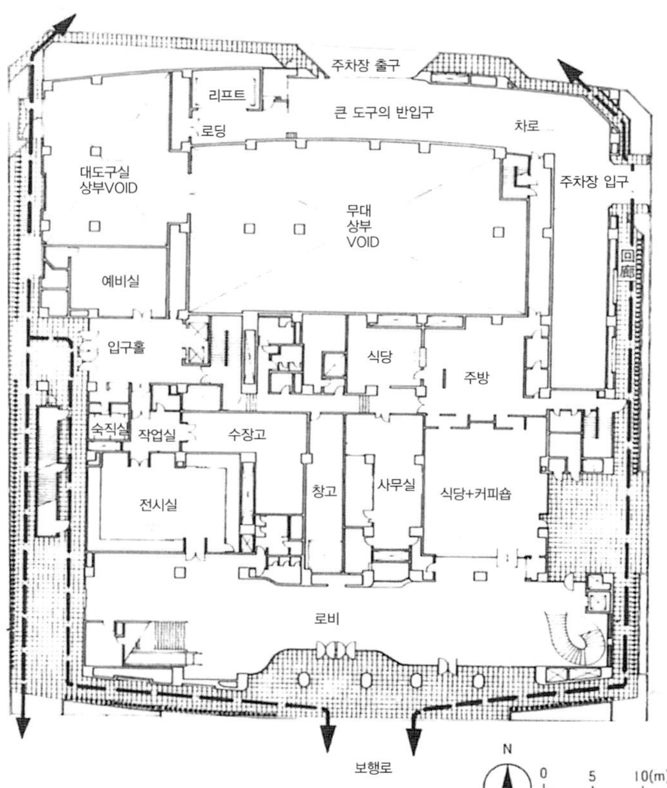

1층 평면도

스카라 · 레지아

1985년
설계 / 宮元健次＋宮元庭園 건축연구소

도쿄(東京) · 시브야(渋谷)의 큰 길과 접하는 위치에 광장을 만들고, 그곳에서 계단형 테라스를 지나 철도를 끼고 있는 미야시타(宮下) 공원으로 접근할 수 있도록 계획된 곳.

공원의 지하는 대형주차장이며, 나아가 계단에서 각 층의 상업시설로 접근할 수 있도록 계획되어 있다.

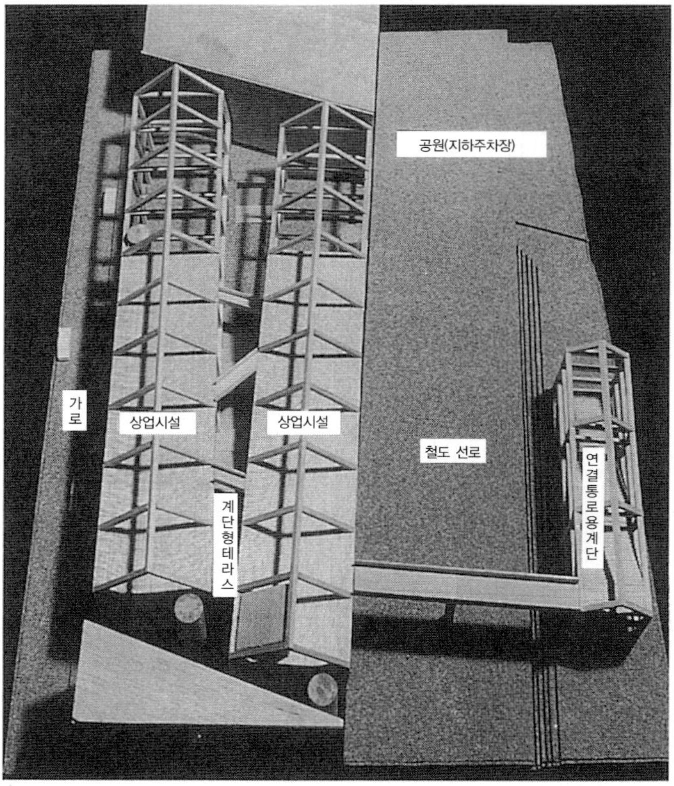

조감

도쿄(東京) 도립체육관

1990년
설계 / 朔 종합계획사무소

대상지는 주변 주요역의 하나인 JR세타가야(千駄谷)역과, 수천 명을 수용하는 진쿠우(神宮) 야구장의 중간에 위치한다.

심야경기가 열리는 날이 되면 건물과 건물 사이의 공간은 사람들이 빠져나가는 광장으로서의 번화함과 활기가 있다. 작은 커피숍 등도 간간이 존재하고 있어, 체육관인 동시에 가로공간과 같은 존재이다.

진입부

교통

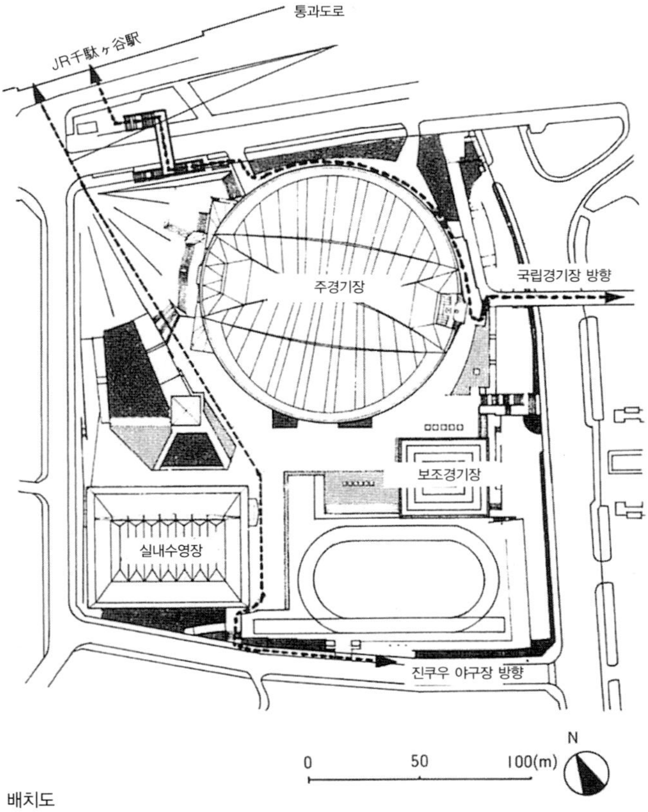

배치도

퍼시픽 타워(Pacific Tower)

1992년
설계 / 黒川紀章 건축도시설계사무소

철도역 앞에 세워진 복합 빌딩.

철도의 선로나 도로로 혼잡해진 주변 지역의 환경에 대응하기 위해, 빌딩에 구멍(Slit)을 뚫어 도시의 게이트로 정의하고, 거기에 다리를 가설해 건너갈 수 있도록 만든 작품.

보행자의 동선을 확보함과 동시에 추잡해지기 쉬운 환경을 정비 · 통합해내고 있다.

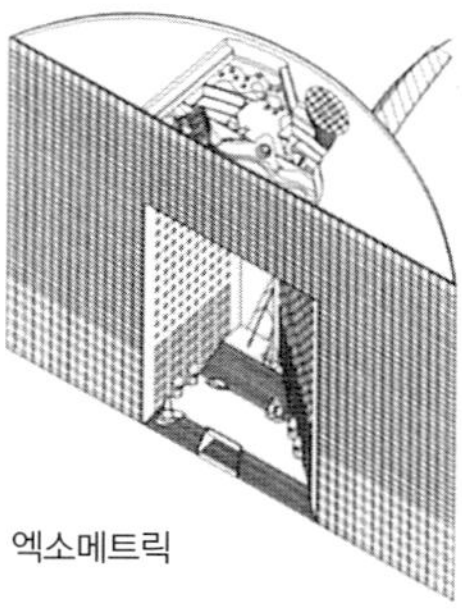

엑소메트릭

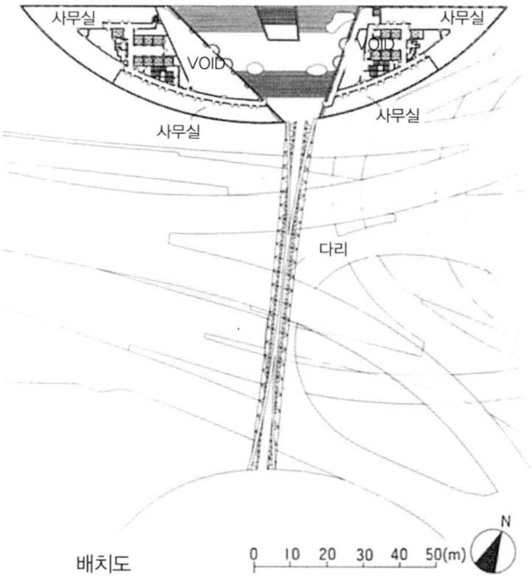

배치도

타워 외관

토치기(栃木)현 나카가와 수족관의 재미있는 물고기관

2001년

설계 / 古市徹雄도시건축연구소 · 佐藤종합계획특정설계업무공동기업체

수족관의 배치계획에, 가로로부터 하천공간으로의 자유통로를 설치한 사례.

하천의 경관체험도 수족관 전시의 일부로 삼고 있다. 향후 공공시설의 개방성에 대한 방향을 시사하고 있는 작품.

자유통로

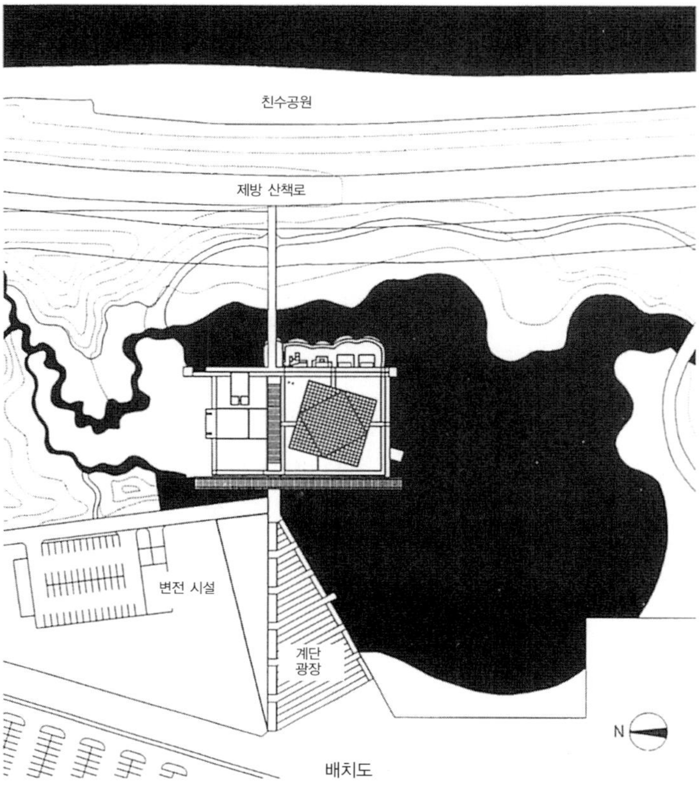

배치도

유라쿠쪼우(有楽町)의 마리온

1984년
설계 / 竹中工務店

JR 유라쿠쪼우(有楽町)역과 도쿄를 대표하는 상업지인 긴자(銀座)의 중간지역에 위치하는 백화점 및 영화관 등의 복합시설. 중앙으로 통과할 수 있는 몰(Mall)을 두어 긴자로 가는 「도시의 문」이 되는 곳임을 의도하고 있다.

영화관이나 백화점의 개장을 기다리는 사람들이나 누군가를 기다리는 사람들에게 좋은 만남의 장소가 되고 있다.

몰(Mall) 내부

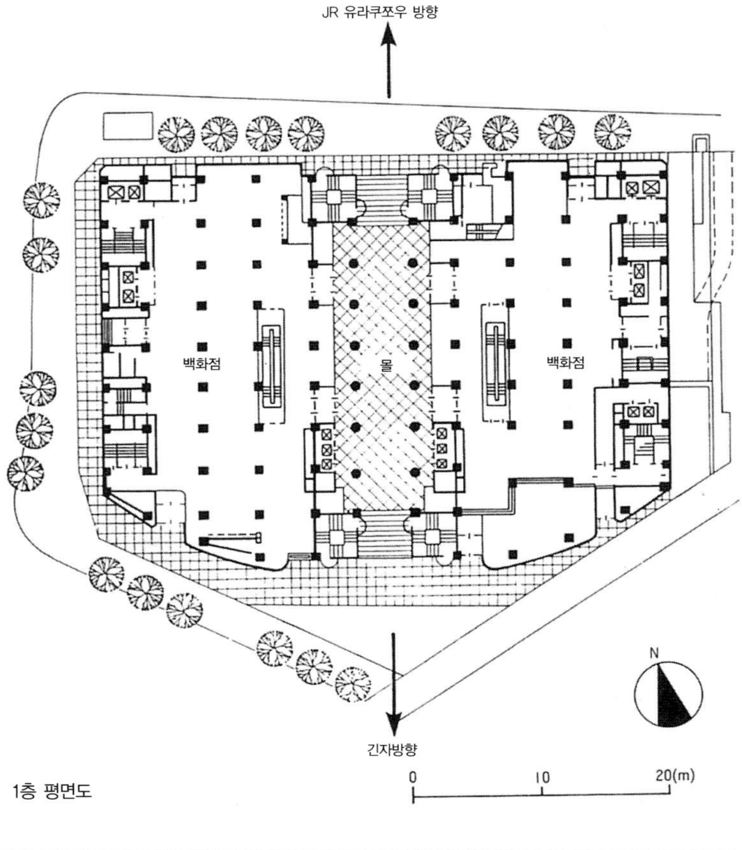

1층 평면도

4

랜드마크

◆ 작품사례

산에이(三愛) 빌딩 …………………………………………………… 日建設計
시브야(渋谷) 109빌딩 ……………………………………………… 駒田설계사무소
미드랜드 은행 ……………………………………………… 테리 · 파렐(Terry Farrell)
ROTUNDA ………………………………………………………… 山本理顕설계공장
그란아르슈(Grand arche) …………………… 요한 · 오토 · 폰 · 스푸레쯔겔센
아사히 슈퍼 드라이빌딩 ……………………………………… 필립 · 스타르크
GRAND ECRAN ………………………… 丹下健三 · 도시 · 건축설계연구소
ZEUS 니마(仁摩) 모래박물관 ………………………… 高松伸건축설계사무소

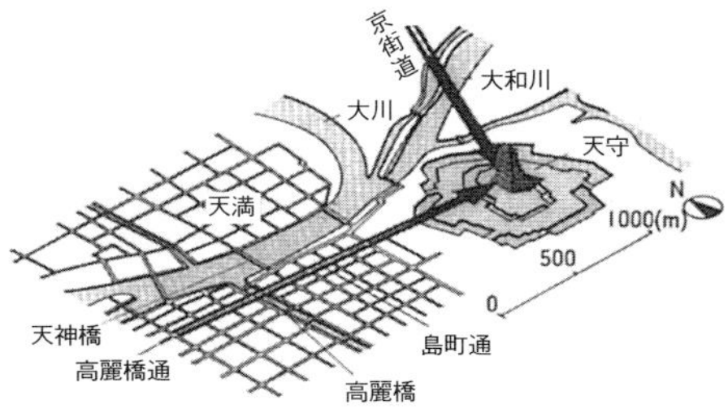

그림 1. 도요토미 시대의 오사카 성곽도시와 비스타

그림 2. 고라이바시(高麗橋)에서의 비스타(현황)

그림 3. 오사카성의 원경

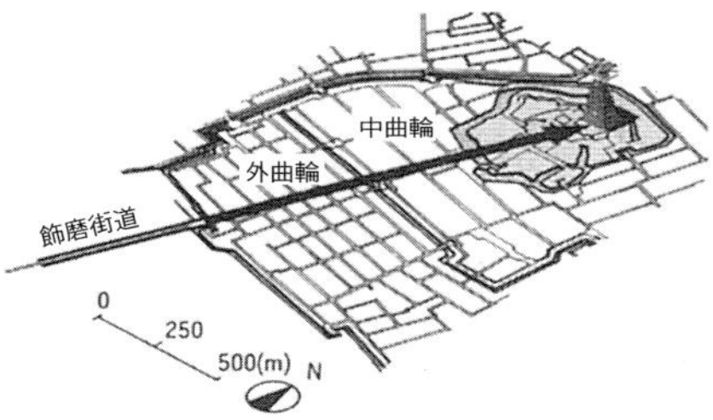

그림 4. 히메지성과 비스타

그림 5. 히메지성의 망루

건축역사를 연구하는 미야모토(宮本雅明)씨에 따르면, 도요토미(豊臣秀吉)가 1583년에 건설한 오사카(大坂) 성곽도시는 비스타(Vista : 전망선) 수법을 이용하여 계획되었다고 한다. 즉 도요토미 시대의 오사카성 성곽도시의 복원도를 보면, 오사카성의 망루(天守閣)를 랜드마크로 하여 조망되는 2개의 가로를 발견할 수 있다(그림 1).

우선 한 개는 성곽도시의 핵심도로인 고라이바시 도오리(高麗橋通)로, 남측으로 강한 인상을 주며 놓여진 가로이다(그림 2). 두 번째 도로는 교토로 이어지는 고가이도(京街道)로, 수도와 오사카를 연결하는 주요 가로의 하나인데, 이 가로로부터 망루를 조망할 수 있다(그림 3). 이러한 비스타 수법은 눈앞에서 안쪽으로 깊이감을 주는 구조로, 동시대 유럽의 르네상스 도시나 건축 혹은 정원에서 다수 이용된 구조이다. 현재 이탈리아의 도시를 방문하면, 광장의 중앙에 놓인 조각이나 분수를 랜드마크

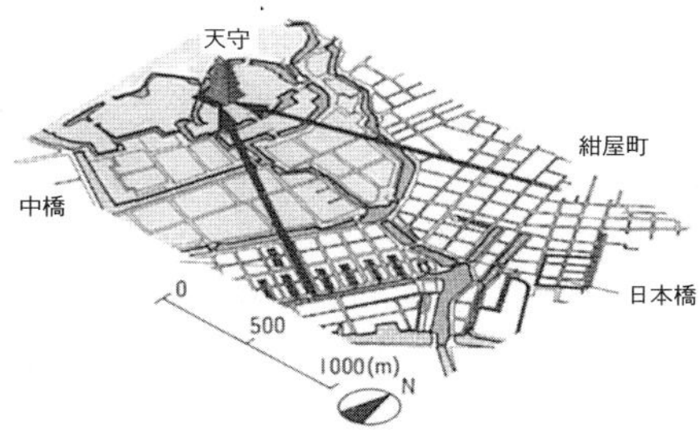

그림 6. 에도성과 비스타

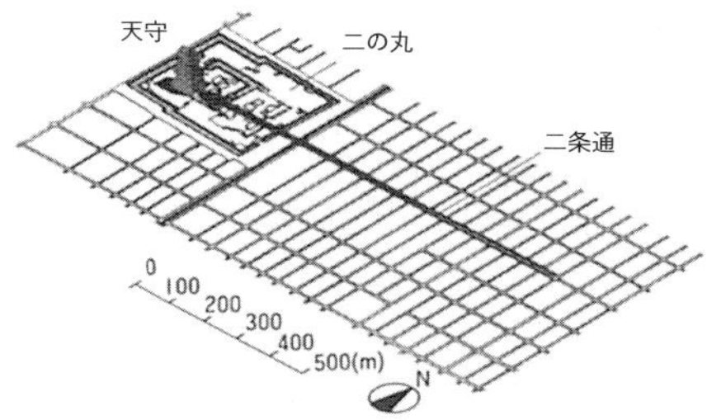

그림 7. 니죠성과 비스타

그림 8. 니죠성의 망루 유적

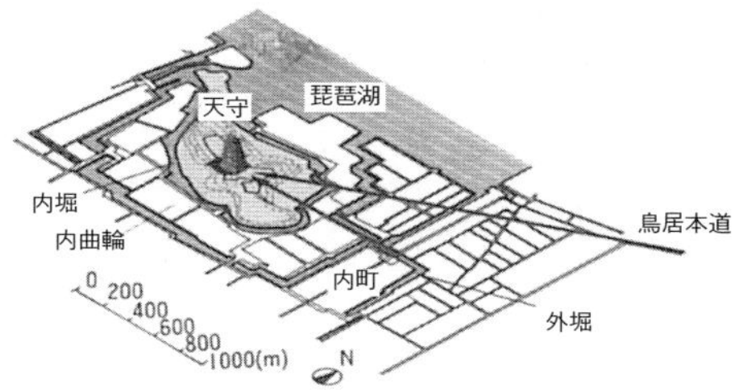

그림 9. 히꼬네(彦根)성과 비스타

로 하여 가로가 방사상으로 뻗어나간 것을 보게 되는데, 이것들이 모두 그 당시 계획된 비스타의 사례이다. 도요토미는 파드레이(Padre : 카톨릭 선교사를 총칭) 추방령까지 내렸으나, 그 이전에는 기독교에 호의적이었으며, 오사카 성곽도시에도 토지를 주어 교회를 세우게 했고, 가신의 상당수가 기독교인이었다. 또한 외국과의 무역에도 열을 올려, 오사카성 안에서는 여성 모두를 서구식 이름으로 부르게 하고, 나아가 내부 인테리어도 침대나 융단, 의자, 테이블을 조합한 서구풍이었으며, 구두, 바지, 카파(Kappa), 와인글라스와 술병까지 있었다고 한다. 다시 말해, 전술한 비스타 수법도 도요토미에 의해 돌연 발상되고 실현되었다기보다는, 오히려 서구문화의 수용에 여념이 없었던 그가 동시대 서구에서 유행했던 수법을 채용해 응용했던 것으로 보는 것이 옳을 것이다.

한편 도요토미는 1586년 중악제조영(衆楽第造営)에 즈음하여, 성곽도시로서의 교토에 이 비스타 수법을 더욱 발전시켜 사용했다. 다시 말해 「2층건물 주택건축령『二階建町家建築令』」을 발포했는데, 이때 성곽도시를 그린 도면을 보면 성의 큰 도로의 양편과 후시미(伏見)성과 교토를 연결하는 주요도로의 양쪽 주택만을 2층으로 하고 있다. 즉 망루를 랜드마크로서 조망하는 큰 도로의 비스타가 가지는 효과를 보다 강조시키기 위해 도로주변을 2층으로 한 것이라 하겠다. 그리고 큰 도로의 비

그림 10. 히꼬네성의 망루

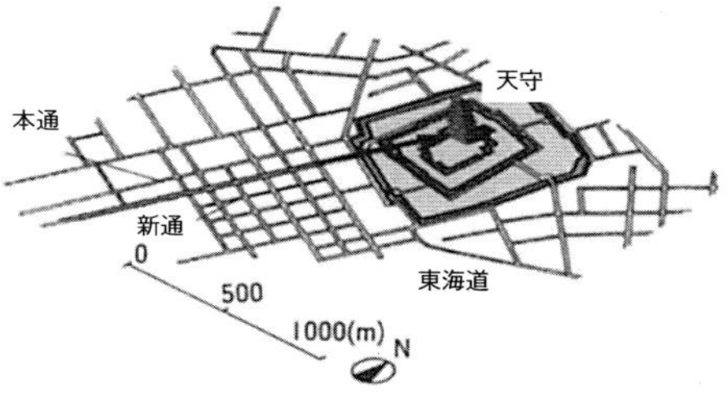

그림 11. 슨푸(駿府)성과 비스타

그림 12. 슨푸성의 망루 유적

스타뿐만 아니라, 후시미(伏見)로 향하는 길에도 그 수법을 응용한 것이었다. 그 후 비스타 수법은 근세 성곽도시 건설의 정석이 되었다고 보이며, 히메지(姫路)성이나 에도(江戸)성, 니죠(二条)성 등 그 외의 수많은 성곽도시에도 사용되었다(그림 4～12).

또한, 건축사가 키리시키(桐敷真次郎)씨에 따르면, 에도 시가지의 주요도로는 후지산이나 쯔쿠바산을 랜드마크로 한 비스타의 수법으로 계획된 도시가 아닐까라고 기술하고 있다. 실제로 도우카이도우고쥬산쯔기(東海道五十三次) 등을 묘사한 우키요에(浮世絵)의 대부분은 랜드마크로서 후지산을 전망하는 구도로 되어 있다(그림 6, 7).

다시 말하자면 도요토미에 의한 서구수법의 도입을 발단으로, 근세 일본의 도시계획 전반에 걸쳐 이러한 망루를 랜드마크로 한 비스타 수법이 보급되었다고 보아도 좋을 것이다. 그리고 이들 수법은 현대의 도시공간에서 건축물을 배치하고 계획할 때에도 충분히 응용 가능한 것이다. 도시 속에서 사람들이 지금 어느 곳에 있는지를 인식하기 위해서는 랜드마크가 없어서는 안 된다. 또한 만나는 약속을 하기에도 편리하고, 나아가 도시공간 그 자체의 모습으로 경관을 긴장시키는 데도 도움이 된다.

그러면 이하에서는 랜드마크 수법에 대해서, 배치계획의 측면에서 사례를 들어보고 그것의 계획의도에 대해서도 설명해 보기로 한다.

산에이(三愛) 빌딩

1964년
설계 / 日建設計

두말할 나위 없이 도쿄의 긴자(銀座)를 대표하는 랜드마크.

이 탑 때문에 긴자거리에서 길을 잃는 일은 줄었다고 한다. 이처럼 도시의 주요 장소에 랜드마크가 될 수 있는 건물을 반드시 배치하는 것이 좋다.

외관

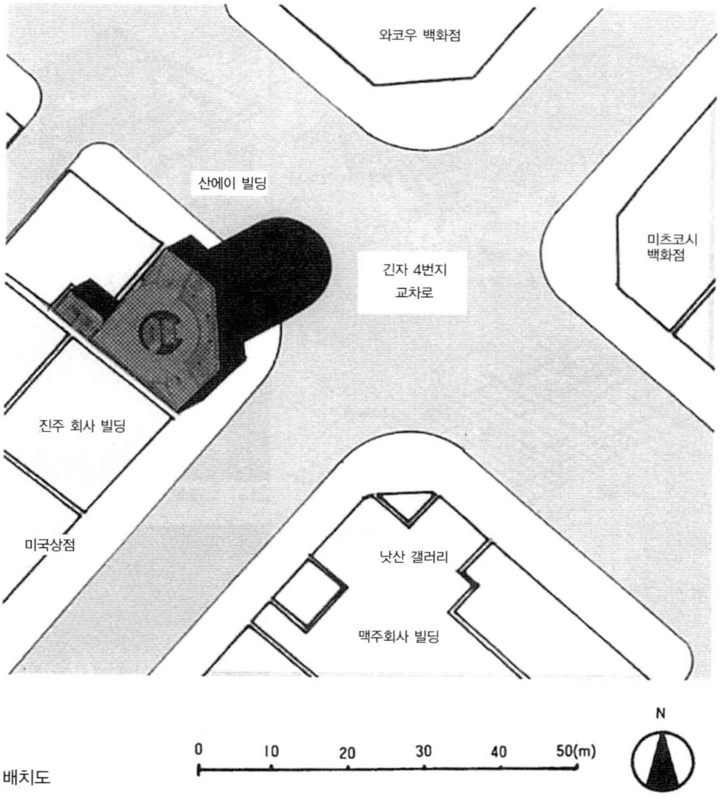

배치도

시브야(渋谷) 109빌딩

1979년
설계 / 駒田설계사무소

외관

문화촌 거리와 도겐자카(道玄坂)라 하는 번화가 도로 사이에 있는 Y자형 대지를 의식하여, 랜드마크가 될 수 있는 형태의 건물과 이벤트 광장을 계획, 배치한 사례.

젊은 사람들로 항상 붐비고 있다.

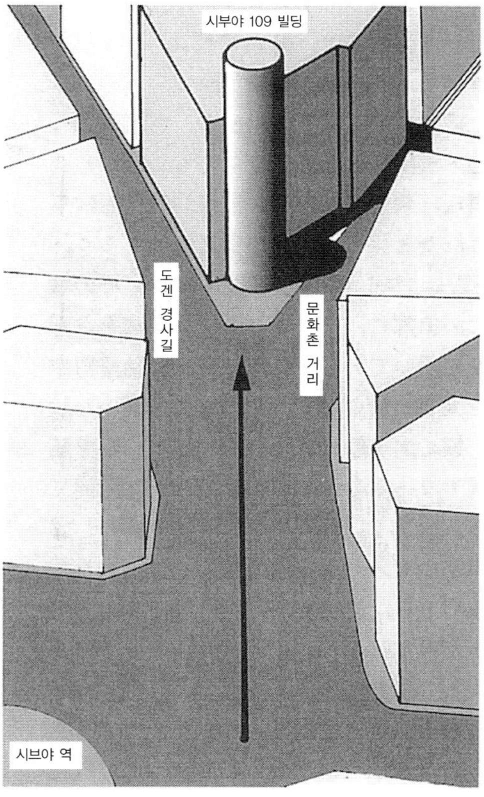

엑소메트릭도

미드랜드 은행

1986년
설계 / 테리 · 파렐(Terry Farrell)

Y자 도로 사이에 끼인 대지에 세워진 은행건물.

원래 은행이나 관청 등과 같은 공공건축은 도시에서 랜드마크로서의 역할을 수행해 왔다. 이 은행도 탑상형으로 도시의 중요한 장소의 분위기를 높이는데 역할을 담당하고 있다.

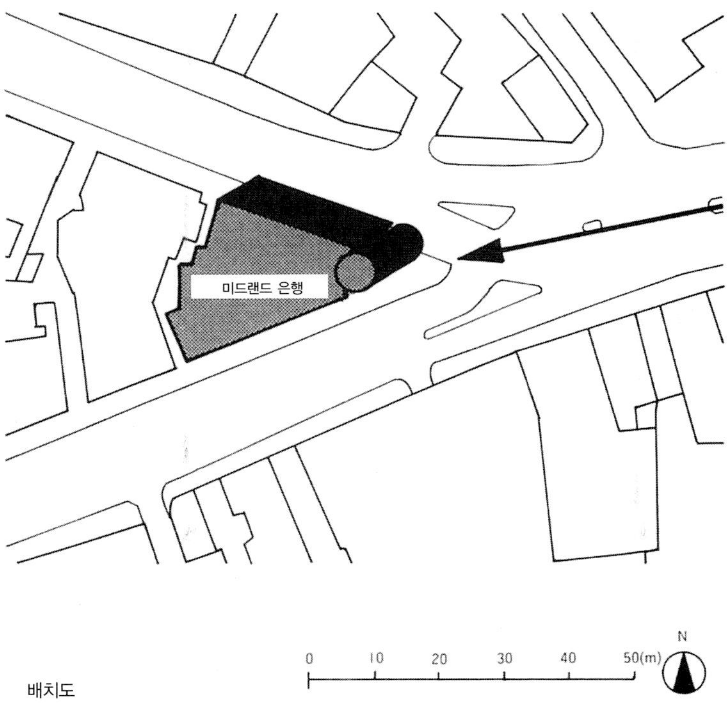

배치도

ROTUNDA

1987년
설계 / 山本理顕 설계공장

상부에 텐트로 덮여진 거주공간이 만들어져 있는 임대건물.

이 상징적인 조형이 가로에서 비스타의 주요 조망점이 되어, 도시경관에 일조하고 있다.

외관

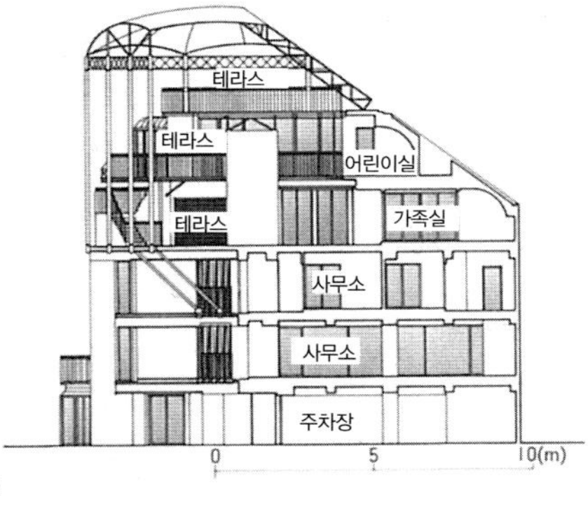

단면도

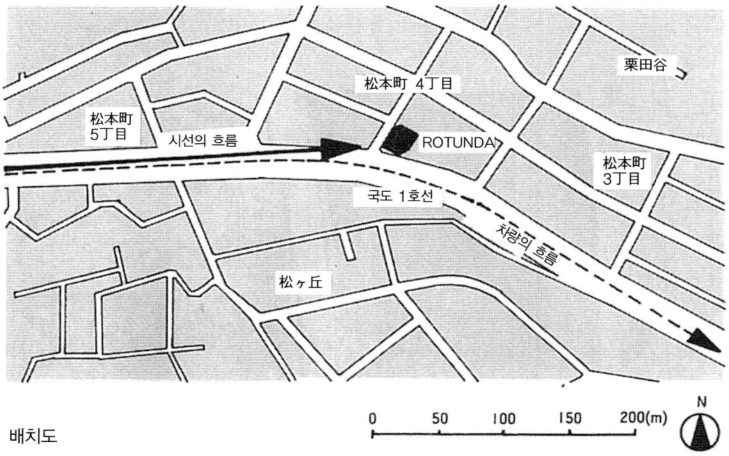

배치도

그란아르슈(Grand arche)

1989년
설계 / 요한 · 오토 · 폰 · 스프레츠겔센

파리의 제 2 개선문(Arc de Triomphe)으로 에투아르(Etoile)의 개선문 축선상에 세워져 있다.

배치는 루브르(Louvre) 궁전방향에서 6도 기울어진 상태로 맞추어져 있다.

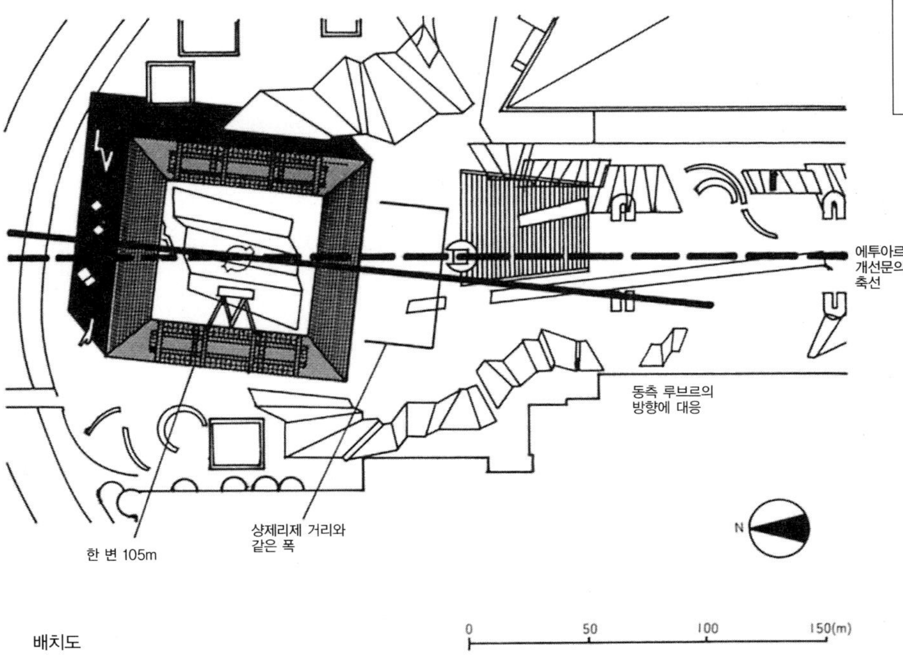

배치도

아사히 슈퍼 드라이빌딩

1989년
설계 / 필립 · 스타르크

맥주의 거품을 상징하는 오브제(art object)의 배치는, 정면으로 보이는 아즈마바시(吾妻橋)에서의 경관을 의식하여 설치위치가 결정되었다.

건물의 야경

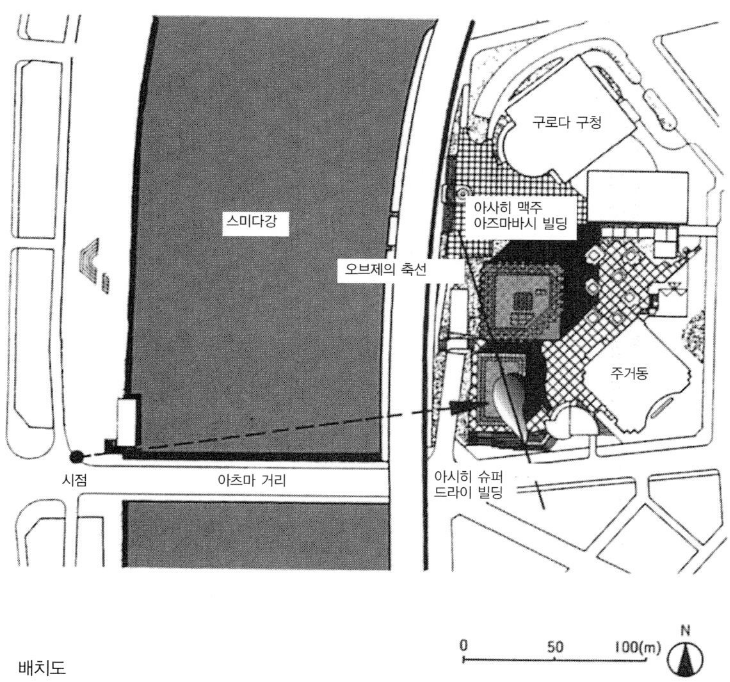

배치도

GRAND ECRAN

1992년

설계 / 丹下健三 · 도시 · 건축설계연구소

유럽의 도시는 반드시 광장을 중심으로 방사상에 가로가 펼쳐져 있고, 그 광장에는 공공시설이 설치되어 있다.

이 이탈리아 광장에 면하고 있는 건물도 광장을 의식해서 동심원 반달모양의 파사드를 가지며, 랜드마크의 역할을 하고 있음을 강조하는 배치계획이 이루어져 있다.

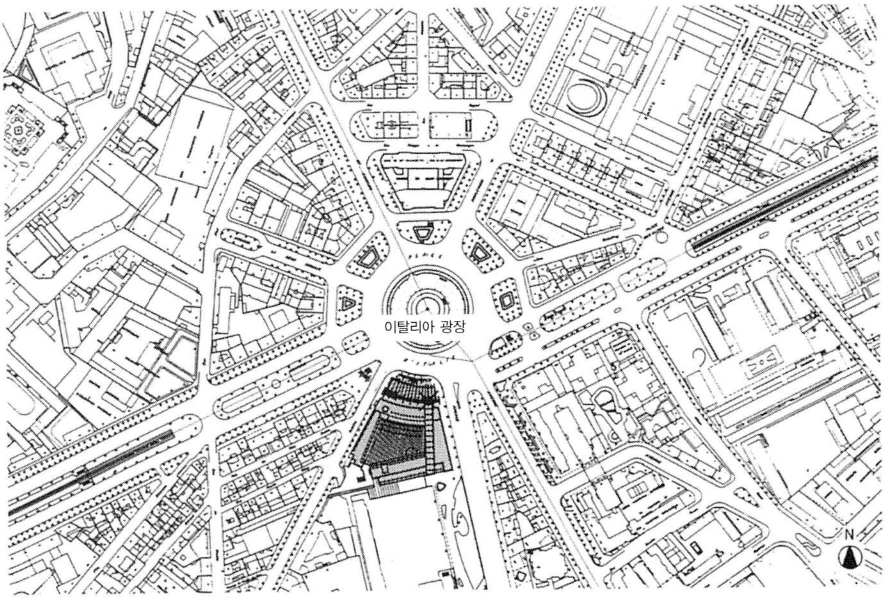

배치도

ZEUS 니마(仁摩) 모래박물관

1992년
설계 / 高松伸 건축설계사무소

미술관을 가로에서 비스타의 주요 조망점으로 배치한 작품.

공공건축은 항상 랜드마크로서 시민에게 활용되는 존재가 바람직하다.

조감

건물 외관

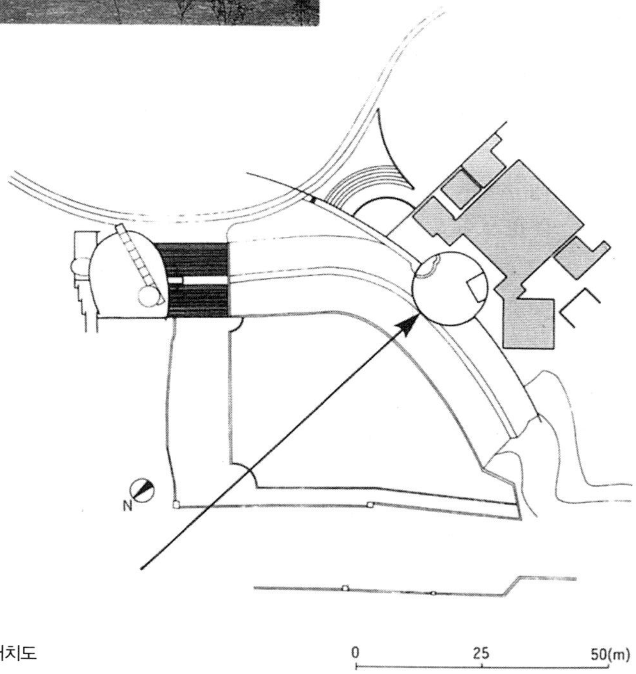

배치도

5
경관

◆ 작품사례

Rauta · Talo ……………………………………………………… 알바 · 알토
힐 사이드 테라스(Hill Side Terrace) ………………… 槇종합계획사무소
키타큐슈(北九州) 미술관 ……………………………… 磯崎新아뜨리에
건축회관 ……………………………………………………… 秋元和雄설계사무소
∨α∧칸토우(関東) 학원대학 학생건강센터 · α · 예배당(chapel)
……………………………………………………… 橋元勝久 · 도시건축연구소
아랍 연구소 …………………………………………………………… 장 · 누벨
효고(兵庫) 현립 역사박물관 ……………… 丹下健三 · 도시 · 건축설계연구소
나수가하라(那須ヶ原) 하모니홀
………………………………… 早草睦恵＋仲篠順一 · 셀스페이스아키텍트
아쿠로스 후쿠오카 ……………………………………… 에미리오 · 안바스
오쿠츠(奥津) 온천「꽃 미인의 마을」…………… 杉本洋文／계획 · 환경건축
코몬시티 호시다(星田) …………………………………… 坂本一成연구실
국립 올림픽기념 청소년종합센터 ………………… 국토교통성 칸토우(関東)
지방정비국영선부, 坂倉
건축연구소 오사카사무소

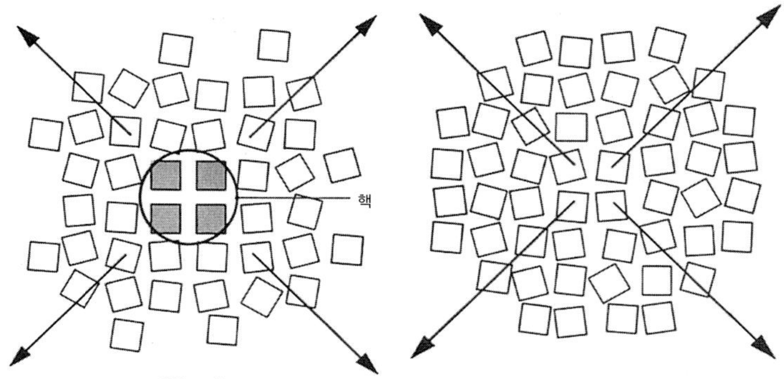

그림 1. 도시계획과 도쿄의 도시구조

제 2차 세계대전에 의해 일본의 수도 · 도쿄는 폐허가 되고, 그 후 누가 먼저라고 할 것 없이 도시의 재건이 시작되었다. 그 결과 불과 60여년 만에 세계적인 규모의 도시로 기적적인 부흥을 이루었다. 다시 말하자면, 도쿄를 중심으로 한 수도권 일대는, 예전에 그곳에 있었던 400년에 달하는 역사적 전통이 담겨 있던 도시질서가 일단 「무(無)」로 되돌려졌으며, 그 후 얼마 안 되는 기간에 완전히 막연하고 우발적으로 세워진 무수한 건물로 뒤덮인 결과 지금의 도시가 되었다고 할 수 있다.

그런데, 현재 이 비계획적으로 빚어진 도시 · 도쿄가 세계적으로도 그 유례를 찾아 볼 수 없는 희귀한 존재로 각광을 받고 있다. 왜냐하면 일반적인 도시의 구조는 역이나 관청 등과 같은 공공시설이 집중해 있는 핵이 되는 중심부에서, 그 주변 교외로 퍼짐에 따라 규칙이 조금씩 없어지면서 무질서하게 되어가는 것이 정석이다. 그러나 도쿄는 핵이 되는 중심부에서 불규칙하게 시작하여, 다시 그 주변으로 확장되는 모습도 불규칙하게 계속 이어지는 매우 특수한 도시구조를 갖고 있기 때문이다(그림 1).

예를 들면, 외국의 유명건축가가 도쿄에 들어서면, 한결같이 이 무질서한 도시경관에 놀라 소리를 지른다. 그리고 교토의 고건축 견학을 위해 고속전철을 타고 도쿄에서 교토로 향하다 보면, 차창너머로 비치는 무질서한 경관이 전혀 변하지 않는다는 사실에 다시 한번 놀라게 된다. 도대체 이러한 수도권의 모습을 어떻게 이해하면 좋을까?

건축가 타케야마(竹山聖)씨는 이러한 경향을 무질서한 상황이 계속 연속하고 있는 것에서부터 「불연속의 연속」이라고 명명하였다. 건축가

그림 2. 타카야마(高山)의 가로

토미나가(富永讓)씨는 이러한 도시를 인공물건의 집적에 의한 자연발생적인 도시를 「인더스트리얼 버너큘러(Industrial Vernacular)」라고 불러야 할 「제 2의 자연」으로 보기도 했다. 기타 일부의 연구자들이 차원분열도형(fractal) 이론을 이용해서 도쿄의 도시구조에 대한 분석을 실시하고 있으며, 언젠가는 해명될 것으로 보인다.

지금까지 자연발생적인 버너큘러 도시나 역사가 축척된 익명(Enonymous)의 도시에 새로운 건축이 도입되어질 때, 경관보호의 입장에서 다양한 모든 수법이 구사되어져 왔다(그림 2). 그러나 전술한 것과 같은 「인더스트리얼 버너큘러」로서의 도시에서는 여전히 불규칙하게 건축물이 세워지고 있는 것이 현재의 상황이다.

일본 주요도시의 대부분은 제 2차 세계대전 때 공습을 피할 수 없었고, 나고야나 오사카, 후쿠오카도 그러하며, 히로시마나 나가사키는 원폭이 투하되어, 대도시에서 교토, 나라 등을 제외하면 이미 역사적 경관의 대부분은 남아있지 않다고 해도 과언이 아니다. 어느 대도시를 둘러보아도 현재 「불연속의 연속」 경향이 나타나고 있다. 그리고 이러한 경향을 띄는 도시경관도 언젠가는 역사적 경관으로서 인정받는 때가 올 것이라고 한다면 지나친 생각일까?

그래서 본 항에서는 역사적 경관과의 공생 사례와 더불어 무질서한 도시경관을 수경해 나가는 건축의 배치계획에 대해 살펴보기로 한다. 아무리 무질서라고 해도, 거기에는 녹음이 풍부한 공원이나 강이나 바다 등과 같은 수변, 혹은 숭고한 사원이나 묘지, 신사(神社)가 있을 것이다.

또한 조용한 주택지와 상업지 혹은 초고층건축이 허용된 오피스가나 공업지대 등에서는 각각의 경관에 따라 건축의 배치가 달라야 할 것이다.

이하에서는 주로 오늘날의 도시경관에 대해 경관상 배려를 시도한 건축의 배치계획 사례를 몇 개 제시하고, 그것들을 통해 앞으로 도시경관이 가져야 할 본연의 모습을 모색해 보기로 한다.

Rauta · Talo

1954년
설계 / 알바 · 알토

근대건축의 거장 중의 한 사람인 알토와 어깨를 나란히 하는 거장 사리넨(Eero Saarinen)이 설계한 빌딩에 인접해서 세워진 작품.

독자성을 내세우지 않고 일부러 파사드를 평면적으로도 입면적으로도 가지런히 정돈해서 통일성을 갖도록 하고 있다. 도시경관의 디자인 수법으로 정평이 나 있다.

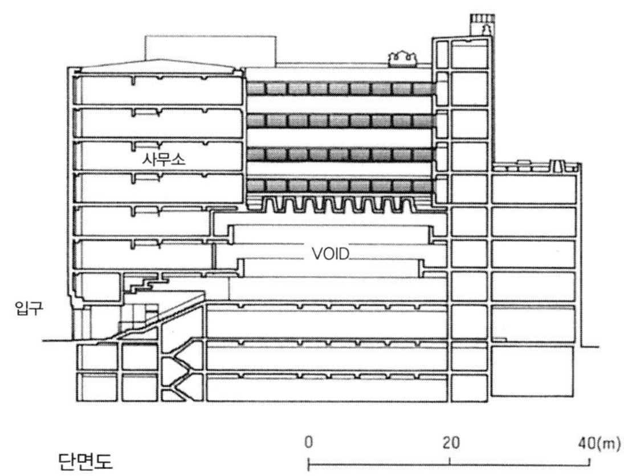

단면도

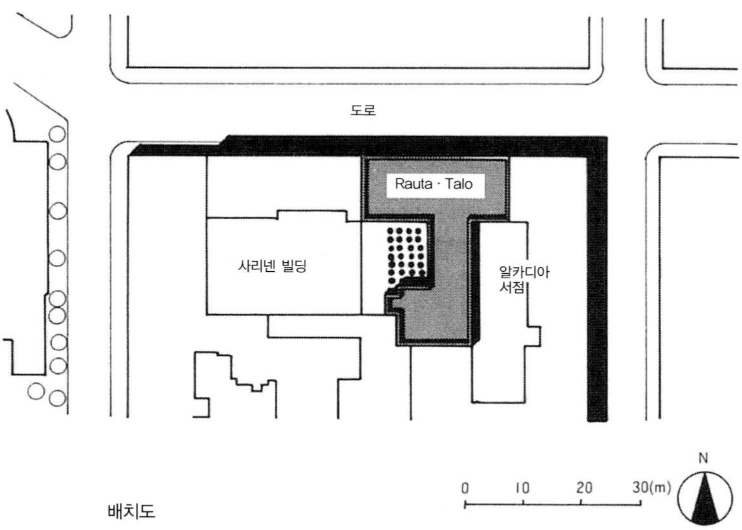

배치도

힐 사이드 테라스(Hill Side Terrace)

1969~1998년
설계 / 槇종합계획사무소

약 30년의 세월 동안 6회에 걸쳐 조금씩 증축을 되풀이해서 만들어진 도시경관.

한 사람의 건축가에 의해 일관된 컨셉을 가지고, 전체가 통일된 아름다움을 유지하면서도 건설시기에 따라 시대적 배경의 차이가 주는 중후하고 성숙된 경관이 표출되고 있다.

외관

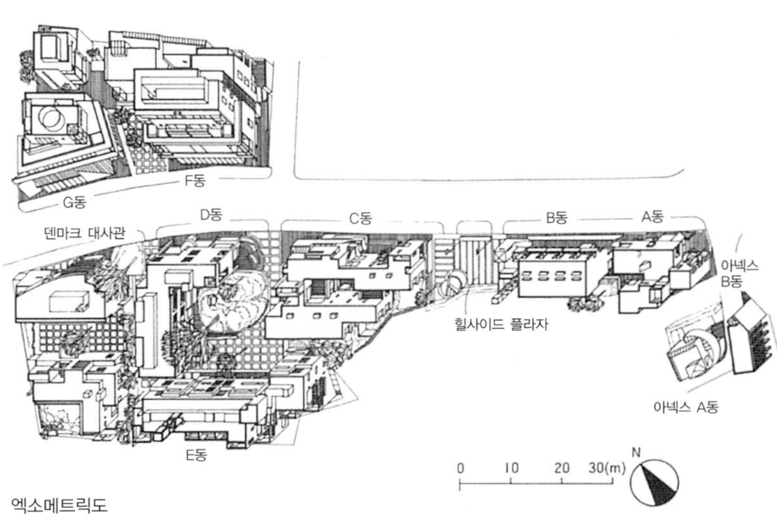

엑소메트릭도

키타큐슈(北九州) 미술관

1974년
설계 / 디자인 · 시스템

키타큐슈 시내를 한눈에 조망할 수 있는 언덕 위에 있기 때문에 전시실을 쌍안경과 같은 형태로 만들어 시내로 향하는 축선상에 배치시킨 건축물이다. 그 형태에서 알 수 있듯이 전시실로부터 시내의 경관을 즐길 수 있다.

건물 외관

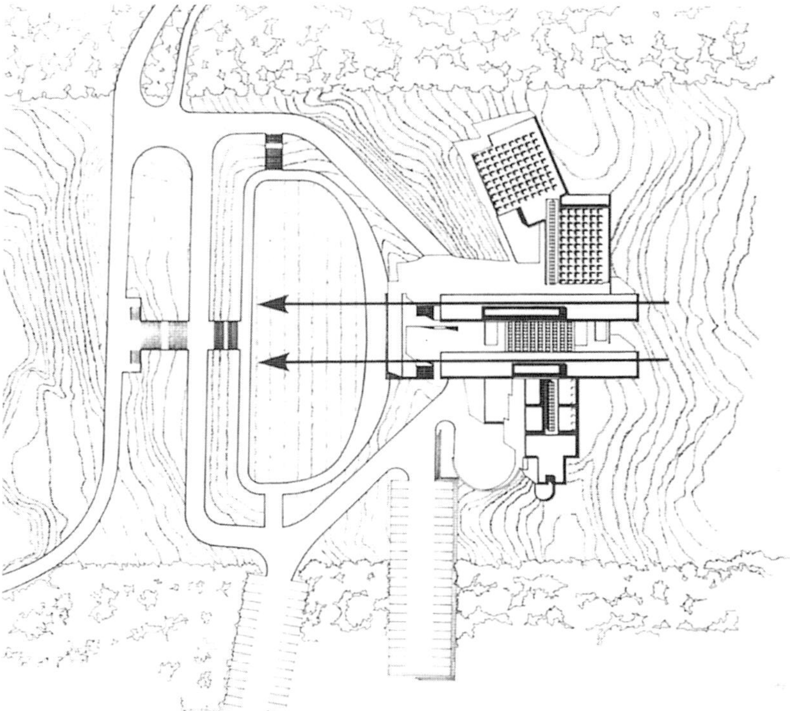

배치도

건축회관

1982년

설계 / 秋元和雄설계사무소

일본 건축학회가 있는 복합시설.

고층 쪽에는 임대사무실을 배치하고, 또 저층지역 쪽으로는 낮은 건물을 배치하여 도시경관에 배려하고 있다. 건축학의 총본산으로 모범적인 배치계획이라고 할 수 있다.

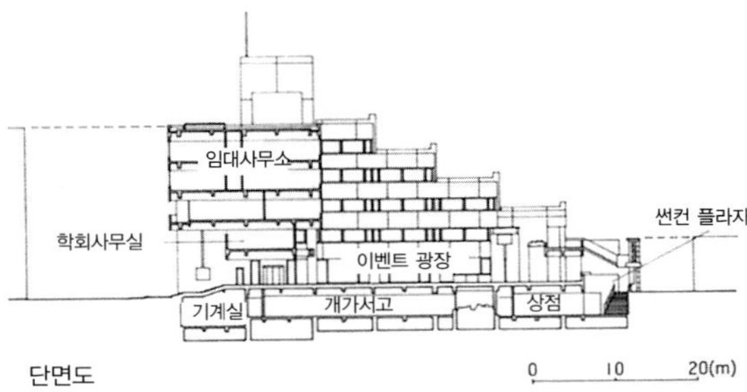

단면도

파사드

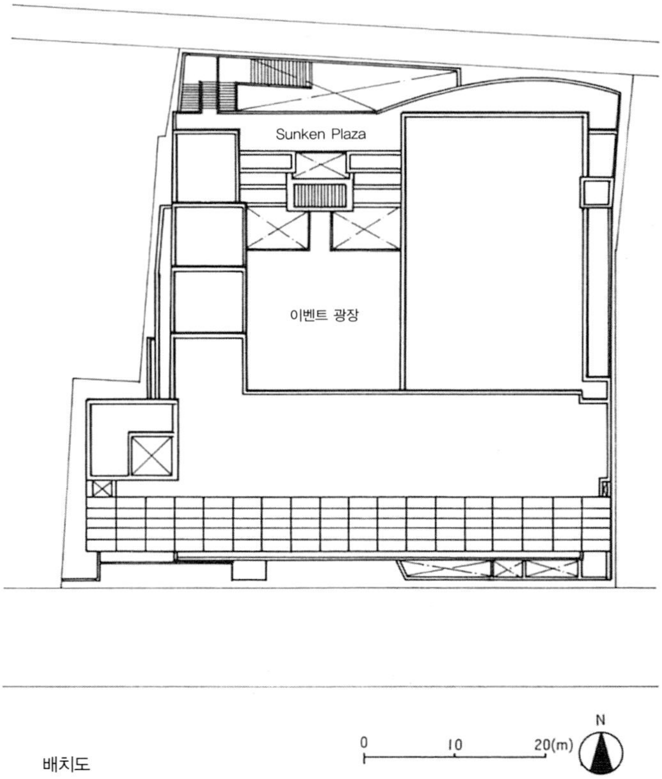

배치도

\/α/\ 칸토우(関東) 학원대학 학생건강센터 · α · 예배당(chapel)

2001년

설계 / 橋元勝久 · 도시건축연구소

기존 캠퍼스에 건강관리센터와 교회를 증축한 작품.

기존 시설로부터 축선을 설정하여 배치를 정하고 있다. 예배당을 축선상에 위치하는 언덕에 배치시킴으로써, 캠퍼스 전체에 구심성을 만들어내는데 성공한 배치이다.

항공사진

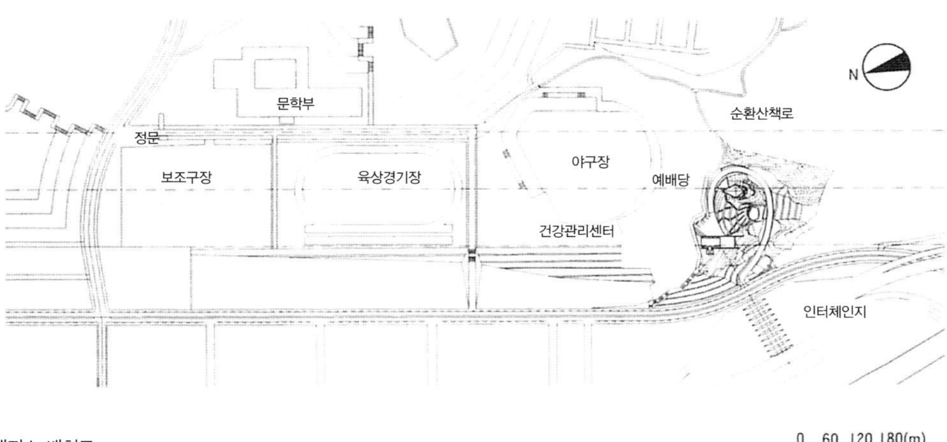

캠퍼스 배치도

아랍 연구소

1987년
설계 / 장 · 누벨

수변의 경관을 보호하기 위해 건물의 배치에 통일성을 부여한 사례.

건축 및 광장의 스케일을 주변 환경과 조화되도록 한 계획의도가 엿보이는 작품.

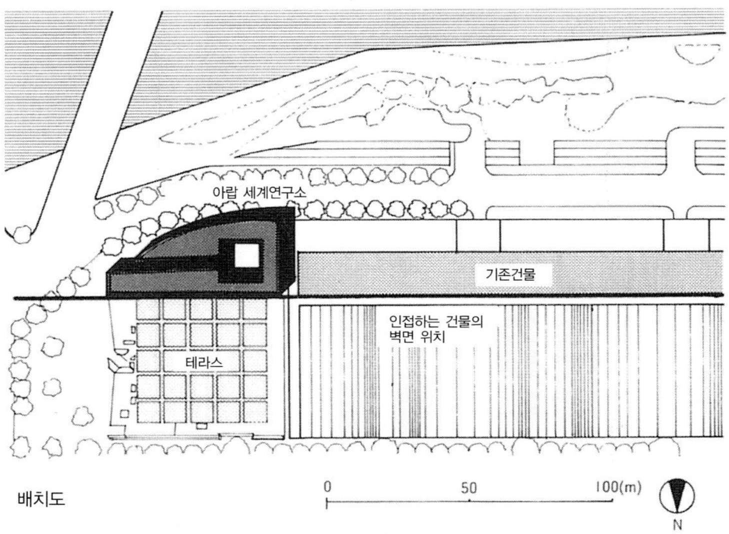

배치도

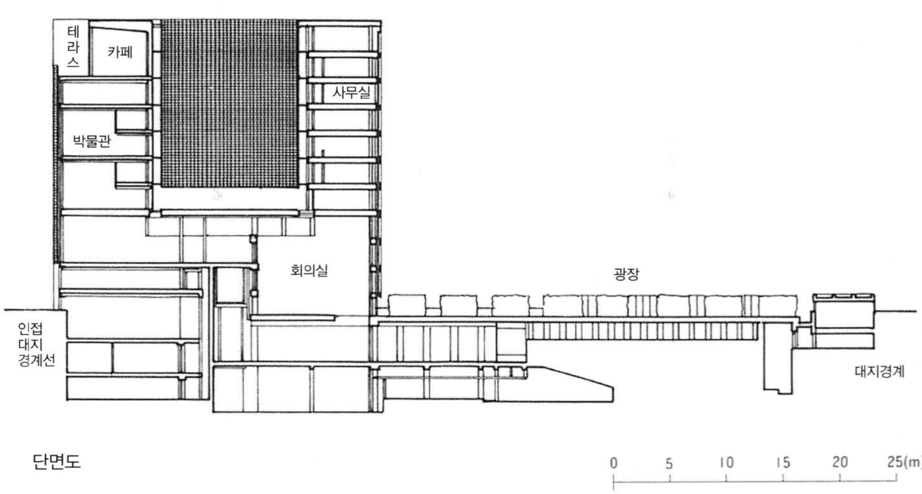

단면도

효고(兵庫) 현립 역사박물관

1982년

설계 / 丹下健三 · 도시 · 건축설계연구소

주로 히메지(姫路)성의 유품을 전시하는 박물관.

2층의 상설전시실로 올라가는 램프에서 주 경관대상인 히메지성을 조망할 수 있도록 의도된 배치이다.

한편 램프의 반환점에 위치한 티라운지(Tea Lounge)가 다른 각도로 배치된 것 역시 히메지성을 시각적으로 받아들 수 있도록 의도했기 때문이다.

램프에서 히메지성을 조망

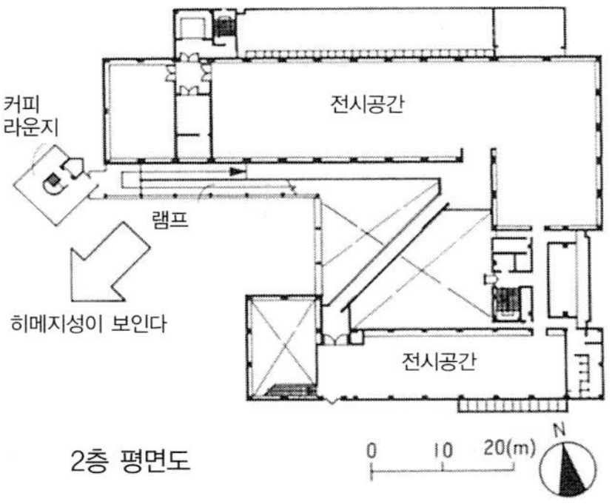

2층 평면도

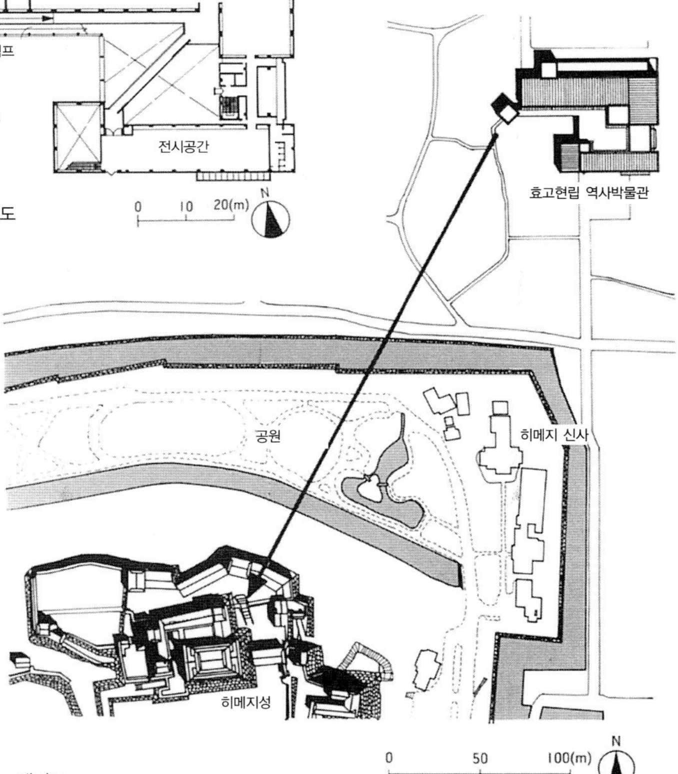

배치도

나수가하라(那須ヶ原) 하모니홀

1995년

설계 / 早草睦恵＋仲篠順一 · 셀스페이스아키텍트

일반적으로 거대한 매스가 되어 거리에 위압감을 주기 쉬운 극장건축물을, 주변 주택지의 경관과 어울리도록 가로의 규모에 맞는 스케일로 분할하여 배치한 계획안.

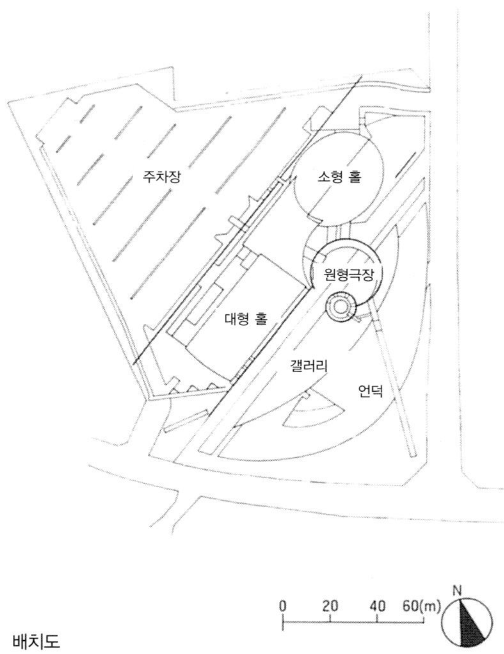

배치도

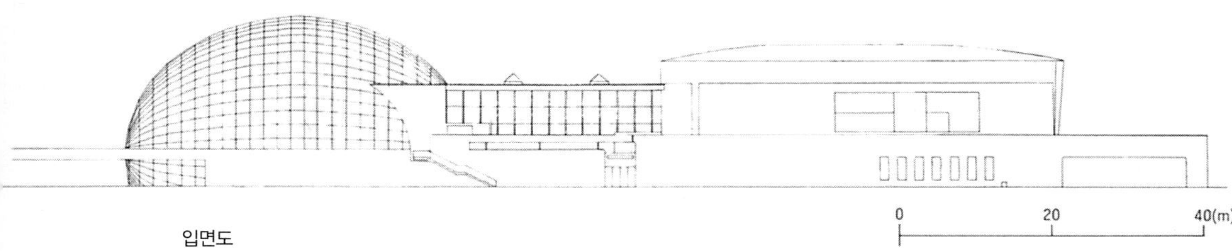

입면도

아쿠로스 후쿠오카

1996년
설계 / 에미리오 · 안바스

공원에 인접한 복합 오피스빌딩의 외관을 계단형태로 만들고, 그 위에 식재를 함으로써 공원의 녹지와 연결시켜준 사례.

도시의 녹지를 배려한 탁월한 배치계획 사례이다.

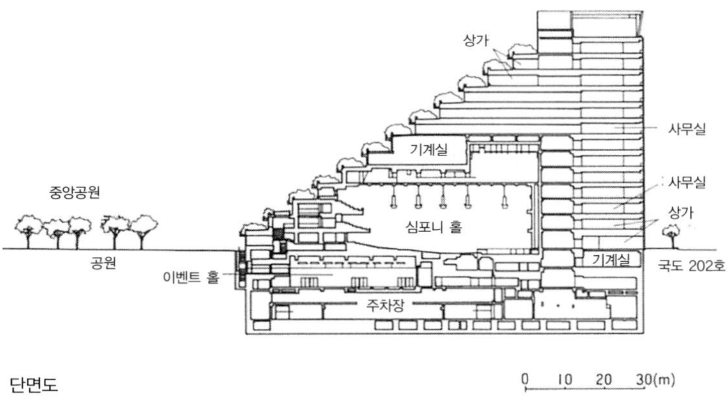

단면도

건물 외관

오쿠츠(奧津) 온천「꽃 미인의 마을」

1999년
설계 / 杉本洋文 / 계획 · 환경건축

대규모 복합건축물을 하나의 메스로 세우는 것이 아니라, 분할해서 작은 메스의 집합으로 계획함으로써 거리와 스케일에 맞춘 가로경관에 배려한 작품.

분할된 작은 메스는 각각 다른 형상을 갖고 있어, 복합시설 그 자체가 도시적 양상을 보이고 있다.

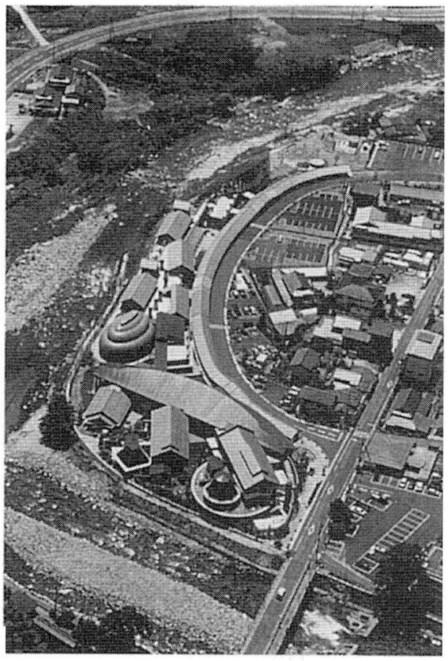

조감

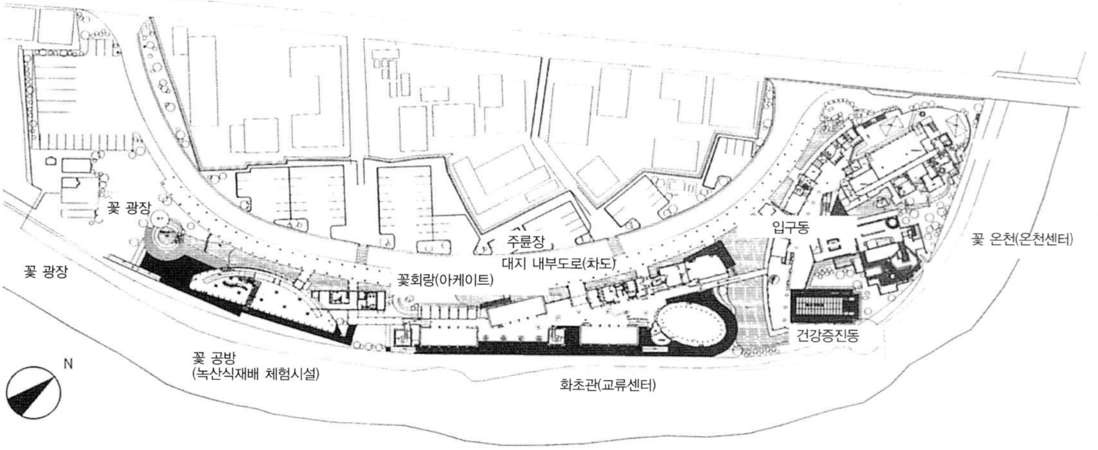

1층 평면도

코몬시티 호시다(星田)

1992년
설계 / 坂本一成 연구실

자연지형 등고선에 교묘하게 어울리도록 배치된 집합주택.

노출콘크리트나 강판 등의 공업제품을 적극적으로 사용하면서도 「제 2의 자연」이라고 할 수 있는 버너큘러한 경관을 성공적으로 만들어내고 있다.

배치도

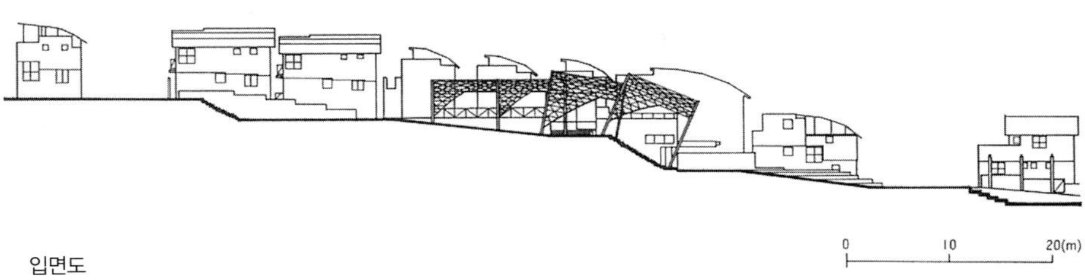

입면도

국립 올림픽기념 청소년종합센터

2001년
설계 / 국토교통성 칸토우(関東)지방정비국영선부,
坂倉 건축연구소 오사카사무소

숙박동, 국제교류동, 센터동, 문화동, 스포츠동 등으로 구성된 대규모 복합시설.

배치는 주로 2개의 축선에 의해 결정되고 있다. 한 개는 전면도로와 평행한 축이며, 나머지 한 개는 그것과 교차하는 신주쿠(新宿) 부도심의 초고층 빌딩군으로 연결되는 경관축이다. 각 시설을 연결하는 중심가로의 비스타에, 이 지역의 핵인 신주쿠(新宿) 부도심의 경관을 수용하고 랜드마크와 같은 역할을 하고 있다.

대상지 주변

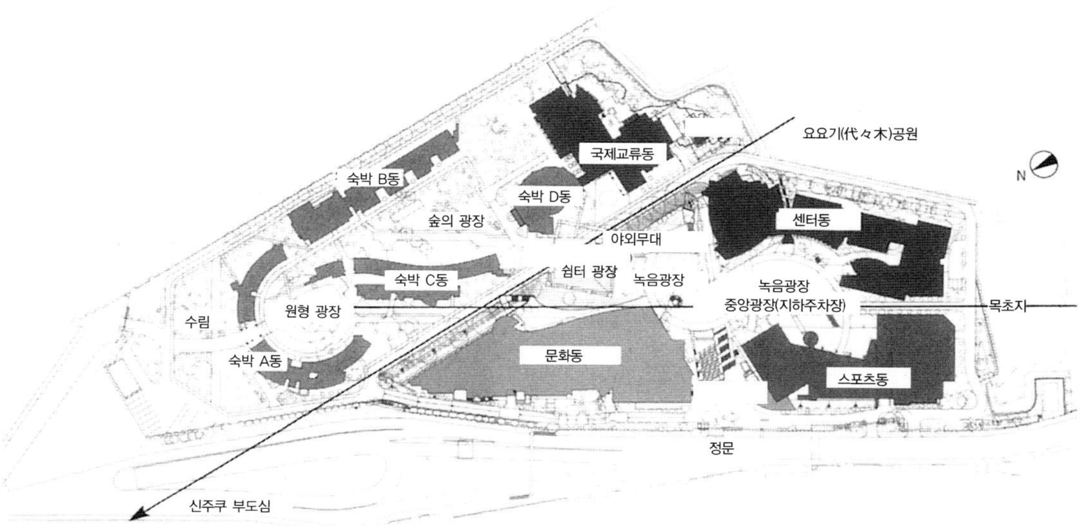

배치도

제 3 장

정신사회에의 대응

그림 1. 몬젠마치(門前町)의 사례[大通寺]

그림 2. 지나이쪼우(寺内町)의 사례

그림 3. 죠우카마치(城下町)의 사례[彦根]

자연환경의 파괴나 도시환경의 악화와 더불어 그곳에서 생활하는 사람들의 정신사회도 불안정한 상태에 놓여 있다. 오존층은 파괴되어 일극집중(一極集中)에 의한 열섬현상 등에 따른 지구온난화, 다이옥신문제 등 생태계에 불안을 가중시킬 뿐이다. 또 활단층에 의한 지진에 대한 공포나 도시의 고층화에 따른 재해시의 불안, 나아가 보기 흉한 도시경관은 어떠한가. 주거환경은 악화일로를 걷고 있으며, 프라이버시를 침해당해 사람들 대부분은 도시생활에 지쳐가고 있는 것은 아닐까?

제 2차 세계대전 후, 일본의 전통적 도시는「무(無)」로 돌아갔으며, 그 후 불과 60년 동안 부흥을 이루어냈다. 그런데 이렇게 급격한 고도경제 성장기에 종래의 일본 도시가 가지고 있었던 상징성이나 정신성과 같은 정신(Mental)적인 면을 잊어버린 것은 아닐까?

1980년대의 유행어 가운데「사막 도쿄」라는 말이 있었는데, 경제효율에 무게를 둔 이 시대 사람들은 상징성이나 정신성과 같은 마음이 의지할 곳을 상실해 버렸음을 의미하는 것임에 틀림없다. 요즘 유행하고 있는 것에 명품으로 전신을 장식하는 명품 붐이나, 극렬 종교집단으로 대표되는 신흥 종교 붐 등이 있는데, 그 대부분은 마음의 안식처를 추구하는 현상이었다고 한다. 그리고 80년대 말 버블붕괴에 의해 사람들의 상실감은 극에 달했다고 생각된다.

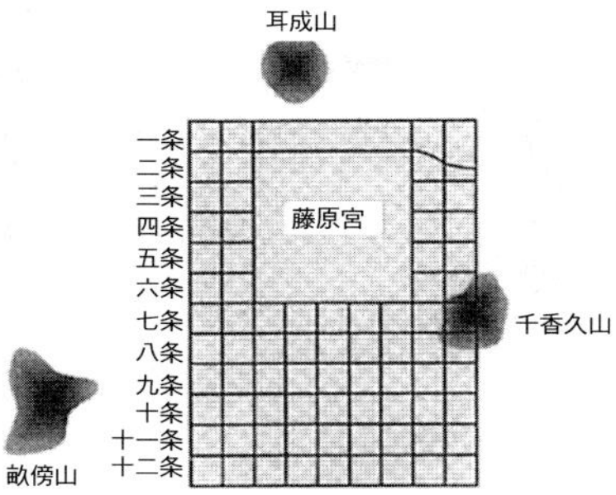

그림 4. 후지하라쿄우(藤原京) 배치도

예전의 도시 성립에는 반드시 상징성이나 정신성이 중시되었다. 예를 들면, 몬젠마치(門前町)나 지나이쵸(寺内町), 죠우카마치(城下町)라고 불리던 것은, 사원이나 영주의 거대한 성을 중심으로 해서 발달한 것이며(그림 1~3), 또 고대의 도성도 왕의 어전을 중심으로 계획된 것이었다(그림 4). 더욱이 신사의 축제를 중심으로, 마을사람들의 집단의식을 높이거나, 신사(神社) 자체의 배치가 자연달력으로서 벼농사의 시기를 가르쳐 주는 농경의 상징적인 역할을 담당하고 있었던 것이다(그림 5). 그리고 그것들의 상징성 · 정신성은 도시나 건축의 배치계획에 뚜렷하게 표현되어 사람들 마음의 안식처로 작용해 왔던 것처럼 보인다.

도시나 건축의 방위 결정을 사례로 들어보더라도 동쪽은 해가 뜨는 방향으로서 재생의 의미를 가지고 있고, 서쪽은 반대로 서방정토라고 해서 타계를 의미하고, 북쪽은 우주신으로서 북극성 방향으로 왕권의 상징이었다고 한다. 또한 동북, 서남은 귀문(鬼門), 이귀문(裏鬼門)이라 하여 피해야 할 방위로서 몹시 꺼려했으며, 나아가 하지, 동지, 춘분, 추분의 방향은 자연달력(그림 5)으로 중시되는 등 방위 자체가 사람들의 정신성에 중요한 역할을 하고 있었음을 알 수 있다.

그러나 현대의 도시나 건축에서 남쪽이 채광에 유리하다는 의미 이외에 과연 방위에 대체 어떤 의미를 두고 있을까? 예전의 도성이나 몬젠마치(門前町), 죠우카마치(城下町)를 걸어보면 동서남북의 위치를 쉽게 파악할 수 있었지만, 전후 재건된 도시를 지금 걸어보면 방위를 잘 알 수 없다. 다시 말해, 예전 사람들이 마음의 기반이라고 하고 있었던 방위관이라고 하는 것이, 현대 대부분의 도시나 건축의 배치계획에서는 상실되었다는 것을 알 수 있다.

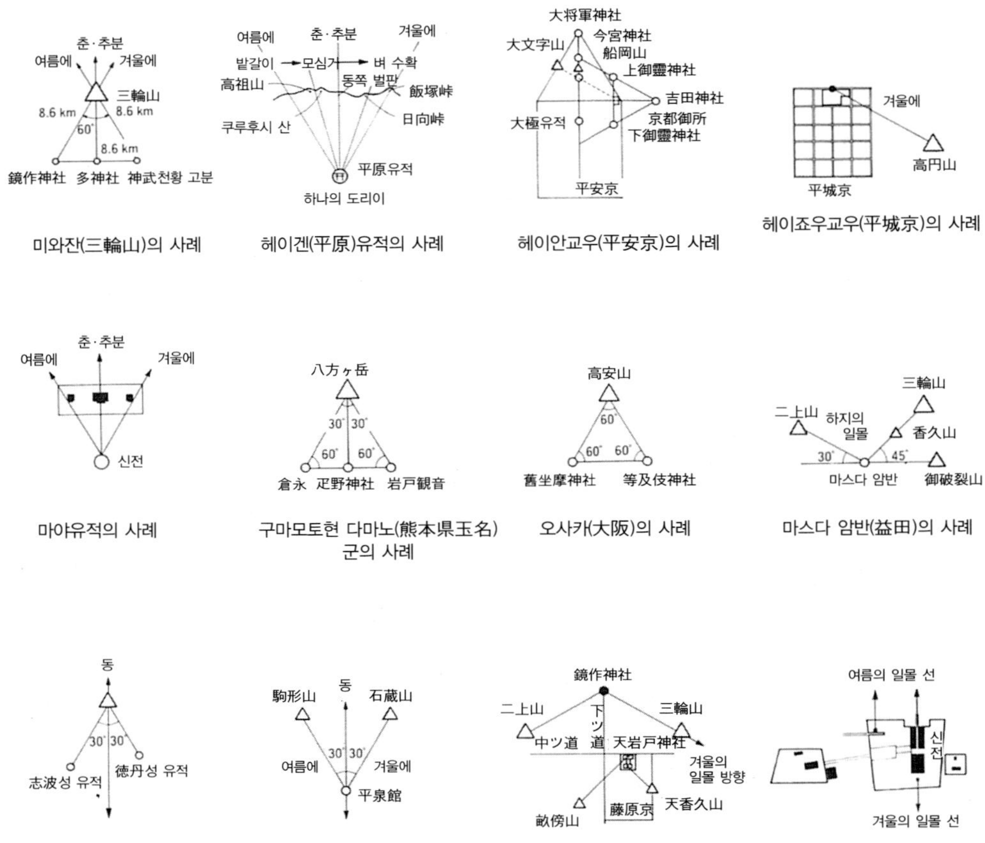

미와잔(三輪山)의 사례 / 헤이겐(平原)유적의 사례 / 헤이안교우(平安京)의 사례 / 헤이죠우교우(平城京)의 사례

마야유적의 사례 / 구마모토현 다마노(熊本県玉名)군의 사례 / 오사카(大阪)의 사례 / 마스다 암반(益田)의 사례

동북지방의 사례 / 히라이즈미(平泉)의 사례 / 후지하라교우(藤原京)의 사례 / 카르나크 신전의 사례

그림 5. 자연달력의 사례

그리고 이러한 경향은 방위에만 한정되는 것이 아니라 모든 상징성이나 정신성에 관계되는 전반에 대해서 지적된다. 사람들이 도시생활에 상실감을 기억하는 배경에는, 이와 같은 전후 도시부흥에 즈음해서 경제중심주의에 따른 심성(mentality)의 상실에 기인된다고 생각된다. 또 더욱이 환경의 악화에 따른 불안이 겹치면서 급격한 경제성장의 폐해가 유발되었다는 것은 의심할 여지가 없다.

그래서 여기서는 현대사회에서 가장 큰 문제가 되고 있는 사람들의 상실감이나 불안감에 대해, 이하 상징, 신앙, 진혼(鎭魂), 재생이라고 하는 4개의 키워드에 따라, 그 해결 방법을 모색해 보기로 한다.

1
상징

◆ 작품사례

이집트의 3대 피라미드 …………………………………………… 역사건축물
그리스 신전 ……………………………………………………… 역사건축물
앙코르와트 ……………………………………………………… 역사건축물
오키나와 쥬리(首里)성 ………………………………………… 역사건축물
적벽돌로 된 도쿄역 역사 ………………………………………… 辰野金吾他
국회의사당 ……………………………………………………… 임시의원 건축국
츠쿠바 센터 빌딩 ……………………………………………… 磯崎新 아트리에
쿠시로(釧路) 시립 습원의 전망자료관 ……………… 毛綱毅曠 건축사무소

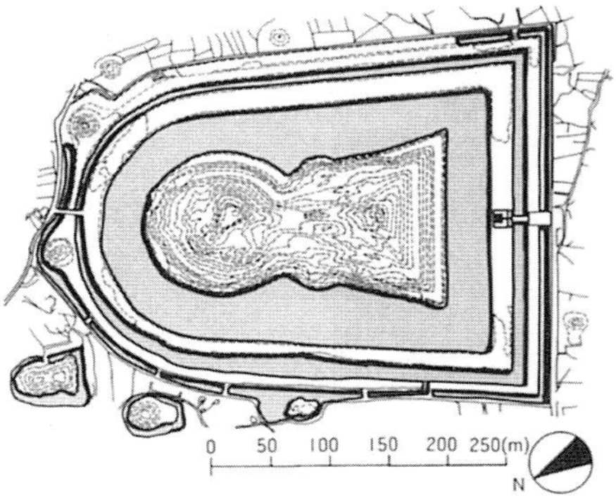

그림 1. 인덕천황(仁德天皇)릉 배치도

전쟁 후 일본의 부흥에 있어 고도경제성장기에 없애버린 것 중의 하나가 상징성이 있다.

예전의 건축을 보면, 건축은 원래 그 성립에서부터 상징성을 매우 중시해 온 것을 알 수 있다(그림 1). 해외의 예를 보더라도 피라미드나 그리스 신전 등 상징성을 중요시한 사례들은 일목요연하게 나타난다(그림 2, 3).

그 후에 지어진 대표적인 건축물을 관찰해 보더라도, 풍부한 상징성이 반드시 인정을 받는 것이어서, 그들 건축의 상징적인 배치나 조형은 보는 사람의 마음에 인류의 지혜나 기억을 불러일으키는 힘을 갖고 있었던 것으로 생각된다.

그러나 전쟁 전후부터 모더니즘 건축을 이상으로 한 인터내셔널 스타일이라고 불리는, 지역성을 무시한 만국공통의 기능주의 건축은 확실히 합리적이어서 낭비가 없긴 하지만 그 지역의 전통이나 기억 등과 같은 문화적 특성에 대해서 결단코 우리들의 의견은 무시된 채 지금까지 유지되고 있다고 해도 과언은 아닐 것이다.

그 후, 모더니즘 건축이 없애버린 건축이나 도시가 가지는 상징성 등과 같은 정신적인 요소가 그나마 필요하다고 느끼기 시작한 것이 1970년대부터의 포스트모더니즘이며, 단순한 합리성뿐만 아니라 인간의 정신에 호소하는 건축의 힘을 다시 일어나게 하고 있다.

원래 일본에서도 어떤 것의 배치에는 반드시 상징성이 있었다. 예를 들면, 철도에는 상행선 · 하행선이 있는데, 이것은 언덕을 올라가거나 내려가는 것이 아니고, 주요 역으로 향해 가는 것이 상행선이고 그 반대가 하행선이라 한다. 칸사이(関西)를 위쪽으로 부르는 것은, 원래 교토가

그림 2. 이집트의 3대 피라미드

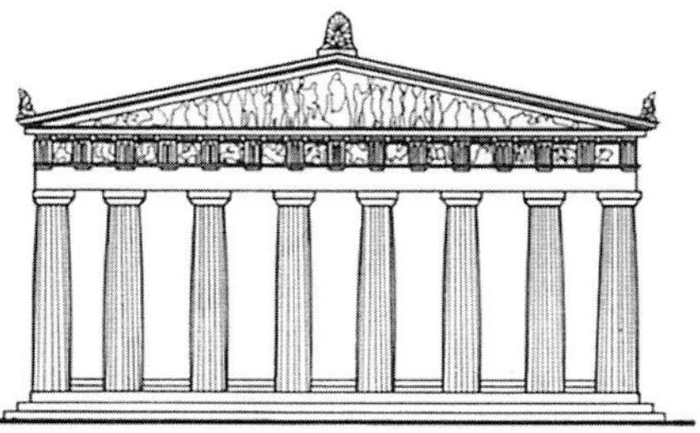

그림 3. 파르테논 신전의 입면도

수도였기 때문인 것이다. 또한, 좌우로도 상하의 지위가 있었는데, 보통은 오른쪽이 상위에서 왼쪽이 하위로 되어 있다. 지위를 내리는 것을 「좌천」이라고 하는 것도 여기에 있는 것이다. 원래 영어, 독일어, 불어로 「오른쪽」을 의미하는 right, recht, droit에는 「옳다」의 뜻이 있으며, 반대에 「왼쪽」은 옳지 않은 것이 되어 있는 것을 볼 때도, 오른쪽을 좋게 표현하는 것은 만국 공통인식이라고도 할 수 있다.

마찬가지로 고대 일본의 도시에는 어느 방향을 종축 혹은 횡축으로 할 것인가라고 하는 것에 틀이 있었다. 『일본서기(日本書紀)』에는 「도로의 종횡을 따라서 방향을 정했다. 그래서 동서를 태양의 세로라고 하고, 남북을 태양의 가로라고 했다」고 되어 있는 것을 볼 때, 일본에서는 당초, 태양신앙으로부터 동서축을 세로축이라고 했던 것 같다.

그런데, 나라시대 이후, 켄즈이시(遣隋使) · 칸토우시(遣唐使)들이 중국에 유학해서 중국의 북극성 신앙을 가져온 이후, 남북이 종축이 되었다고 전해진다. 즉 중국에서는 우주에서 부동의 북극성이 중심이며, 황제도 북극성에 비유하여 「천제(天帝)」라 하며, 반드시 북쪽에서 남쪽을 보면서 앉혔다. 따라서 북쪽이 가장 상위이며 남북이 종축, 동서가 횡축이라고 한 것이다. 그리고 북쪽을 향해 태양이 뜨는 동쪽이 오른쪽, 가라앉는 서쪽이 왼쪽이 되는 것에서 오른쪽을 상위, 왼쪽을 하위라고 한

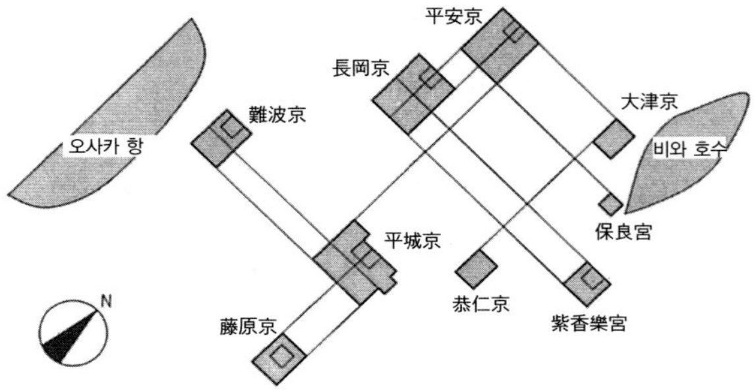

그림 4. 각 도시의 배치 관련도

것일 것이다.

그 때문에, 일본의 신사(神社)나 사원의 대부분이 현재도 남쪽을 향하고 있는 것이다. 또한 고대에 있었던 후지와라교우(藤原京), 헤이죠우교우(平城京), 난바교우(難波京), 쿠니교우(恭仁京), 나가오카교우(長岡京), 오오츠교우(大津京), 시가라키노미야(紫香楽宮), 헤이안교우(平安京) 등과 같이 대부분의 조방도시(条坊都市)에서는 천황의 궁전이 있는 황궁이 북에서 남쪽을 향해 배치되어 있다. 또한 더욱 흥미로운 것은 각 도성의 배치계획이 서로 남북축 · 동서축을 바탕으로 한 관련성이 있다는 점이다(그림 4). 예를 들면 후지하라교우(藤原京)에서 천도한 헤이죠우교우(平城京)는 후지하라교우(藤原京)의 서쪽 끝을 북쪽으로 연장한 시모츠미찌(下ツ道)를 세로의 중심축으로 하고, 후지하라교우(藤原京)보다 앞서 만들어진 일본 최초의 계획도시인 난바교우(難波京)의 횡중심축을, 헤이죠우교우(平城京)에서도 횡중심축으로 하고 있었다. 아울러 그 밖의 도성에 대해서도 각각 다른 도성의 남북축 혹은 동서축을 이용해서 정해진 것이 틀림없을 것이다.

이렇게 볼 때 일본에서는 고대로부터 건축이나 도시의 배치계획에도 상징성이 존중되어 온 것이다. 상징성을 상실하고 있는 현재, 다시 이것들의 전통을 부활시켜야 하는 시기에 와 있는 것은 아닐까?

이하에서는 상징성을 배치계획에 수용하고 있는 고금동서의 사례를 몇 가지 들고 그 특징에 대해 설명한다.

이집트의 3대 피라미드

연대불명
설계 / 역사건축물

그라함 한코크(Graham hancock)씨에게 따르면 이집트의 유명한 3대 피라미드는 영원한 심벌로서 오리온 좌의 3개 별의 형태를 취했다고 한다. 이것들이 만들어진 기원전 10,500년에는 스핑크스가 향하는 방위에 오리온 좌가 있었다고 한다.

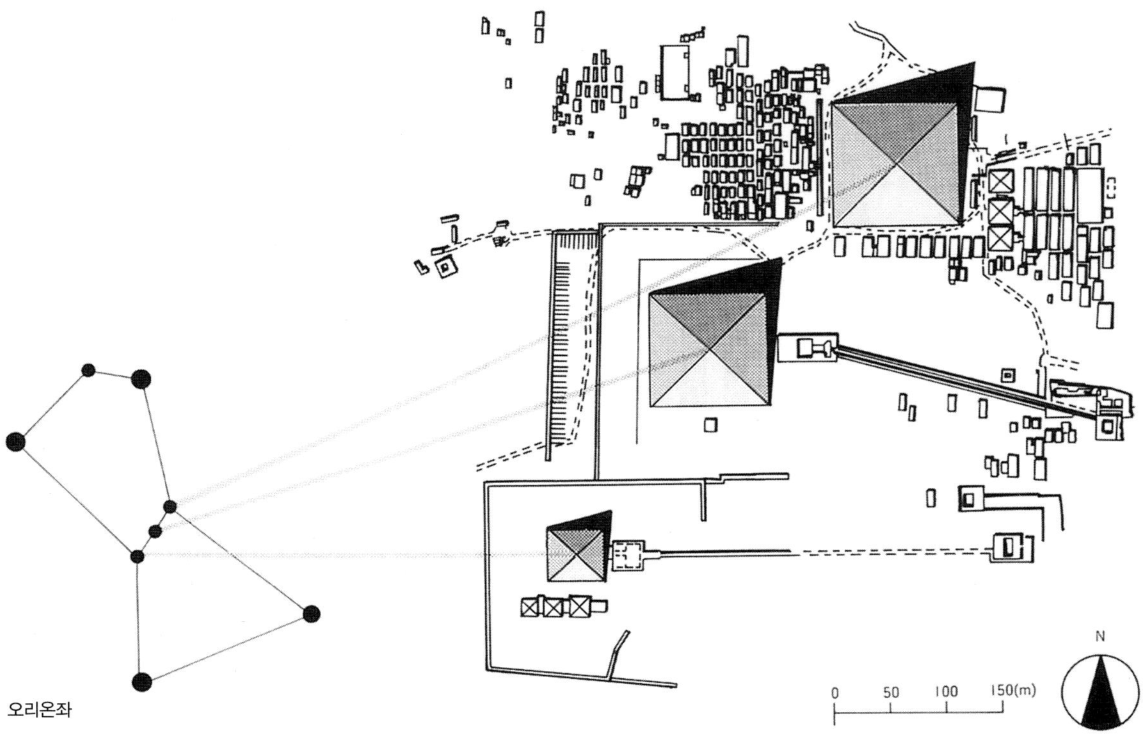

오리온좌

배치도

그리스 신전

B.C.1500~B.C.405년
설계 / 역사건축물

그리스의 신들을 숭배하는 파르테논 신전 주변의 신전군은 일견 비계획적으로 배치되어 있는 것 같이 보이지만, 실제로는 어떤 한 점에서 모든 건물이 중복되지 않고 가장 아름다운 비율(Proportion)로 보이는 것을 의도한 것이라 전해진다.

파르테논 신전 입면도

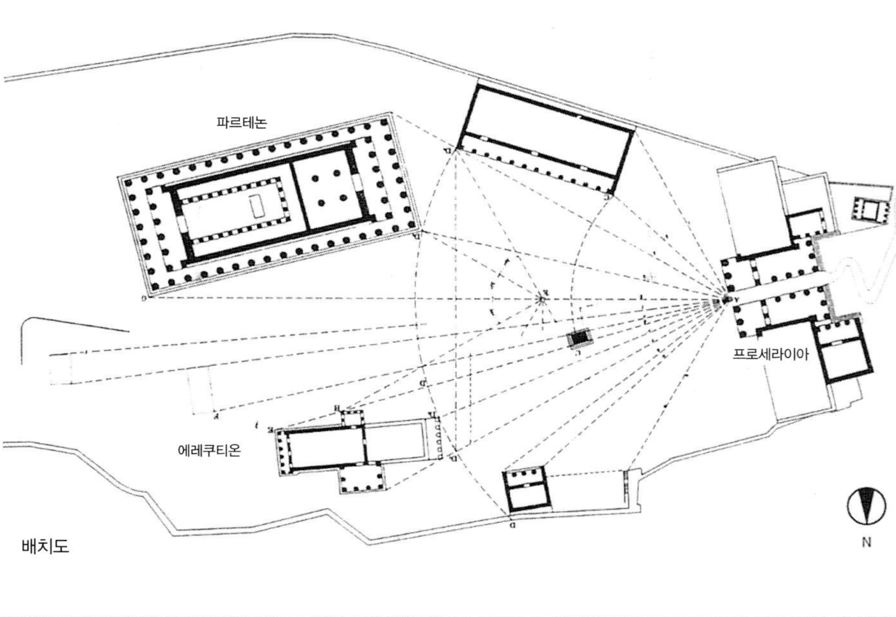

배치도

앙코르와트

1113년 경
설계 / 역사건축물

캄보디아의 앙코르와트도 기원전 10,500년의 용자리를 지상에 형태화 시킨 것이라 한다.

그 진위는 어찌되었든, 춘분과 추분에는 신전 뒤에서 일출을 바라다보는 자연달력으로 되어 있다.

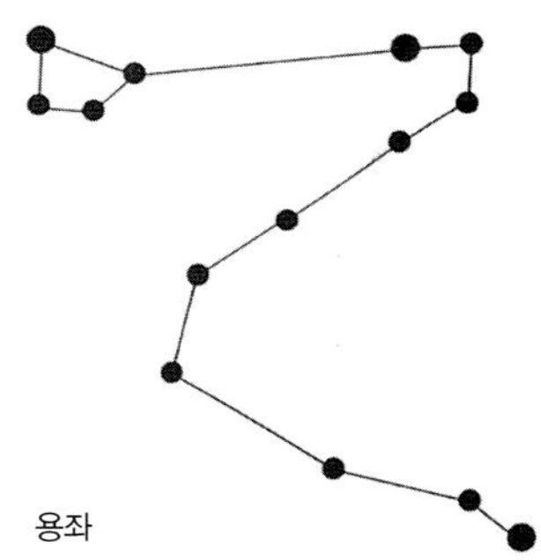

용좌

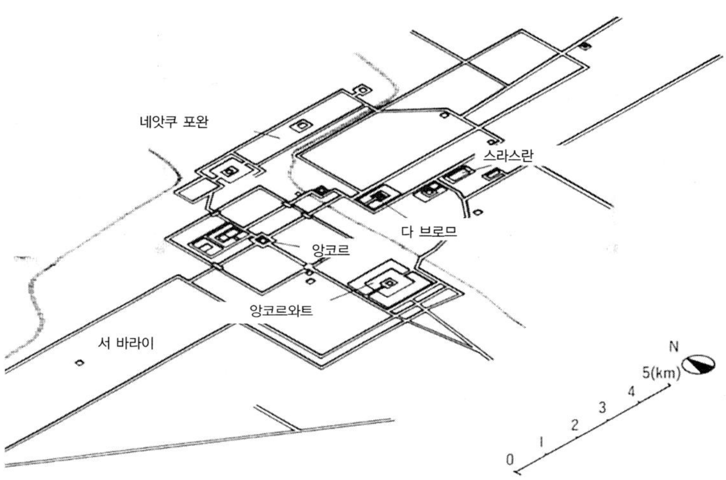

배치도

오키나와 쥬리(首里)성

1427년(1992년 복원)
설계 / 역사건축물

풍수의 영향이 가장 진하게 남아있는 오키나와(沖縄)의 옛 도성.

최근에 복원된 것이지만, 배후에 고대(高台), 정면에 룡담지(竜潭池), 동쪽으로 안리천(安里川), 서쪽에 주요 도로가 있어, 사신상응(四神相応)이나 용맥 등의 영향을 확실하게 간파할 수 있고, 풍수국가 오키나와(沖縄)의 상징으로 세워진 것을 알 수 있다.

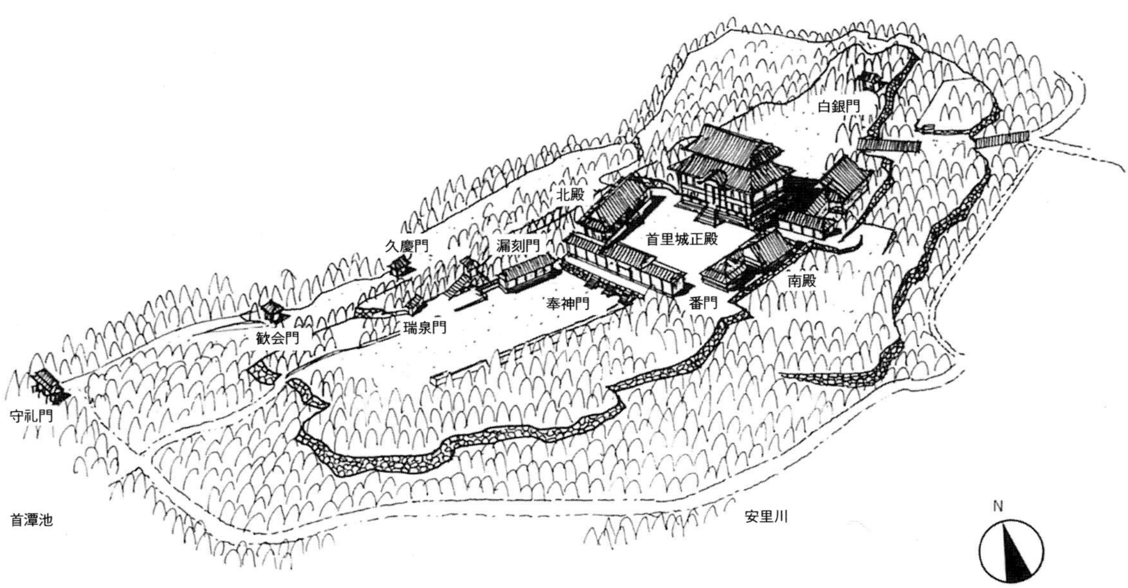

쥬리성 배치도

적벽돌로 된 도쿄역 역사

1914년

설계 / 辰野金吾他

역의 정면입구 축선을 연장해 가면 개선(凱旋)도로를 통과하게 되고 드디어 궁성에 도달하게 된다.

이러한 배치는 도쿄역이 당초 천황을 위한 역으로 건설된 것이기 때문이며, 일반대중은 양쪽의 개찰구를 사용하게 했음을 의미한다. 즉 도쿄역의 배치에 천황제도가 표현되어 있다고 하면 과민한 해석일까?

역으로의 조망

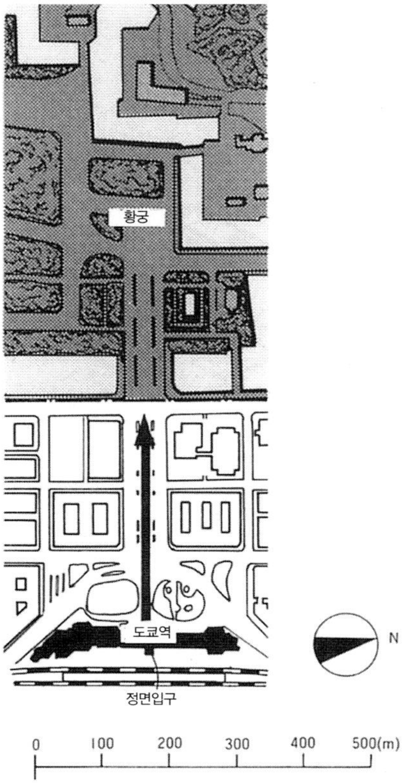

배치도

국회의사당

1936년
설계 / 임시의원 건축국

일본 국가를 상징하는 국회의사당 건물.

정면도로에서 비스타의 아이 포인트로서 당당한 좌우대칭(Symmetry)의 외관으로 계획되어 있다.

건물 외관

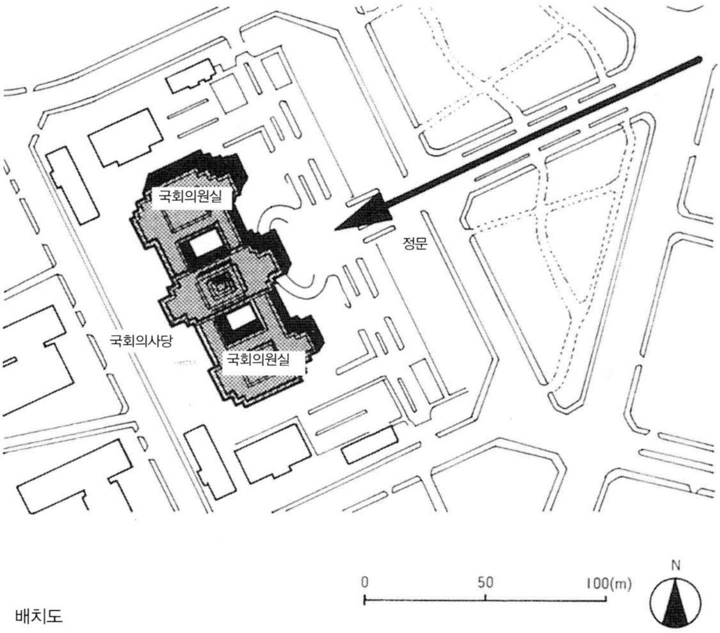

배치도

츠쿠바 센터 빌딩

1983년
설계 / 磯崎新 아트리에

이탈리아 도시의 중심인 칸피토리오 광장을 반전시킨, 이른바 네가티브와 포지티브의 관계를 가진 복합시설.

칸피토리오는 언덕 위에 있으나, 여기에서는 반전에 의해 1층 부분이 아래로 내려가 있고, 광장에는 거북모양의 패턴을 넣어 인공도시인 츠쿠바 학원 도시의 중심이 상실되었음을 암시하는 계획이다.

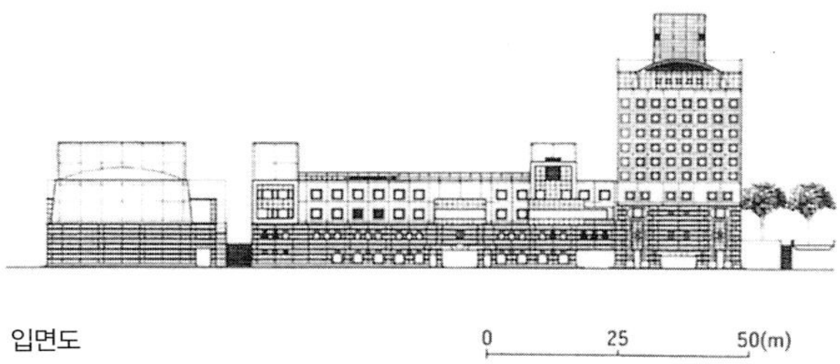

입면도

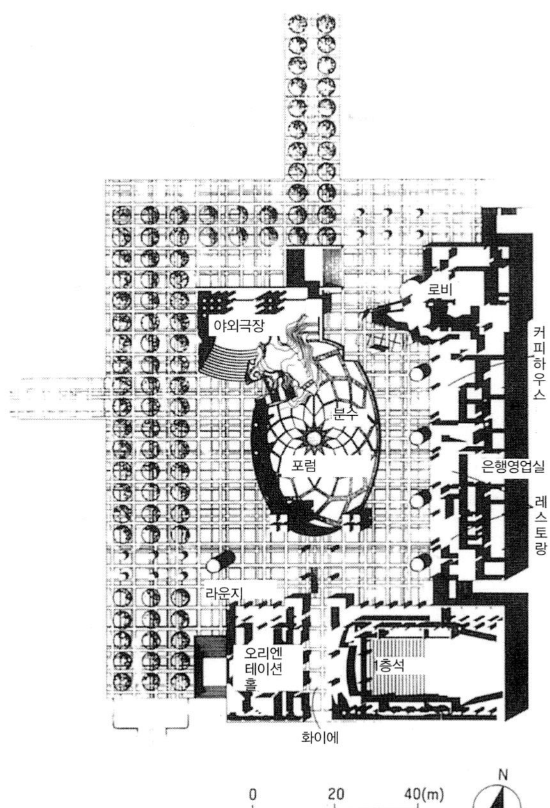

배치도

쿠시로(釧路)시립 습원의 전망자료관

1984년
설계 / 毛綱毅利 건축사무소

습원의 상징으로 여성의 생식기를 인용한 작품.

바라볼 수밖에 없는 대 습원은 이와 같은 대칭적인 배치로 하지 않으면 존재감이 희박해져버릴 것이다.

내부

조감

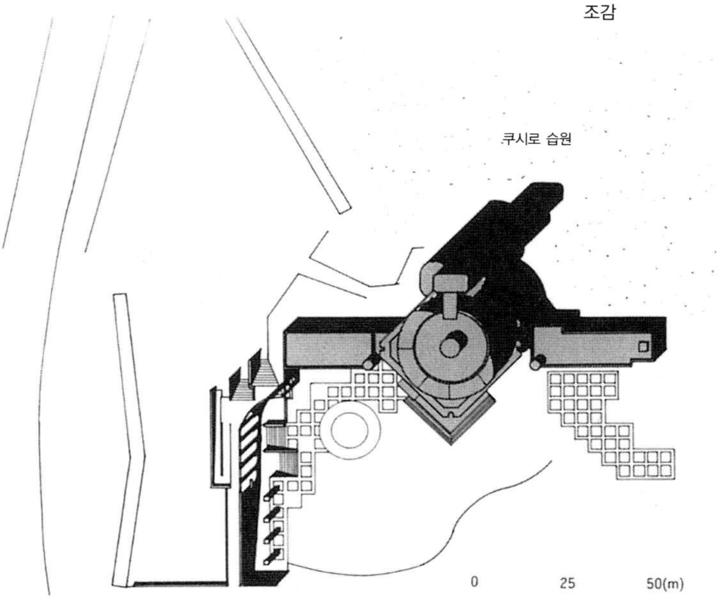

배치도

2
신앙

◆ 작품사례

스톤헨지(Stonehenge)의 스톤 서클(Stone Circle) ……………역사유적
일본 자연력의 사례(斎槻岳／三輪山／鹿島神宮) ………………역사건축물
기지마(木嶋) 신사의 미스미 토리이(三角 鳥居) …………………역사건축물
이츠쿠시마(厳島) 신사 ……………………………………………역사건축물
산 피에트로(San Pietro) 대성당 …………………………………역사건축물
요코하마 차이나거리 ………………………………………………역사건축물
루가노(Lugano) 호수를 바라보는 집 ………………………………마리오 보타
오쿠고(奥郷) 야시키(屋敷) …………………………………………竹中工務店

그림 1. 칸나비(神奈備)의 사례[미와야마(三輪山)]

그림 2. 히모로기(神籬)의 사례
[수와(諏訪)신사]

그림 3. 반좌(磐座)의 사례
[후나오카야마(船岡山)]

일본인 대부분은 종교를 갖지 못한다고 한다. 일본인은 시험이 다가왔을 때나 명절에는 신사(神社)를 방문하며, 결혼식은 교회에서 올리고, 무덤은 사찰에 둔다고 한다. 이렇듯 종교적인 절조가 없는 것을 지적받는 경우가 많다. 그러면, 정말로 대부분의 일본인은 무종교자일까?

한마디로 말해, 절대적 무종교자의 수는 적을 것이다. 왜냐하면 일본에서 가장 오래되고 친숙한 종교인 신도는 일본의 모든 것에 영향을 주고 있기 때문이다. 즉 의식하지 못한 채 신도를 믿고 있는 것이 일본인이라고 해도 과언이 아닐 것이다.

원래, 신사에는 신의 집인 본당은 없으며, 산[칸나비(神奈備), 미모로(三諸)]이나 나무[히모로기(神籬)], 돌[이와쿠라(磐座)] 등에다 기원을 하면서 그것에 신이 머문다고 믿어 왔다(그림 1~3). 자연환경 그 자체에 신이 융합되어 있다고 믿는 것이다. 즉 일본인은 자연과 접촉할 때마다 종교라고 의식하지는 않아도 무의식 속에서 신과 접촉하며 만나고 있는 것이다.

그림 4. 오가미(大神)신사의 예배당

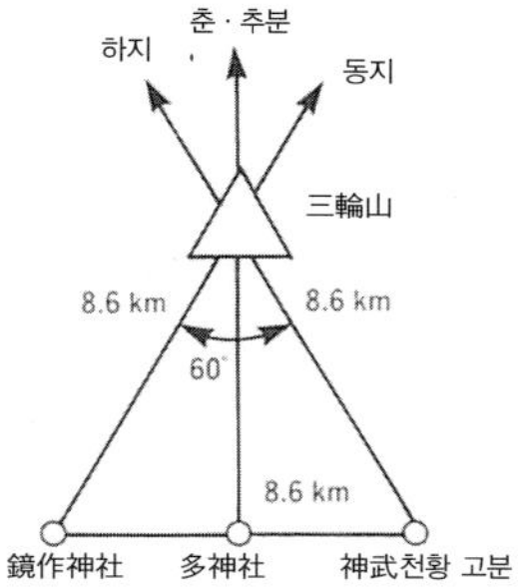

그림 5. 미와야마(三輪山)의 자연달력

현존하는 것으로 가장 오래된 나라(奈良)의 오가미(大神)신사는 미와야마(三輪山) 자체를 신으로 삼았기 때문에 예배를 위한 참배당은 마련되어 있지만 본당은 없다(그림 4). 이렇게 신으로 모셔지는 산은 출입이 금지되어 있어 접근할 수 없는 땅으로 「도끼를 들여 놓지 않는다」라 하여, 신관조차도 함부로 들어갈 수 없었다고 한다. 과연 이런 신이란 개념은 도대체 어디에서 유래된 것일까?

아직 확립된 정설은 없지만, 오가미신사 주변의 신사배치가 우리들에게 어떤 실마리를 제공하고 있다.

우선 많은 신사에서 미와야마를 보면 춘분과 추분에는 정확하게 산에서 일출하는 것을 볼 수 있고, 또 가가미츠쿠리(鏡作)신사와 신무(神武)천황 고분으로부터도 각각 동지와 하지에는 일출을 조망할 수 있는데, 이것들은 우연이 아니며 계획적으로 배치된 것을 암시하고 있다(그림 5).

이러한 구조를 「자연력」이라 한다. 전 세계에 수많은 사례가 있으며, 일본 미카미야마의 사례에서 볼 수 있듯이 산의 이름에 「삼(三)」이 붙는 것이 많은데, 이는 아마도 춘분 · 추분, 하지, 동지의 해가 뜨는 세 방향을 의미하고 있는 것으로 해석된다. 1685년 야스이(保井春海)가 저술한 『일본달력[日本長曆]』에는, 「동지의 태양에 바친다」라는 말로 책이 시작되고 있는데, 「일본의 선조신이 해의 삼천(三天)을 조사해서 계절, 일시를 정했다」고 기술되어 있다. 또 1755년의 아베(安倍泰邦)가 저술한 『역법신서(暦法新書)』에는 「하지, 춘분 · 추분, 동지에 태양의 운행을 삼천(三天)이라 하여, 달력의 근본으로 삼았다」라고 기술되어 있어, 자연력은 옛날부터 알려져 왔던 것으로 묘사되고 있다. 그러면 이 자연력을 어떻게 이용했는가. 주로 벼농사에 관계되고 있다고 전해오는데, 농

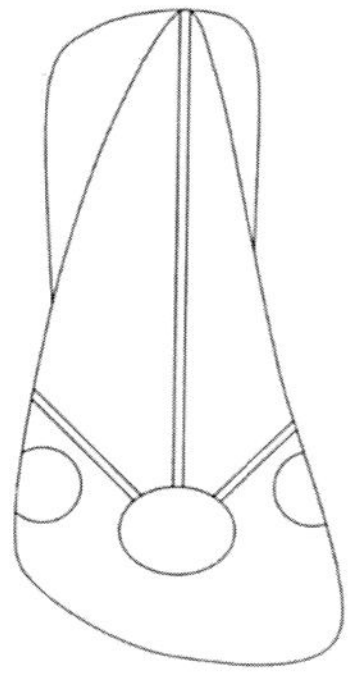

그림 6. 사카후네이시(酒船石)에 새겨진 선

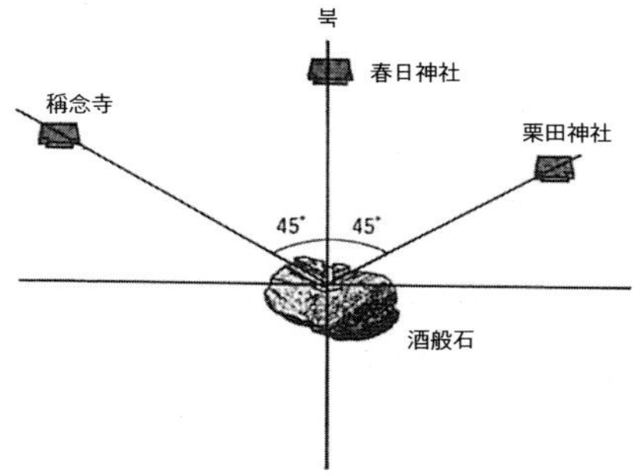

그림 7. 사카후네이시(酒船石)를 중심으로 한 자연달력

민이 모내기나 못자리, 벼 베기를 하는 시기를 알기 위한 구조가 아니었을까 생각된다. 즉 신사의 당초 목적은 시간과 계절을 아는 것에 있었던 것은 아닐까 생각된다. 이러한 자연력의 사례는 무조건 산에 한정된 것은 아니다. 돌을 신으로 모시는 신사에서도 찾아볼 수 있다. 예를 들면 「사카후네이시(酒船石)」라고 불리는 반좌(磐座)에는 3개의 직선이 새겨져 있는데(그림 6), 그 각각이 역시 춘분 · 추분, 하지, 동지의 일몰방향을 정확하게 나타내고 있으며 동시에 그들 방위에 산이나 신사가 위치하고 있음을 알 수 있다(그림 7).

이렇게 보면, 신사 본당의 뿌리인 산이나 반좌(磐座)는 자연달력을 대지에 기억시키기 위한 상징적인 랜드마크라고도 할 수 있는 것이 아닐까 상상해 본다. 농경생활과 신사 등에의 신앙은 결부되고 있는 것을 알 수 있으며, 일본인이 의식하지 못한 상태에서 종교와 관계되어 왔다고도 할 수 있다. 그 증표로서 신사의 배치가 결정되어 왔다는 것이다.

이하에서는 몇 개의 사례를 바탕으로 신앙과 건축의 배치계획의 관계에 대해 관찰해 본다.

스톤헨지(Stonehenge)의 스톤 서클(Stone Circle)

B.C.2350~B.C.1350년경
설계 / 역사유적

천문학자들에 따르면 스톤헨지는 달력과 같은 기능을 갖고 있다고 한다. 우선 이 석조물의 입구는 하지의 일출을 향하고 있다. 또한 다른 돌 사이로는 하지의 일몰, 동지의 일출과 일몰, 하지 · 동지의 달이 월출 · 월몰을 향하게 되어 있다.

주변에 보이는 것이 농지뿐이라는 것을 볼 때, 아마 농업에 관한 달력으로 사용해 왔던 것으로 보인다.

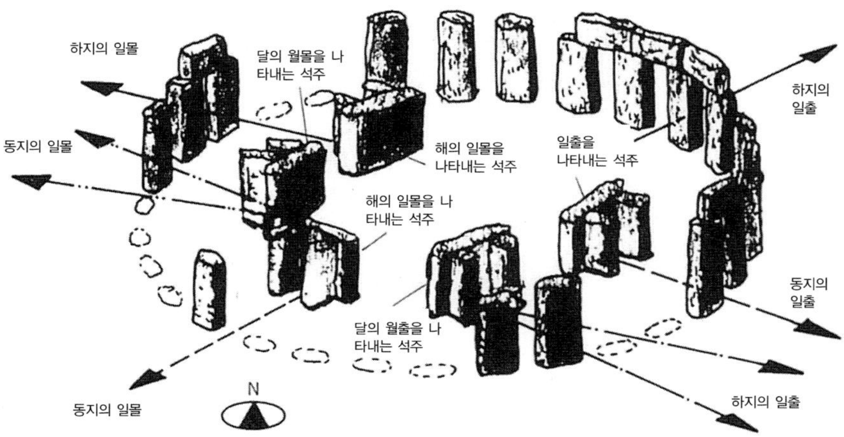

배치도

일본 자연력의 사례(斎槻岳/三輪山/鹿島神宮)

설계 / 역사건축물

일본에도 자연력의 사례는 수많이 존재하는데, 유명한 사례로는 유츠키다케(斎槻岳)나 미와야마(三輪山)를 들 수 있다.

이것들은 주로 벼의 수확시기를 알기 위해 만들어진 것으로 보이지만, 그와 더불어 자연=신이라고 하는 자연숭배를 목적으로 하고 있다고 생각된다.

鏡作神社

多神社에서 본 三輪山

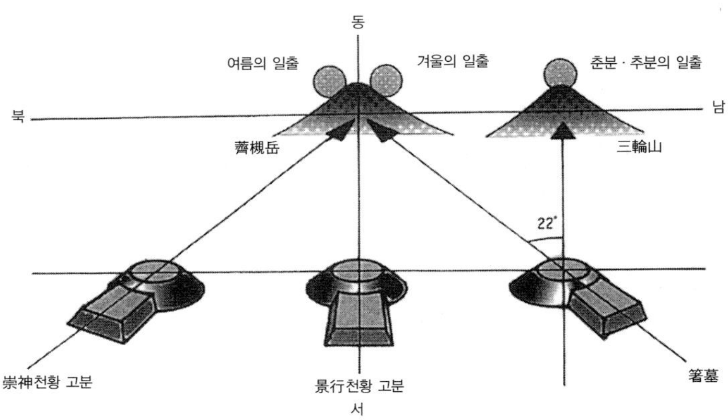

薺槻岳의 자연달력 배치도

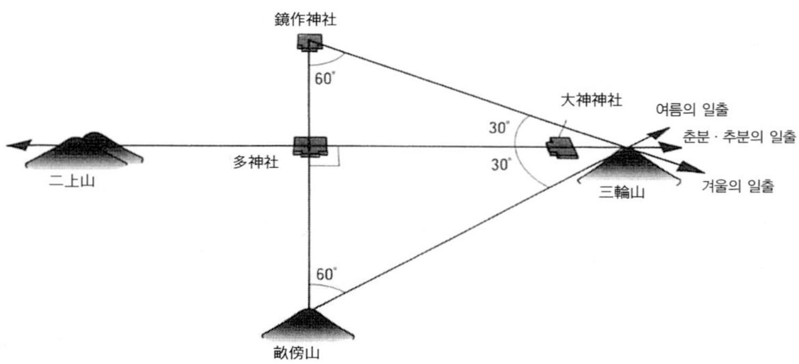

三輪山의 자연달력 배치도

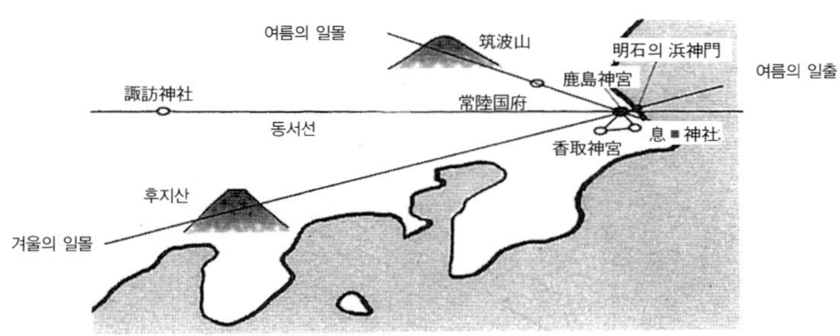

鹿島神宮의 자연달력 배치도

기지마(木嶋) 신사의 미스미 도리이(三角 鳥居)

701년
설계 / 역사건축물

교토 코우류우지(広隆寺)에서 그리 멀지 않은 기지마(木嶋) 신사에는 매우 진귀한 발이 세 개 달린 도리이(鳥居)가 있다. 이 도리이를 자세히 관찰해 보면, 이것은 아무렇게나 놓인 것이 아니라, 도리이의 세 개의 다리가 각각 신 자체를 의미하여 아타고야마(愛宕山), 시메이다케(四明岳), 나라비가오카(双ヶ丘)를 향하고 있다.

木嶋神社 3각 도리이

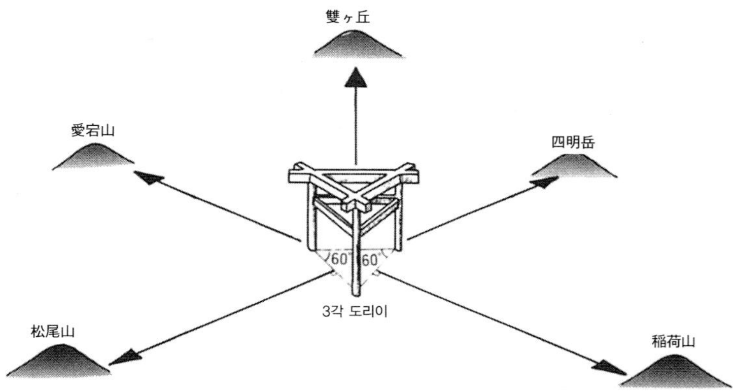

3각 도리이와 주변 산과의 관계

이츠쿠시마(嚴島) 신사

1571년
설계 / 역사건축물

세계문화유산으로서 유명한 미야지마(宮島)의 해상에 세워진 신사(神社).

신사는 일반적으로 남쪽을 향하는 데 비해, 이 신사는 서북쪽을 향하도록 배치되어 있다. 이것은 신으로 모시는 미센야마(弥山)산 정상으로 향하는 축선을 의식하고 있기 때문으로 해석된다. 또한 신사의 가람(伽藍)도 특이해서, 시타사키(舌先)라고 불리는 바다로 돌출된 무대를 중심으로 건물의 배치가 이루어지고 있다.

조감사진

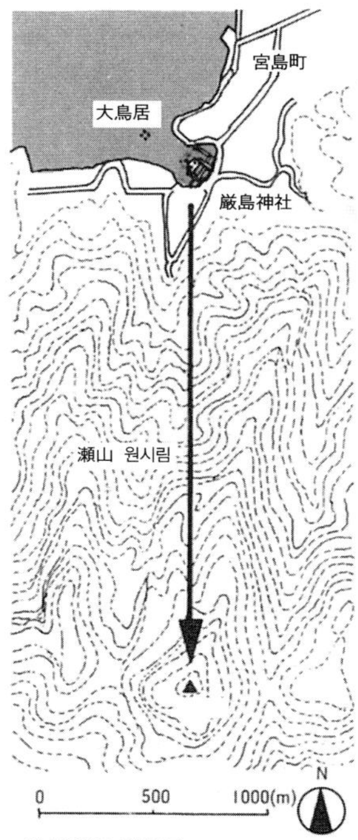

섬 전체의 배치도

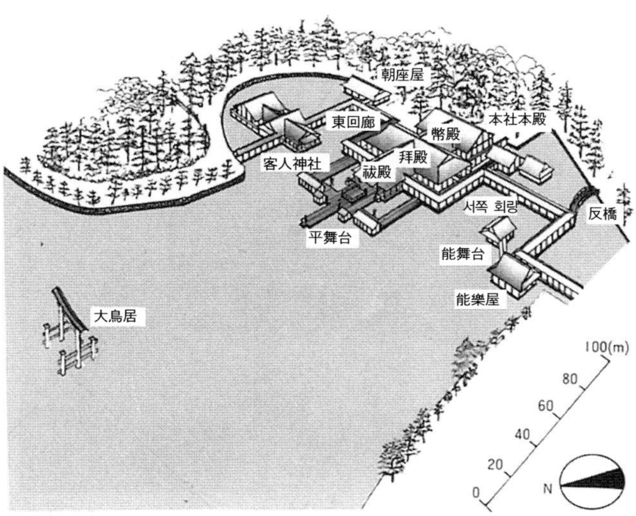

건물 주변 배치도

신앙

산 피에트로(San Pietro) 대성당

1589년
설계 / 역사건축물

교회당이 가로에서 볼 때 비스타의 주요 조망점이 되는 위치에 배치되어 있다.

또 파사드 양편의 복도는 역 투시로 공간구성이 이루어지고 있어 그것의 존재감을 효과적으로 강조하고 있다.

외관

대성당 전경

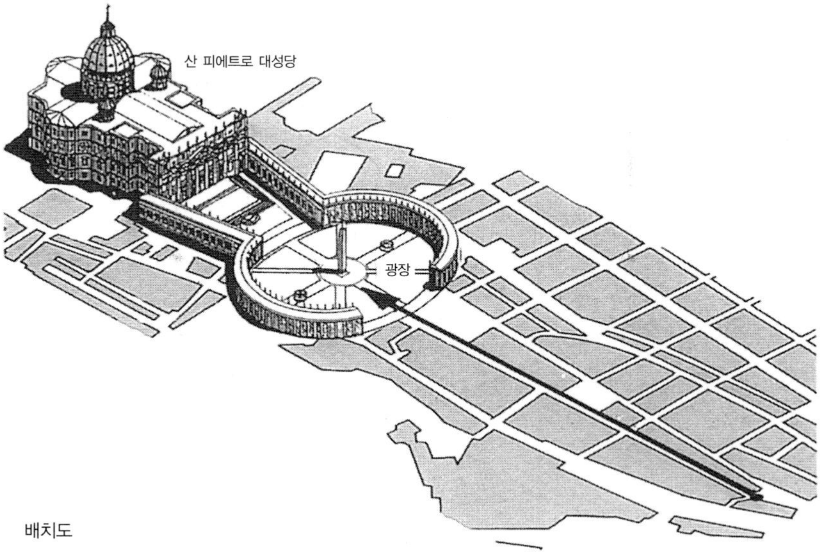

배치도

요코하마 차이나거리

연대불명
설계 / 역사건축물

요코하마 차이나거리는 사신상응(四神相応)에 맞춰 4개의 문을 가지고 있다.

또한 4개 문의 대각선 교차점에 관문제묘(천자의 사당)가 세워져, 화교(華僑)들의 신앙을 모아주고 있다.

玄武門

延平門

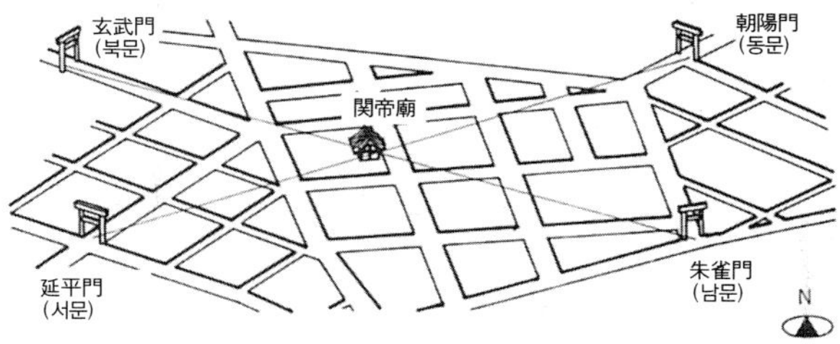

요코하마 차이나거리 배치도

関帝廟

朱雀門

신앙

루가노(Lugano) 호수를 바라보는 집

1973년
설계 / 마리오 보타

건축가 마리오 보타의 대표작.

경사면에 세워진 탑상형 주택의 진입방법으로, 스페이스 프레임(Space Frame)의 다리를 관입시켰다. 다리의 끝에는 루가노 호수가 걸리며, 이 지역의 정신적 기반인 카톨릭 성당을 정면으로 조망할 수 있다.

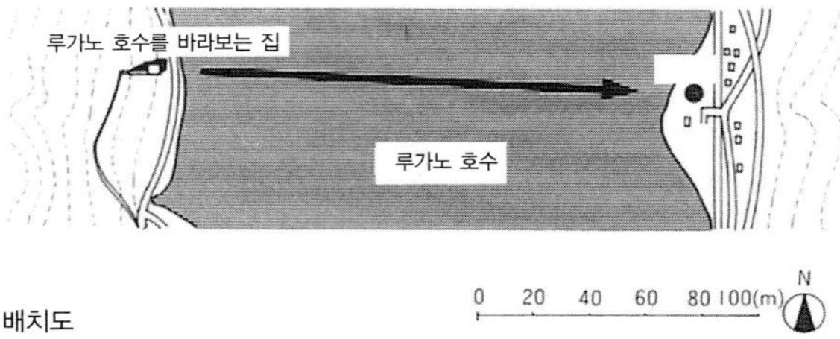

배치도

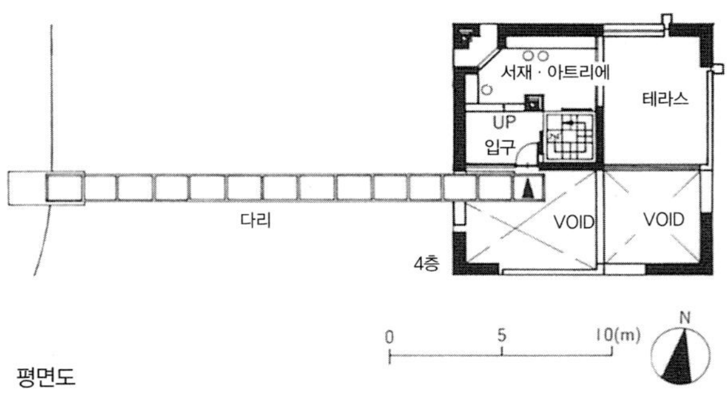

평면도

입구 전경

오쿠고(奧鄕) 야시키(屋敷)

1990년

설계 / 竹中工務店

신전에서 올리는 결혼식장이라는 컨셉으로 건축되었는데, 배경의 산을 신으로 여겨 배치가 결정되었다.

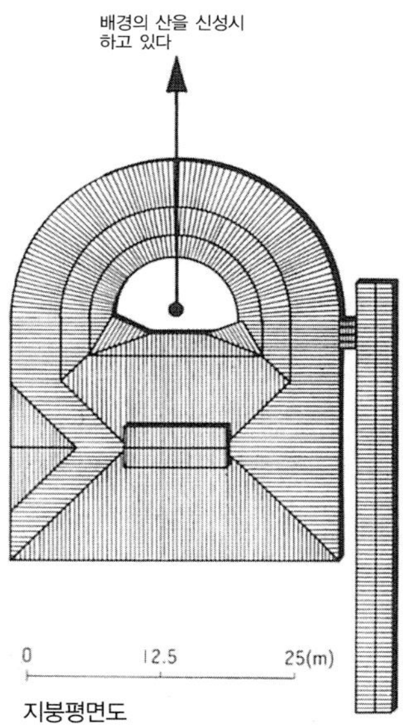

지붕평면도

건물과 산

건물 외관

3
진혼(鎭魂)

◆ 작품사례

헤이안교우(平安京)의 도시계획 ……………………………………역사적 가로
가츠라리큐(桂離宮)와 슈가쿠인 리큐(修学院離宮) ……………역사건축물
에도(江戸)의 도시계획 ………………………………………………역사적 가로
신야쿠지(新薬師寺) …………………………………………………역사건축물
교토 교엔(京都 御苑) ………………………………………………역사건축물
나카우리즈라사(那珂瓜連) 장례식장 ………………………………久米설계
히로시마 평화회관 ………………………丹下健三 · 도시 · 건축설계연구소
브리온(Brion) 묘지 ………………………카를로 스카르파(Carlo Scarpa)

그림 1. 오키나와의 무덤(킷코우(亀甲)묘)

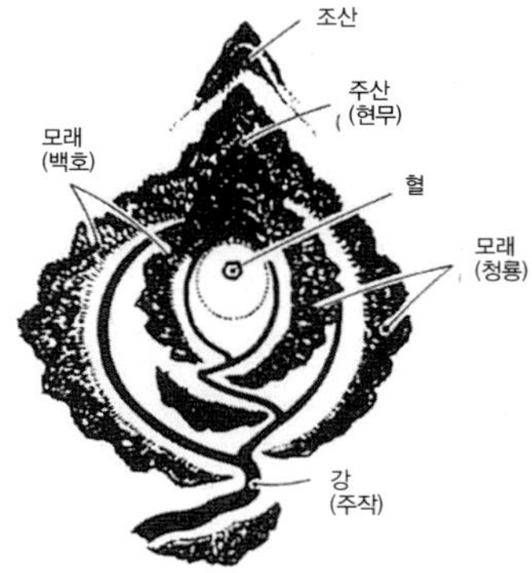

그림 2. 용맥의 이상형

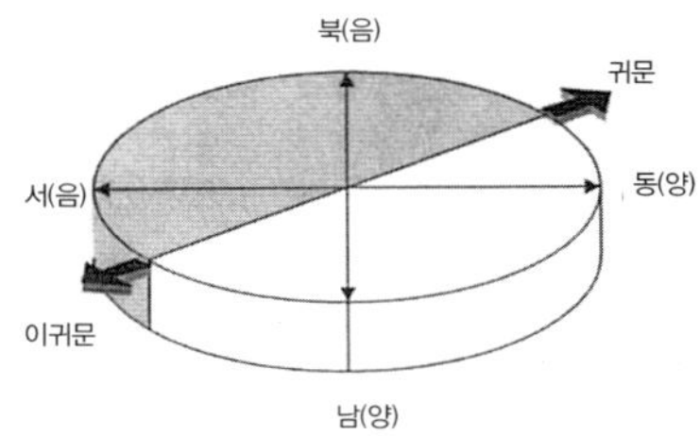

그림 3. 방위와 음양

매년 선조의 영령이 무덤으로 돌아온다고 하는 명절이 되면 귀성객으로 역이나 도로는 몹시 혼잡해지는데, 이것은 성묘를 하기 위해 귀성하기 때문이다. 여름축제나 봉오도리(盆踊り)라는 것도, 선조 영령에 대한 공양이 그 목적이다. 원래 축제라고 하는 것은 그 토지에 있는 고장의 신[지령(地靈)]의 진혼을 주목적으로 하고 있다. 즉 1년 동안 갇혀 있었던 신(神)을 가마에 옮겨 메고 신의 울분을 발산시키기 위함이다. 고대로부터 천둥 · 번개 등과 같은 천재지변은 모두 신이 행하는 것으로 생각해 왔기 때문에, 1년에 한번 친절하게 위로하는 것이다. 「진혼(鎮魂)」이라고 하면 어마어마하게 들릴지도 모르겠으나 실제로는 우리들의 지극히 일상적인 행위였다고 해도 지나치지 않을 것이다. 그리고 이런 일견 불합리하고 비과학적인 인간의 정신적 영위가 전쟁 후의 경제성장기에 없어져버린 결과, 오늘날 사람들은 도시생활에 어떤 종류의 상실감을 가지게 된 것이 아닐까?

지금까지 계속 설명해 온 풍수기술을 분류하면, 생전의 지상(地相)을 다루는 양택(陽宅) 풍수 외에 또 다른 하나가 사후 묘지의 지상(地相)을 다루는 음택(陰宅) 풍수가 있다. 예를 들면, 중국 푸젠성(福建省) 이즈

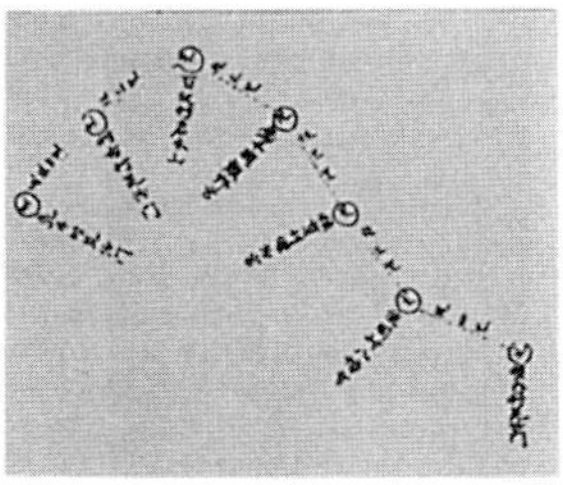

그림 4. 『신찬륙오국지(新撰陸奥国誌)』의 묘사

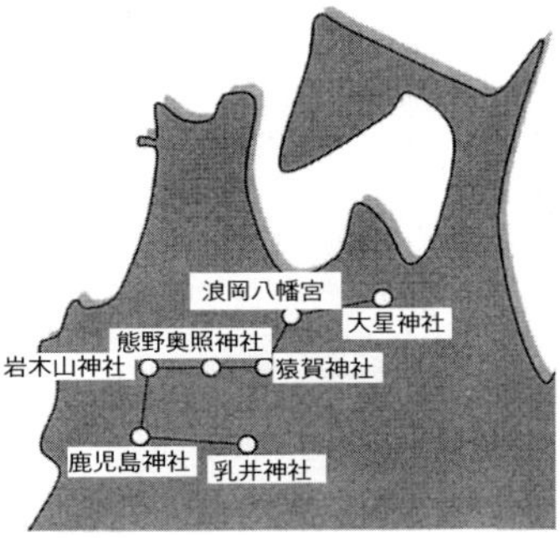

그림 5. 이와기산(岩木山) 북두칠성배치도

미(泉)시의 무덤 등을 보면, 북쪽을 등지고 남쪽방향을 향하고 있어 풍수의 용맥 혹은 사신상응(四神相応)과 훌륭하게 일치한 지상(地相)을 갖는다는 것을 알 수 있다. 또한 오키나와(沖縄)의 전통적인 무덤의 형식인 킷코우(亀甲) 무덤을 보면 지상(地相)을 가짐과 동시에(그림 1), 형상이 용맥의 이상형과 거의 일치하고 있다(그림 2). 나아가 역사학자 와타나베(渡辺欣雄)씨에게 따르면 일본에서 나타나는 전방후원(前方後円)의 묘지형태도 이러한 음택풍수의 영향으로 만들어진 것이라 한다.

이러한 음택풍수에 의해 묘지의 지상(地相)이나 형상을 결정하고, 진혼(鎮魂)하는 방법 이외에, 일본에서는 예로부터 귀신이 출입하는 방위로서 몹시 싫어하던 귀문(鬼門)[동북]과 이귀문(裏鬼門)[서남]을 풍수적으로 봉하는 것이 이루어져 왔다. 원래, 귀문(鬼門)은 고대 중국의 지리서 『산해경(山海経)』이나 『신이경(神異経)』에서 나온 것으로, 도소산(度逆山)이라는 산의 큰 복숭아나무에서 동북쪽으로 뻗어있는 큰 가지에 사망자의 혼이 출입하는 문이 있다고 하는 것이다. 그러나 실제로는 음양오행설에서 동쪽과 남쪽이 양(陽), 서쪽과 북쪽이 음(陰)으로, 동북과 서남은 음과 양이 전환하는 불안정한 방위이기 때문에 단순히 주의를 주기 위한 것일 지도 모른다(그림 3).

귀문과 이귀문을 연결한 귀문축을 피해 건축물을 배치하면, 건물은 채광 · 풍향 모두가 이상적이라고 할 수 있는 동남의 방위에 저절로 향하게 된다. 따라서 단순한 미신으로 취급하기 보다는 오히려 선인이 경험적으로 만들어낸 건축배치에 있어서의 금기라고 간주할 수도 있겠다.

794년, 현재 교토의 원형인 헤이안교우(平安京) 천도에 즈음해서, 환무(桓武)천황은 수도의 귀문(鬼門)에 해당하는 히에이잔(比叡山)에 국가진호(国家鎮護)의 사원으로서 현재의 엔랴쿠지(延暦寺)를 짓게 하

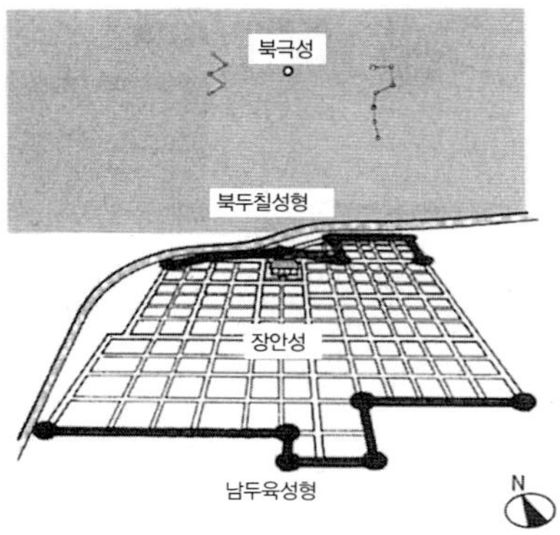

그림 6. 장안(長安) 배치도

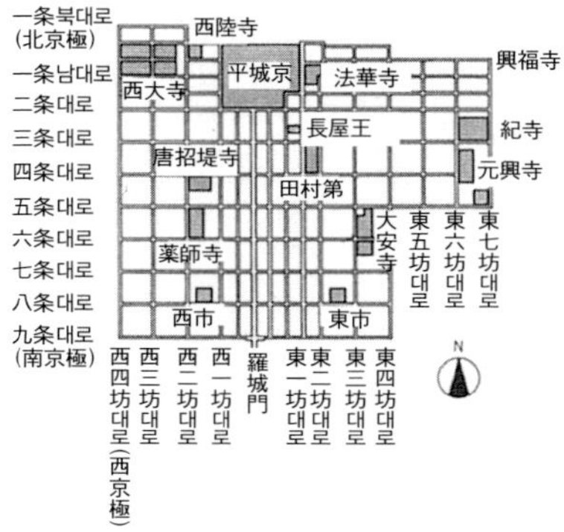

그림 7. 헤이죠우쿄우(平城京) 배치도

고, 또 후술하는 바와 같이 다양한 귀문(鬼門) · 이귀문(裏鬼門) 봉쇄를 했는데, 그 중에서도 최대의 귀문(鬼門) 봉쇄가 798년 천황의 명령으로 실시한 세이이(征夷)대장군 우에다(上田村麻呂)에 의한 동북원정(東北遠征)이라고 한다. 세이이(征夷)는 동북지방의 원주민인 에조(蝦夷)를 정복한다고 하는 의미이며, 그 때 『신찬륙오국지(新撰陸奥国誌)』에 따르면(그림 4), 에조(蝦夷)와 그 수장 아테루이(阿弖流為 : 헤이안 초기 에조의 족장)의 진혼 때문에 북두칠성형으로 신사를 배치하고 보검을 묻었다고 하며 그것 모두가 현존한다(그림 5). 이 북두칠성은 중국의 북극성신앙의 영향으로, 천제 · 북극성을 보고 선정한 황제의 장안 수도에도 북극성의 주위를 도는 북두칠성형 배치가 보인다(그림 6). 장안의 수도를 모방해서 만들어진 헤이죠우쿄우(平城京)의 좌우비대칭의 북쪽형상도, 이 북두칠성 형태를 모방해서 만들어진 것이라 생각된다(그림 7). 민속학자 나카야마(中山太郎)씨에게 따르면, 일본에서는 반역자의 신체를 7개로 잘게 자르고, 일정한 지상(地相)에 묻어서 진혼하는 풍습이 있다고 하는데, 실제로 에도의 도시계획에서도, 신야쿠시지(薬師寺) 주변에서도 동일한 형태의 북두칠성 배치가 보인다. 앞에서 설명한 동북지방의 사례도 같은 수법이라 해도 좋을 것이다.

그러면 이하에서는 몇 개의 동서고금에 나타난 진혼(鎮魂)에 의한 건축이나 도시의 배치계획에 대해 설명한다.

헤이안교우(平安京)의 도시계획

794년
설계 / 역사적 가로

헤이안교우(平安京)는 794년 환무(桓武) 천황에 의해 만들어진 당시의 수도이다. 환무천황이 헤이안교우의 도시계획에서 가장 최초로 한 것이 귀문을 봉하는 것이었다.

『예악요기(叡岳要記)』에 따르면 헤이안교우의 귀문이 위치하는 히에이잔(比叡山)에 당나라에서 유학한 승려 · 사이쵸(最澄)를 보내, 이치죠우시칸인(一乗止観院) 엔랴쿠지(延暦寺)를 건립시켰다. 그리고 수도에서 화재가 일어날 때마다 악귀조복(悪鬼調伏)의 기도가 이루어졌다.

또한 히에이잔(比叡山)의 기슭에는 엔랴쿠지(延暦寺)를 진호(鎮護)하는 산의 신 「산노우곤겐(山王権現):일본 신의 칭호의 하나」을 제사지내는 히에다이샤(日吉大社)가 있는데, 이것 또한 불교의 힘뿐만 아니라 신도(神道)의 힘을 빌려 교토의 귀문을 막고 있는 것이다.

北岩倉(山住神社)

西岩倉

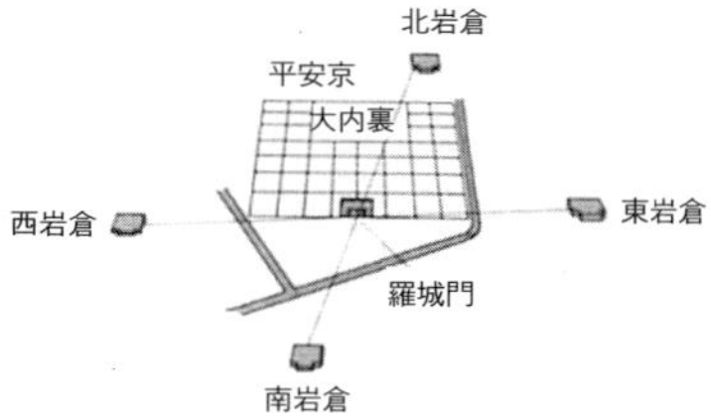

岩倉배치도

東岩倉

羅城門 유적

南岩倉이 있는 石清水八幡宮

平安内 裏跡内

나아가 헤이안교우(平安京)와 히에이잔의 귀문축선상에는 시메이다케(四明岳)라고 불리는 히에이잔 계의 산이 있다. 이 「시메이(四明)」는 도교(道教)의 시메이군(四明君), 즉 사방의 악귀를 단속하는 신을 의미하는데, 히에이잔은 불교, 신도, 도교의 3교를 구사해서 헤이안교우(平安京)의 귀문을 굳건히 지키고 있음을 알 수 있다.

또한, 천황은 헤이안교우를 구축함과 동시에, 「다이쇼군(大将軍)」이라고 불리는, 고대신화에 무예가 뛰어난 신으로서 등장하는 상징물을 교토의 사방에 배치하여 수도를 수호하게 했다고 한다. 그 외 환무(桓武)천황은 신도뿐만 아니라 불교의 힘도 이용하여 수도를 지키려고 했다고 한다. 즉 헤이안교우의 사방에 점재하는 4개의 이와쿠라(岩倉)를 다시 만든 것이다. 이상과 같이 헤이안교우는 환무천황에 의해 사방을 불교와 신도의 두 가지 힘을 이용해 나라를 굳건히 지킬 수 있었다 한다.

大将軍神社(北)

大将軍神社(西)

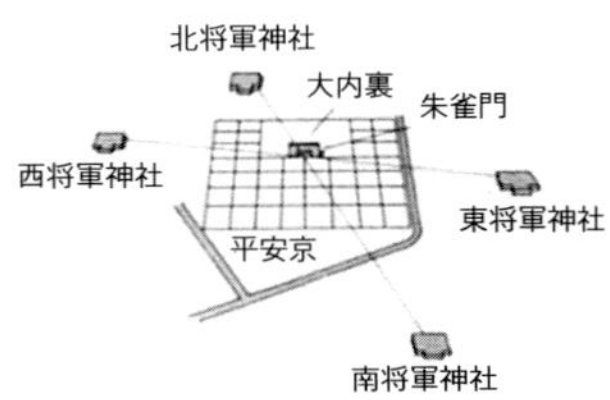

大将軍神社배치도

将軍塚(東)

大将軍神社(南)

가츠라리큐(桂離宮)와 슈가쿠인 리큐(修学院離宮)

1615~1662년
설계 / 역사건축물

일본 정원의 쌍벽이라고 일컫는 슈가쿠인리큐(修学院離宮)와 가츠라리큐(桂離宮)는 각각 교토의 귀문[동북]과 이귀문[서남]에 위치한다.

이것은 우연의 일치라기보다도 오히려 도쿠가와(徳川) 막부에서 조해(阻害)된 두 별궁을 세운 사람인 황족들을 숭배하기 위해 토쿠가와 막부의 종교 담당 최고자인 텐카이(天海) · 스우덴(崇伝)을 시켜 계획적으로 토지를 주고 만든 것이라고 생각된다.

가츠라리큐 서원군의 외관

슈가쿠인 리큐 조감

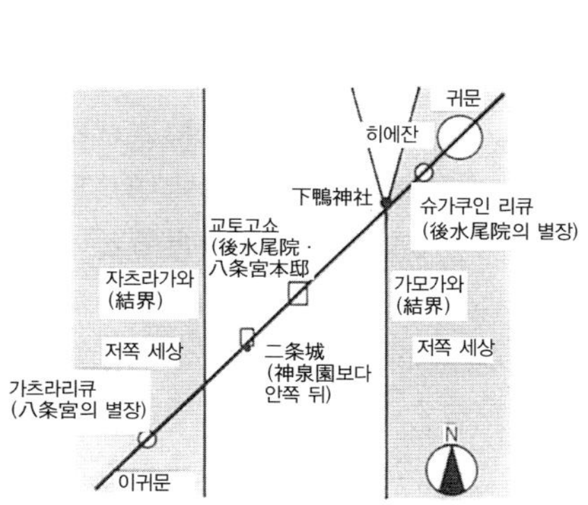

가츠리큐 ~ 교토고쇼 ~ 슈가쿠인 배치관계도

에도(江戶)의 도시계획

1960년
설계 / 역사적 가로

예로부터 일본에서는 반역자로서 비운의 죽음을 당한 자의 사체를 7개로 잘게 잘라, 일정한 지상(地相)의 장소에 메워서 진혼하는 풍습이 있었다.

에도의 도시계획에서도 예전에 관동(関東)일대를 영지로 삼다가 940년 조정에 반역해서 죽음을 당한 타이라노마사카도(平将門)공을 지령(地靈)으로 모시기 위해 7개로 잘게 잘라, 각각을 신사나 능으로 정성들여 모시고 진혼했다 한다.

즉 에도의 도시계획에서는 에도성을 중심으로 해서 「の(노)」의 글자모양으로 해자를 파고, 나아가 에도와 전국을 묶는 다섯의 도로를 배치하고 있다. 그리고 해자와 다섯 도로의 접점에 성문을 만들고 교통을 관리했는데, 이 성문이 있는 곳 근처에 마사카도(将門)공의 신체나 그것과 관계되는 것을 잘라 묻어 신사나 능[塚]으로 막음으로써 도로를 통해 에도로 침입하는 악귀를 막으려고 한 것으로 보인다.

将門公首塚

神田明神

築土神社

鎧神社

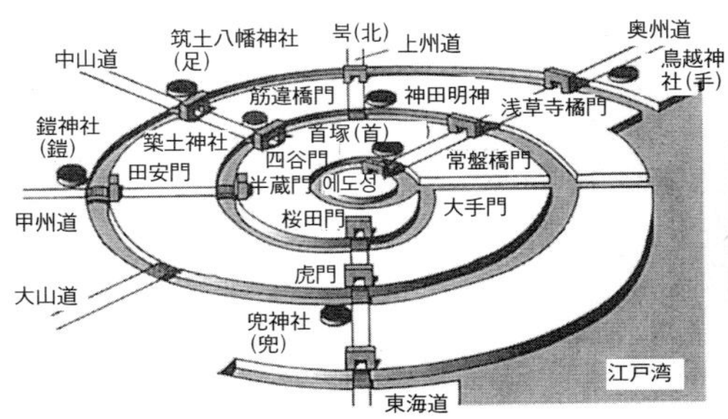

장군유적과 에도의 도시구성도

鳥越神社

兜神社

兜神社

신야쿠지(新薬師寺)

747년
설계 / 역사건축물

740년 천황의 측근 · 겐보우(玄昉)와 키비노(吉備真備)가 정치를 어지럽히고 있다고 해서, 후지와라(藤原広嗣)가 「히로쯔구(広嗣)의 란」을 일으키지만 조정에 의해 실패하고 만다. 745년 겐보우(玄昉)는 다자이후(太宰府)로 좌천되고 다음 해에 죽게 되는데, 그 직후 겐보우의 신체가 잘게 잘려져 수도에 내려왔다고 한다. 이것은 히로츠구(広嗣)를 위로하기 위한 것으로 생각된다. 그 후 성무(聖武) 천황은 눈병에 걸리는데, 이것도 히로츠구의 저주라 생각되었기 때문에, 저주를 봉인하여 눈병을 치료하고자 신야쿠시지(新薬師寺)가 세워졌다고 한다.

실제로 본당에는 통상의 불상보다 눈이 크게 만들어진 약사여래상이 안치되어 있는데, 그것을 무서운 모습을 한 12신장(十二神将)이 둘러싸는 형태로 수호하고 있다. 또 이 절의 정면에는 히로쯔구를 위로하는 거울신사가 있으며, 나아가 주변에는 키비노(吉備真備)의 주거유적인 키비노(吉備真備) 분묘, 겐보우(玄昉)의 신체가 잘게 잘려져 전해왔다는 도우즈가벤텐(胴塚弁天), 가이노즈가(読塚), 겐보우마츠(玄昉松), 주토우(頭塔) 등이 현존하고 있어, 기이하게도 전설을 뒷받침하는 것 같은 배치가 이루어져 있다.

신야쿠지

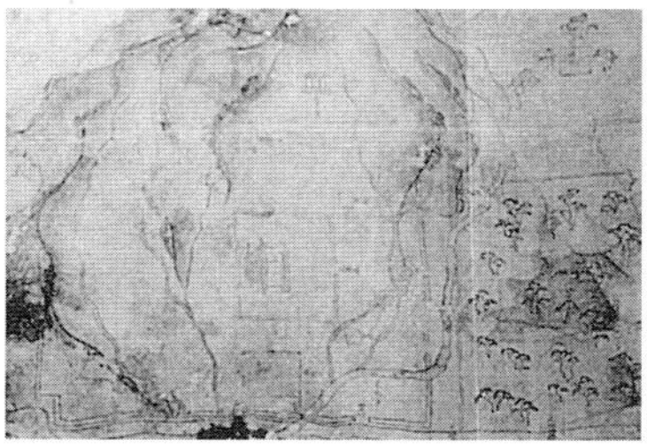
東大寺図(복사본)

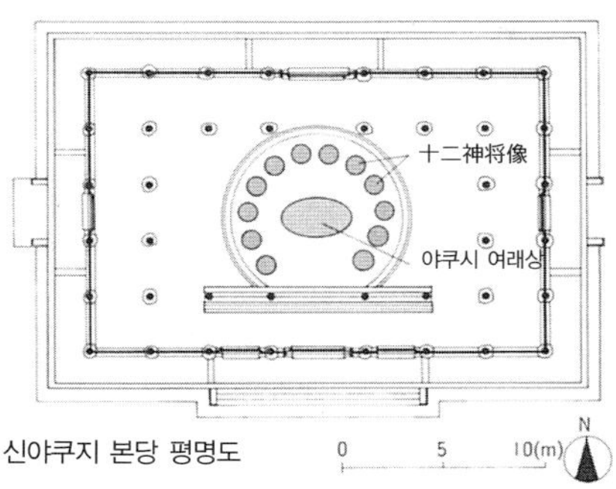

신야쿠지 본당 평명도

鏡神社

교토 교엔(京都 御苑)

1613년
설계 / 역사건축물

현재의 교토 교엔(御苑)은 원래 다이나이리(大内裏)의 동북[귀문(鬼門)] 구석에 해당하며, 나아가 그 귀문은 사루가츠지(猿ヶ辻)라고 불리며, 담은 안쪽으로 쑥 들어가게 되어 있으며 귀문의 수호신인 원숭이 장식물이 배치되어 있다.

교토의 귀문과 이귀문[서남]을 연결하는 귀문축(鬼門軸)에는 이 사루가쯔지(猿ヶ辻) 외에 사이노가미노야시로(幸神社), 세키잔센인(赤山禅院), 히요시타이샤(日吉大社)에 원숭이가 배치되어 있는 것을 볼 수 있다. 또한 시메이다케(四明岳), 엔야쿠지(延暦寺), 칸다진구우(神田神宮), 미부데라(壬生寺) 등 다양하게 귀문을 봉하기 위한 목적을 가진 유적이 현존하고 있다.

幸神社猿石

日吉大社西本宮

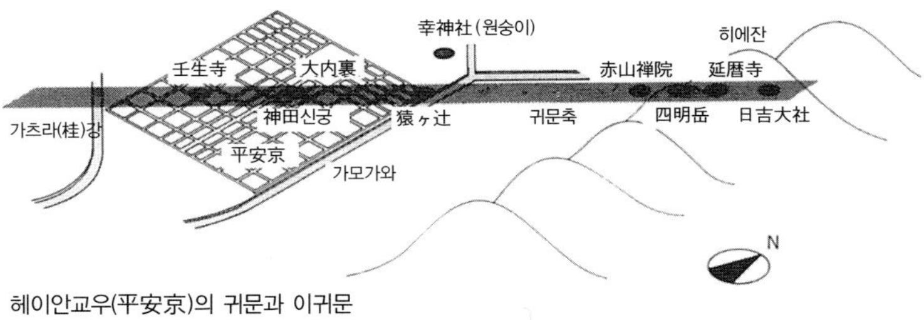

헤이안교우(平安京)의 귀문과 이귀문

清涼殿

猿ヶ辻

赤山禅院의 원숭이 조각

나카우리즈라(那珂瓜連) 장례식장

2001년
설계 / 久米설계

송전선에 둘러싸인 열악한 대지에 세워진 장례식장.

악조건 속에서 송전선을 잘 피해가면서 만들어진 부지와 그 앞의 숲을 정원으로 삼아 장례식장이 마련되어 있다. 인간의 혼의 존엄을 지키기 위해 설계시 많은 배려가 이루어진 작품이다.

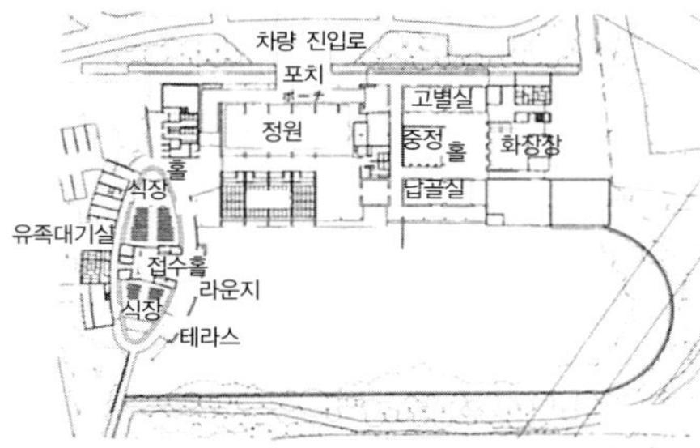

1층 평면도

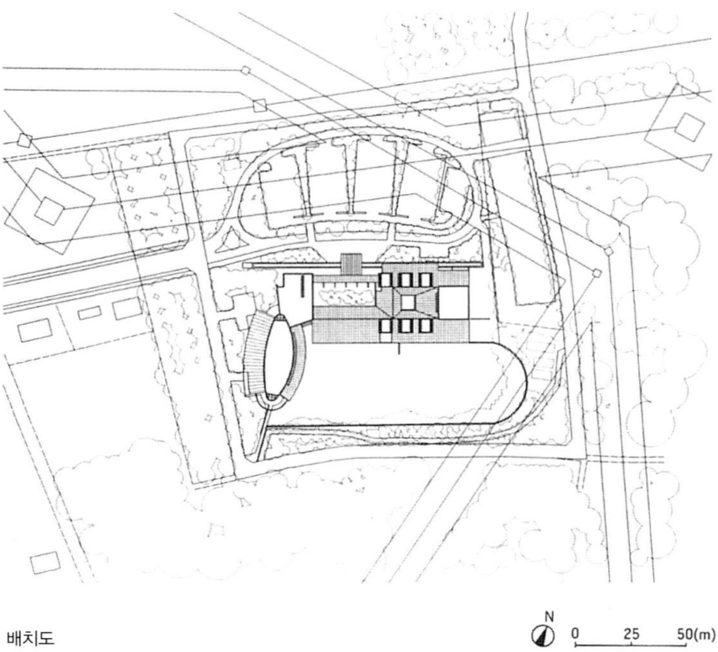

배치도

히로시마 평화회관

1955년
설계 / 丹下健三 · 도시 · 건축설계연구소

히로시마에 원자폭탄이 투하된 결과, 몇 만 명이 목숨을 잃었다는 것은 이미 알고 있는 사실이다. 애도하는 마음을 영원히 잊지 않기 위해 피폭당한 건축물을 보존한 것이 원폭 돔(Dome)이며, 현재 세계문화유산에 등록되어 있다.

원폭 돔과 히로시마 평화회관

히로시마 평화회관은 이 원폭 돔으로 향하는 축선상에 좌우대칭으로 배치되어, 평화를 위한 기도의 장소가 되고 있다. 한편 원폭 돔은 우연히 이 장소에 남겨진 것이지만, 이 지점을 중심으로 해서 다양한 공공시설이 배치되어 히로시마 재개발의 핵이 되고 있다.

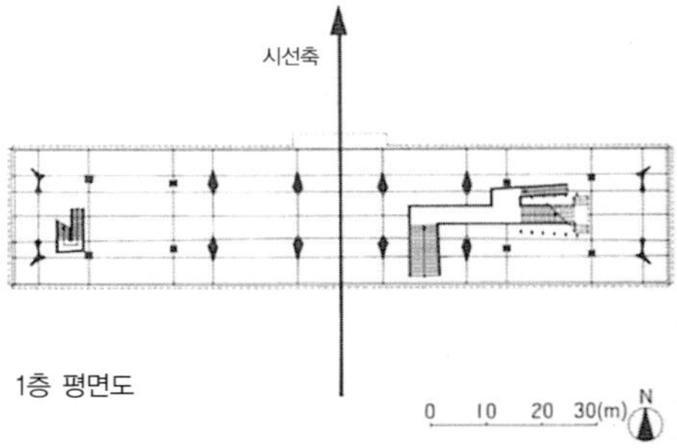

1층 평면도

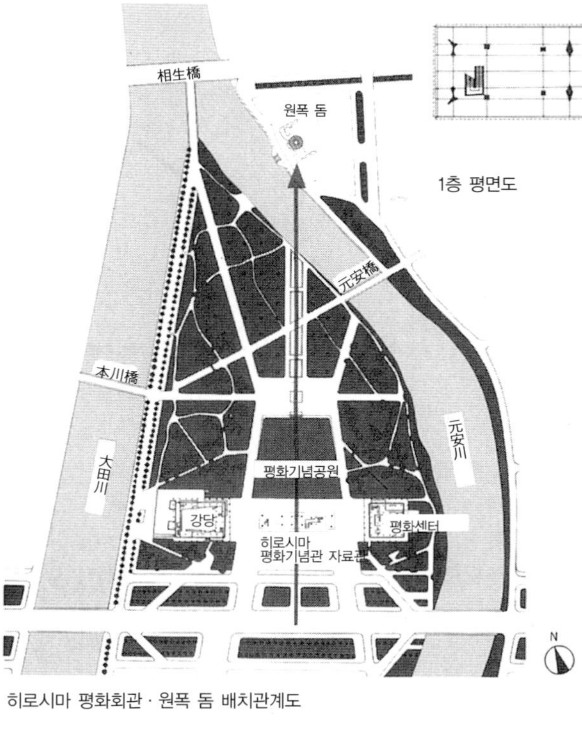

히로시마 평화회관 · 원폭 돔 배치관계도

브리온(Brion) 묘지

1972년
설계 / 카를로 스카르파(Carlo Scarpa)

근대건축의 거장 중의 한 사람인 카를로 스카르파의 대표작 중의 하나.

대지형태 및 방위에 첨가해서 배치된 묘지 속에, 예배당과 부리온 부부의 무덤만이 45도 각도로 기울어져 배치되어 있다.

이것은 이 토지의 기부자 부리온 부부와 그 영령을 제사 지내는 예배당을 의미하는 의도를 갖고 있다.

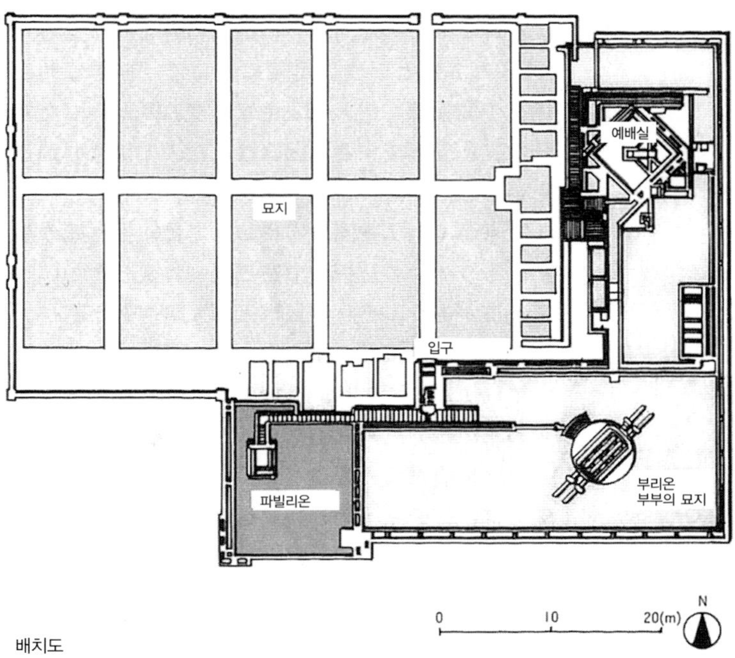

배치도

4
재생

◆ 작품사례

영국의 레이라인(Leyline) ··· 역사건축물
이세진구우(伊勢神宮) ··· 역사건축물
히요시타이샤(日吉大社) ··· 역사건축물
호우고쿠보우(豊国廟) ··· 역사건축물
도우쇼쿠우(東照宮) ··· 역사건축물
메이진구(明治神宮) ··· 宮内庁建築課
카사블랑카 트윈 센터(Casablanca twin center) ········· 리칼도 · 포푸일
미라사카쪼우(三良坂町) 무연고자 묘지 ················ 吉松秀樹＋아키프로

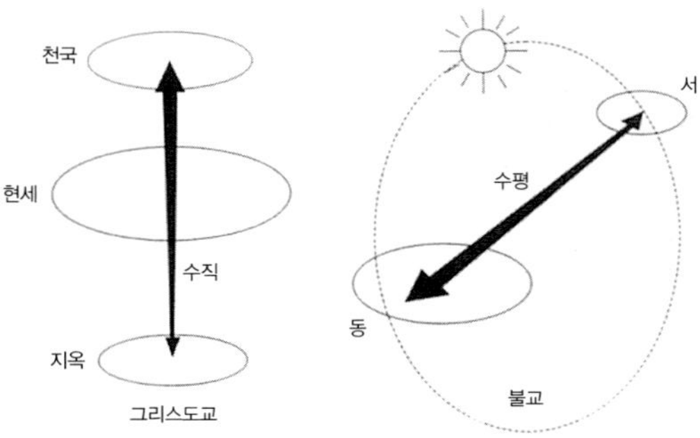

그림 1. 서구(그리스도교)와 일본(불교)의 생사관에 따른 공간차이

서양과 일본에서는 풍토의 차이에 따른 건축구조의 차이가 각각의 종교관에 영향을 끼쳤을 가능성을 시사할 수 있다. 다시 말해 서양의 조적조 공간은 안과 밖의 관계가 희박하고, 그 대신 보이드(Void)와 같은 수직공간의 확장이 발달하고, 또 그리스도교의 「승천」으로 대표되는 수직방향에 대한 생사의 개념에 영향을 주었다고도 생각된다. 그에 비해 일본의 기둥과 대들보 구조의 공간은 안과 밖의 관계를 강화하고, 그 대신 수평방향으로 공간확장이 발달하고, 또 일본 불교에서 타계하는 것이 서방정토로 대표되는 수평방향의 생사개념에 영향을 준 것이 아닐까라고 생각된다. 서구의 안과 밖, 삶과 죽음, YES와 NO라고 하는 2원론에 대해서도, 일본은 안과 밖의 중간영역, 삶과 죽음과 환생이라고 하는 애매한 문화를 형성하는 요인이 된 것이 아닐까 생각된다(그림 1).

여하튼 불교국가인 일본에서는 삶과 죽음 이외에 또 하나의 선택인 환생이라고 하는 사고방식이 있었으며, 그것이 일본인의 태양신앙과 결부된 연유로 보인다. 다시 말해, 태양은 동쪽에서 떠오르고 서쪽으로 가라앉는 것으로, 바꿔 말하면, 동쪽에서 태어나고 서쪽에서 죽는 것에서부터, 서방정토(서쪽에 있다고 하는 저 세상)의 개념이 만들어졌다고 보인다.

야마구치(山口)현 도이(土井) 해변에서 출토된 야요이(弥生)시대의 인골을 보아도, 대부분이 동쪽에 머리를 두고 매장되어 있는데 아마도 재생을 기원했기 때문으로 보인다(그림 2). 일본 고대 도성의 하나인 후지와라교우(藤原京)를 사례로 보면, 동서에 각각 아마노가구(天香具)산과 우네비(畝傍山) 산이 있지만(그림 3), 서쪽의 우네비(畝傍山) 산에 일본 초기의 천황의 능이 집중되고 있으며, 초대 신무(神武)천황, 2대 수정(綏靖)천황, 3대 안녕(安寧)천황, 4대 감덕(敢德)천황의 무덤이 모두 서쪽에 있다. 이것은 서방정토사상에 의한 것이라 생각된다. 예로부터

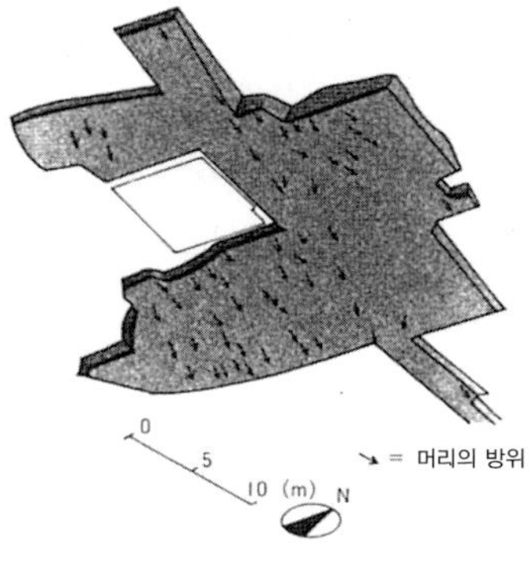

그림 2. 도이(土井) 해변 유적지 배치도

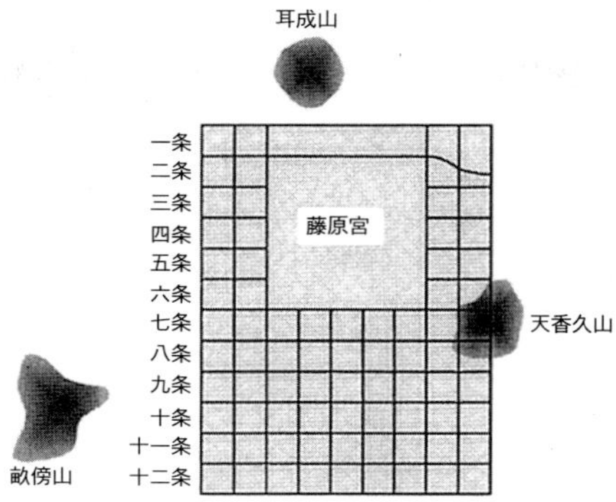

그림 3. 후지와라교우(藤原京) 배치도

일본에는「동쪽인지 서쪽인지도 모른다」라는 말은 있지만「북쪽인지 남쪽인지도 모른다」라는 표현은 없는 것으로 볼 때, 동쪽 방향이 사람들 마음의 기반이었던 것임에 틀림없다.

덧붙이자면 유럽에서도 세계를 2분해서 동양을 오리엔트(Orient), 서양을 옥시덴트(Occident)라고 했는데, 그리스도교에서 지상의 낙원인 에덴정원은 동쪽방향에 있다고 생각했다. 그 때문에 교회건축의 제단을 동쪽으로 둔 사례가 많다.

인간이라면 누구나 한번쯤은 환생을 꿈꿀 것이다. 특히 전국시대에는 내일이 보장되지 않는 목숨 때문에 많은 권력자들이 스스로를 신으로 재생시키려는 노력을 시도했었다.

예를 들면, 오다노부나가(織田信長)는 자신이 기거하는 아즈치(安土)성 밑에 조켄지(摠見寺)를 짓게 했는데, 프로이스(Luis Frois)의『일본사』에 따르면, 스스로를 신이라 칭하고, 그 화신으로서「봉산(盆山)」이라 불리는 한 개의 돌을 신으로 삼아 사찰에서 제사를 지내게 했다고 한다. 현재 아즈치(安土)성터에 노부나가의 묘가 있으며 한 개의 돌이 놓여 있는데 아마도 이것을 가리키는 것일 것이다(그림 4).

한편 노부나가의 가신이었던 도요토미도 사후, 토요쿠니다이묘진(豊国大明神)이라는 신으로 재생하고 있는데, 여기에서 주목하고 싶은 것은 죽은자를 서방정토로 이끈다고 하는 아미타여래상(阿弥陀如來像)을 모시는 니시혼간지(西本願寺), 도요토미를 신으로 모시는 토요쿠니(豊国) 신사, 아미다가미네(阿弥陀ヶ峰) 봉오리에 세워진 도요토미의 무덤 · 토요쿠니(豊国)묘(그림 5)가 서쪽에서 동쪽으로 일직선상에 나열해

그림 4. 오다노부나가(織田信長)의 묘지

그림 5. 토요쿠니(豊国) 묘지의 참도

있다는 것이다. 즉 도요토미의 사후의 혼은 서쪽 방향에 모셔진 아미타여래상(阿弥陀如來像)의 밑으로 향함과 동시에, 동쪽의 아미다가미네(阿弥陀ヶ峰) 봉오리에서 토요쿠니다이묘진(豊国大明神)으로 재생하는 구조로 되어 있다.

이러한 동서선상의 배치에 의한 신격화의 비밀의식을 실시한 요시다(吉田) 신사의 본슌(梵舜:에도 초기의 신도가)은, 도요토미(豊臣)가 그 후 도쿠가와(徳川家康)에게 멸망되자 이번에는 도쿠가와의 측근이 되지만, 흥미로운 것은 도쿠가와의 유언을 따라서 도쿠가와 출생지, 탄생기원지, 타계지, 신으로서 제사 지낸 토지를 동서로 이어지는 직선 위에 배치해서 구노잔(久能山) 도우쇼쿠우(東照宮)에서 도우쇼다이곤겐(東照大權現)이라고 하는 신으로서 재생시키고 있는 것이다. 다시 말해, 도쿠가와는 본슌(梵舜)으로부터 동서 일직선 배치에 의한 재생술을 알고, 자기의 신격화에 응용한 것이다. 나아가 도요토미의 동서선을 분절시키기 위해 축선상에 니시혼간지(西本願寺)에 대항하는 히가시혼간지(東本願寺)와 은거 장소이자 도요토미가 화공을 펼쳤던 치샤쿠인(智積院)에 토지를 받아서 세웠던 이유가 바로 여기에 있다.

덧붙여 기술하면, 도우쇼다이곤겐(東照大權現)은 그 후 닛코우도우쇼쿠우(日光東照宮)에 개장(改葬)되었지만, 이것은 우주 전체의 신으로서 재생하기 위해, 에도(江戸)에서 봤을 때 북극성=천제(天帝)의 땅으로 종교담당 측근이었던 덴카이(天海)에 의해 옮겨진 것이라고 전해진다. 제 3장 1항에 기술한 바와 같이 고대에 동서축으로부터 남북축으로 도성의 주축이 변화한 것도 이것을 참고하면 좋을 것이다.

그러면 이하에서는 건축의 배치계획에서 「재생」의 사례 몇 개를 찾아보기로 하자.

영국의 레이라인(Leyline)

연대미상
설계 / 역사 건축물

1925년 와토킨스에 의해 발견된 것이 영국의 레이라인(Leyline)이다.

레이라인이란 성지가 일직선 위로 늘어서 있는 것을 가리키는 것으로, 영국의 사례에서는 하지의 일출방위와 레이라인이 일치하고 있다고 한다.

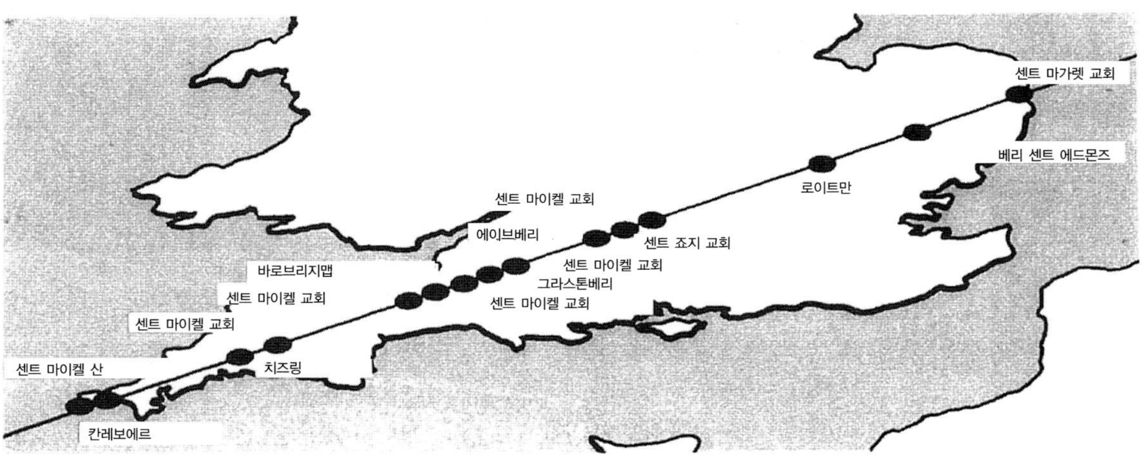

영국을 횡단하는 성 마이켈 · 라인

이세진구우(伊勢神宮)

나라(奈良)시대
설계 / 역사건축물

요시노(吉野裕子)씨에 따르면 천황의 선조 천조대신(天照大神)을 안치하는 이세진구우(伊勢神宮)에서 행해지는 중요한 2개 축제의 일시는, 북두칠성의 위치와 관계가 있다고 한다.

한편, 북두칠성이 도는 북극성은 고대 중국에서는 천제(天帝)라고 불리는 것으로 우주의 지배자라고 생각되어 왔다. 즉 천황의 선조를 천제에 비유함으로써 최고의 권위를 지니려고 했던 것이다. 그런 이유로 이세진구우(伊勢神宮)의 배치는 정확하게 정북을 향하고 있다.

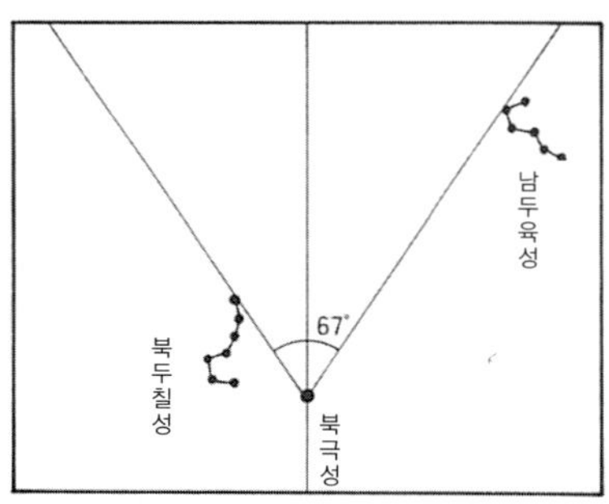

북극성과 북두칠성

이세진구우(伊勢神宮) 외궁 정전

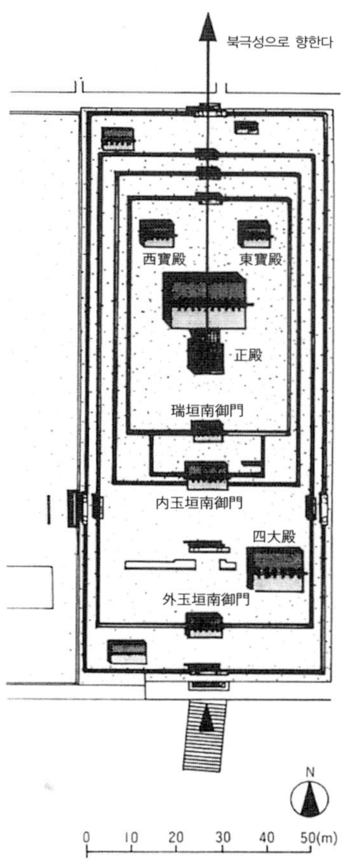

배치도

히요시타이샤(日吉大社)

연대불명

설계 / 역사건축물

헤이안교우(平安京) 귀문의 수호 · 히에이잔(比叡山)의 수호신인 히요시타이샤(日吉大社)의 신전은 산노우시치샤(山王七社)라고 불려, 니시모토(西本宮)궁, 우시오(牛尾宮)궁, 산노미야(三宮宮)궁, 우사(宇佐宮)궁, 시라야마(白山宮)궁, 키노시타(樹下宮)궁, 히가시모토(東本宮)궁의 7개로 구성되어 있다. 흥미로운 것은 그것들이 북극성신앙으로부터 북두칠성형으로 배치되어 있는 것이다. 산노우시치샤(山王七社) 외에도 츄우시치샤(中七社), 카시치샤(下七社)가 있고, 또 축제의 즈음해서는 7기의 신을 모신 가마가 나오는 등, 7(七)에 구애되고 있다.

한편, 본궁이 동쪽과 서쪽의 2개가 있는 것은, 원래 지령(地靈)으로서 히가시모토(東本宮)궁이 있었던 곳에, 오츠교우(大津京) 천도할 때, 야마토초우테이(大和朝廷)의 수호신 미와묘진(三輪明神)을 오가(大神) 신사에서 니시모토(西本宮)궁으로 옮겼기 때문이라고 한다. 오가(大神) 신사와 히요시(日吉) 신사, 이세진쿠우(伊勢神宮)의 배치를 보면, 오가 신사의 정북쪽에 히요시타이샤(日吉大社), 정동쪽에 이세진구우(伊勢神宮)가 있는 것이 흥미롭다.

白山宮

樹下宮

東本宮

宇佐宮

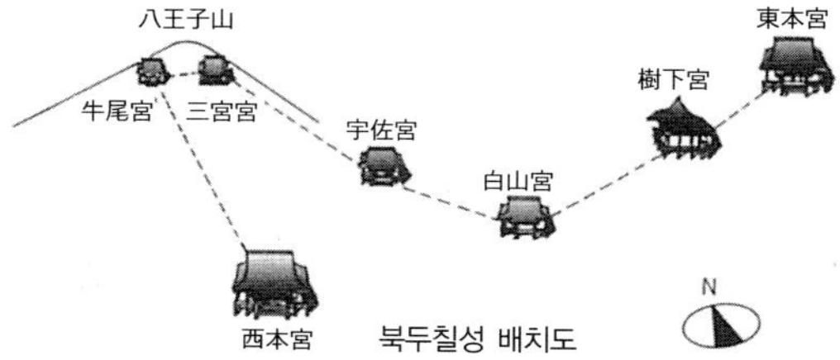

북두칠성 배치도

西本宮

牛尾宮

三宮宮

호우코쿠보우(豊国廟)

1597년
설계 / 역사건축물

도요토미히데요시(豊臣秀吉)의 사당이 호우코쿠보우(豊国廟)이며, 많은 사당이 남쪽방향으로 세워져 있음에도 불구하고 이것은 서쪽 방향에 되어 있다. 나이토(内藤正敏)씨에 따르면 이것은 아마도 태양이 서쪽으로 가라앉고 동쪽에서 다시 태어난다고 하는, 태양신앙 혹은 서방정토에 근거하는 신격화의 비밀의식과 관계되고 있다고 한다. 다시 말해 호우코쿠뵤우의 서쪽에는 죽은 사람을 저 세상으로 이끌어 준다고 하는 아미타여래상(阿徒陀如來像)을 본존(本尊)으로 하는 니시혼간지(西本願寺)가 동쪽방향으로 세워져 있지만, 아미다가미네(阿徒陀ヶ峰) 봉오리에 사당을 세워 제를 지냄으로써, 타계한 뒤 동쪽의 토요쿠니(豊国) 신사에서 신으로서 재생하는 구조로 되어 있다.

한편, 이 동서축선상에 니시혼간지에서 분리한 히가시혼간지와 히데요시가 일찍이 화공으로 공격했던 네고로슈우(根来衆:사찰의 승병)가 재흥한 찌샤쿠인(智積院)이 위치하고 있는데, 이들 모두는 도요토미(豊臣)를 멸망시킨 도구가와(徳川家康)가 토지를 주어서 세우게 한 것이며, 또 키코쿠테이(枳殻邸:히가시혼간지(東本願寺)의 별관)는 히가시혼간지(東本願寺)·센뇨(宣如)의 은신처로 도쿠가와(徳川)막부가 제공한 것으로, 아마도 양쪽 모두 히데요시(秀吉)가 신으로 재생하는 것을 저지할 목적이 있었다고 전해진다.

東本願社阿彌陀堂

西本願社阿彌陀堂

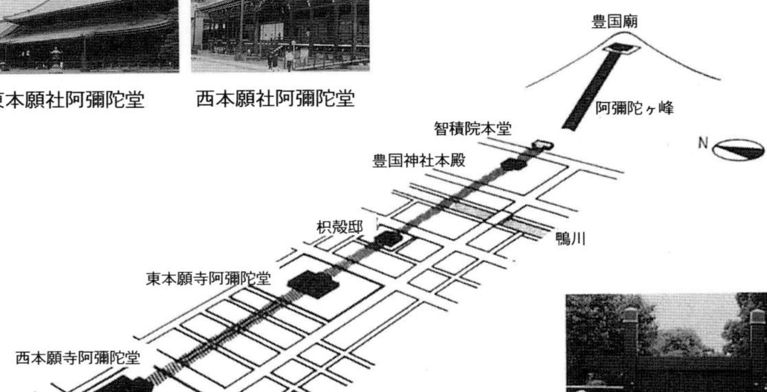

豊国廟~西本願社 배치도

枳殻邸

도우죠쿠우(東照宮)

1616~1651년
설계 / 역사건축물

도쿠가와(徳川) 막부를 구축한 이에야스(家康) 유적의 배치를 조사해 보면, 자손의 번창을 기원한 호우라이지(鳳来寺), 탄생지 다이쥬지(大樹寺), 신으로 재생한 구노잔(久能山) 도우죠쿠우(東照宮), 이에야스(家康)의 종교담당 최고자인 스우덴(崇伝)이 기거하는 교토 난젠지(南禅寺) 콘찌인(金地院)이 무두 동서선 위에 나란히 서있는 것을 알 수 있다.

또한 그것들 모두에 도우죠쿠우(東照宮)가 세워져 있다.

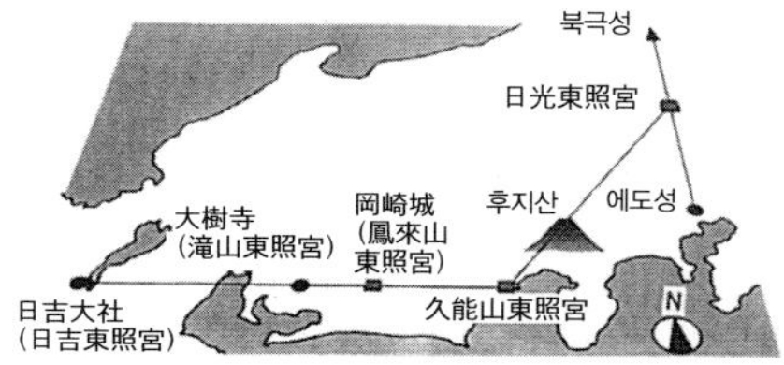

이에야스 유적의 배치관계도

久能山東照宮本殿

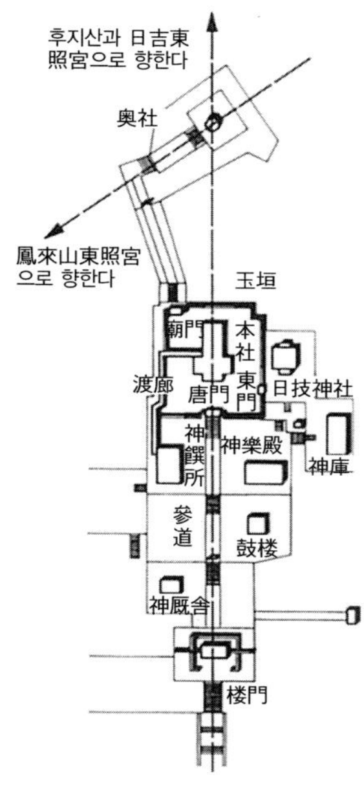

久能山 東照宮배치도

0 10 20 30 40 50(m) N

오제키(尾関華)씨에 따르면, 이것도 전술한 토요쿠니(豊国) 묘지와 같이 신격화를 위한 비밀의식이라 한다. 한편 구노잔(久能山) 도우쇼쿠우(東照宮)에서 제사를 지낸 다음 해, 이번에는 닛코우(日光)에 개장(改葬)되지만, 이것은 이세진구우(伊勢神宮)와 마찬가지로 천제(天帝)로서 제사를 지내기 때문이며 우주 전체의 신으로 군림하는 것을 목적으로 하고 있다고 전해진다.

滝山 東照宮배치도

鳳來山 東照宮

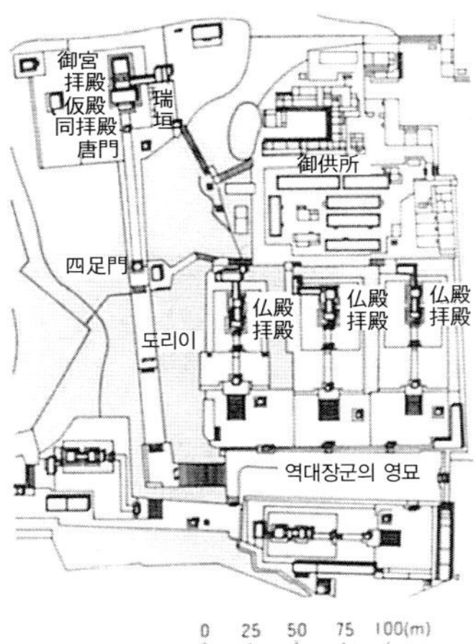

에도성 내의 東照宮 배치도

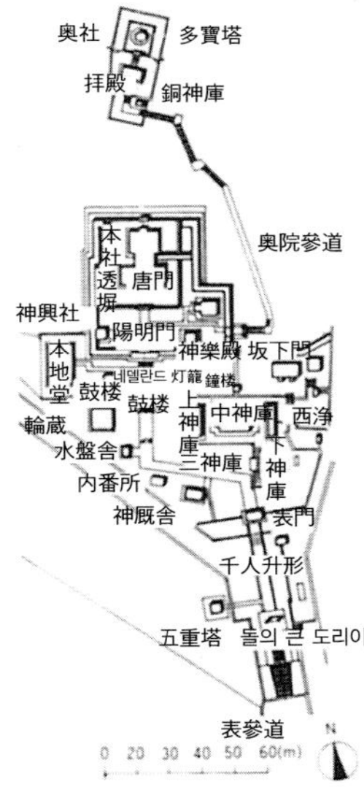

日光東照宮 배치도

메이진구(明治神宮)

1958년
설계 / 宮内庁建築課

1920년에 메이지(明治) 천황 및 소헌(昭憲) 황태후를 신으로 모셔 제사를 지내기 위해 만든 신궁. 1945년 제 2차 세계대전으로 소실됐지만, 1958년에 재건된 것이 현재의 신전이다.

메이지 신궁이라 하면 어쩌면 국수주의와도 결부시킬 수 있는 경향이 있지만, 그 오모테산도(表参道)는 도쿄 나름의 평화스러운 활기를 보이고 있으며, 신사 참배길의 본래 모습은 아직까지 남아 있다.

오모테산도(表参道)

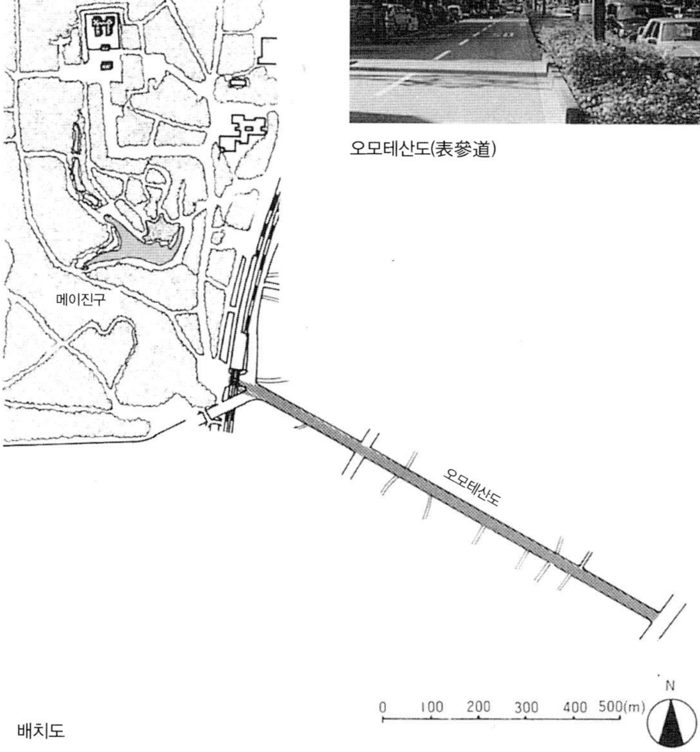

배치도

카사블랑카 트윈 센터(Casa blanca twin center)

1999년
설계 / 리칼도 · 포푸일

2동으로 나눠진 복합빌딩의 틈새를 통과하는 축선은 카사블랑카 시가지의 중심이다.

이 도시의 정신적 기반인 르네상스시대의 모스크(Mosque) 그리고 대서양을 통과해서 이 복합빌딩이 도시 재계획의 상징으로서, 그것들과 같이 정의되고 있음을 의도한 것이다.

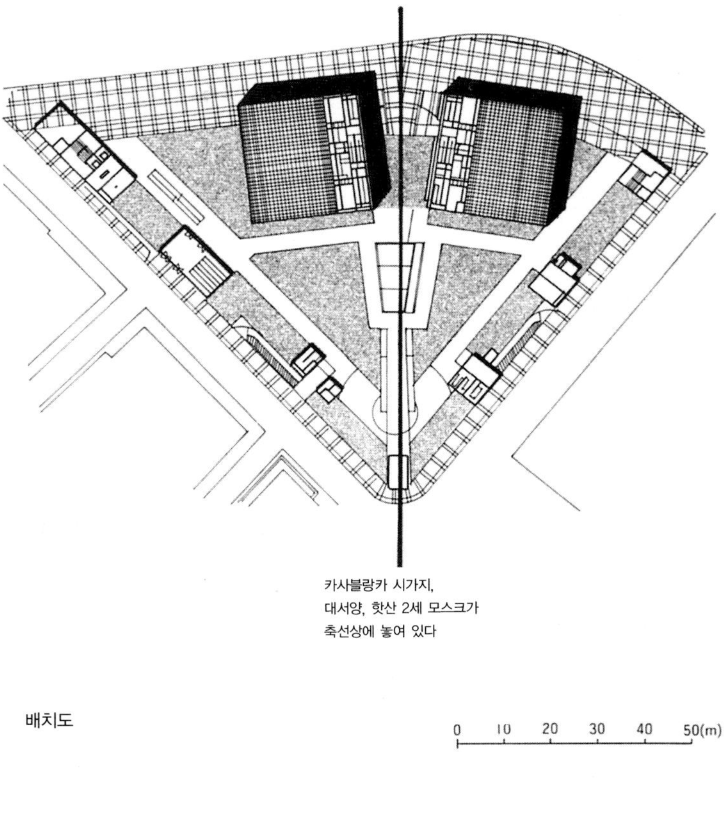

배치도

미라사카쪼우(三良坂町) 무연고자 묘지

2000년

설계 / 吉松秀樹+아키프로

댐건설에 따라 건설 예정지에 산재하고 있었던 연고자 없는 망자의 영령을 위로하기 위한 묘지.

높이 2m의 장대(Pole)를 1,500개 세우고, 가장 안쪽에 성스러운 나무 다라엽(多羅葉/Ilex latifolia)이 심겨져 있다. 장대는 바람이나 소리에 의해 흔들리고, 빛이나 날씨에 의해 표정이 변화된다. 묘지를 기호의 집적(集積)으로서 환경에 동화시킨 작품.

외관

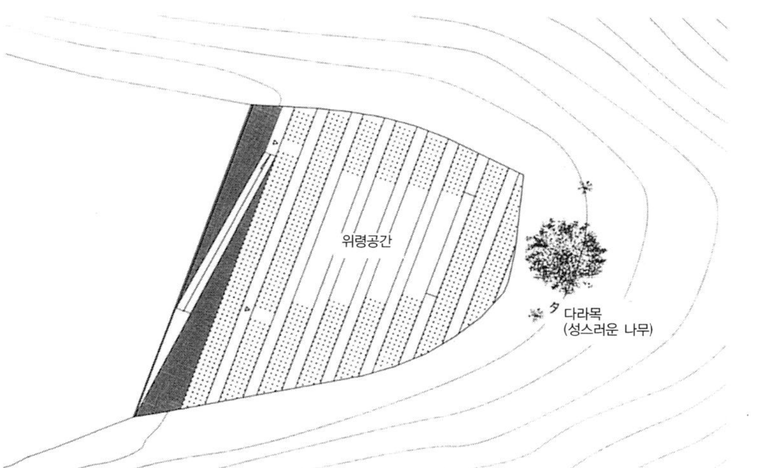

배치도

색 인

출전일람 참고문헌

■ 협력

- ㈱木曾三岳奥村設計所 p.13 星野山荘 / p.30上 金山町立金山中学校（グラフ，配置図）
- ㈱計画工房・村上美奈子 p.23上 3：4：5(配置図，平面図)/ p.67下 Tan－1 0.2（立面図，配置図，平面図）
- 長谷川敬アトリエ p.23下 聖ヨハネ会桜町病院ホスピス（1階平面図，配置図）
- 渡辺誠/アーキテクツオフィス p.24上 村のテラス（配置図，日の出・日の入りと配置の関係，外観）
- 出江寛建築事務所 p.24下 擁の家（1階平面図）
- 井口浩フィフス・ワールド・アーキテクツ p.25上 カモフラージュハウス2(配置図，夏期の熱環境，冬期の熱環境，外観)
- ㈱石本建築事務所 p.25下 東京国際交流館（配置図，2階平面図）
- ㈱象設計集団 p.28下 名護市庁舎（配置図，平面図）/ p.56下 かんなべ湯の森「ゆとろぎ」（配置図，立面図）
- 小玉祐一郎 p.29下 飯田川小学校（1階平面図，断面図）
- 歌一洋建築研究所 p.31下 竜田川の家（1階平面図，外観）
- ㈱谷口建築設計研究所 p.35上 土門拳記念館（配置図，1階平面図，アクソメ図）/ p.36上 東京都葛西臨海水族園（配置図）/ p.53上 資生堂アートハウス（配置図，1階平面図）
- 安藤忠雄建築研究所 p.35下 Time's Ⅰ,Ⅱ,Ⅲ期（配置図）/ p.43下 六甲の集合住宅Ⅰ,Ⅱ,Ⅲ（配置図）/ p.49上 淡路夢舞台（配置図）/ p.64上 住吉の長屋（配置図，アクソメ図）
- ㈱毛綱毅曠建築事務所 p.36下 釧路フィッシャーマンズワーフ(配置図，アクソメ図，外観)/ p.103下 釧路市立湿原展望資料館（配置図，鳥瞰，内観）
- ㈱隈研吾建築都市設計事務所 p.37下 水の洞窟(配置図，断面図，外観，同（北上川側))
- ㈱村野・森建築事務所 p.42下 八ケ岳美術館（平面図）
- ㈱伊東豊雄建築設計事務所 p.43上 笠間の家（配置図，外観）/ p.49下 大田区休養村とうぶ（配置図，断面・立面図，鳥瞰）/ p.74下 風の塔（配置図）
- ㈱栗生総合計画事務所 p.44上 カーニバルショーケース（配置図，立面図）
- 横内敏人建築設計事務所 p.44下 三方町縄文博物館（配置図，断面図）
- ㈱竹中工務店総本店広報 p.45上 志摩スペイン村（鳥瞰）/ p.81下 有楽町マリオン(1階平面図)/ p.109下 奥郷屋敷(屋根伏図，御神体を望む，外観)
- 藤木隆男建築研究所 p.46上 聖高原サレジオの家（配置図）
- 塩塚隆生アトリエ p.46下 玄海の週末住宅（配置図，立面図）
- ㈱磯崎新アトリエ p.47上 県立ぐんま天文台(配置図，立面図)/ p.91上 北九州市美術館（配置図）/ p.103上 つくばセンタービル（配置図，立面図）
- ㈱黒川紀章建築都市設計事務所 p.47下 天野製薬岐阜研究所（配置図）/ p.64下 健康文化センター石川厚生年金会館（配置図）/ p.72上 六本木プリンスホテル（配置図，アクソメ図，中庭）/ p.79上 国立文楽劇場（1階平面図，外観）/ p.80下 パシフィック・タワー（外観，アクソメ図，配置図）
- 阿部仁史アトリエ p.48上 松島ヨットハーバー公園事務所（配置図，海を望む，外観）
- 飯田善彦建築工房 p.48下 花と緑の文化館（配置図，断面図）
- ㈲宮脇檀建築研究室 p.52下 もうびぃでぃっく(配置図，平面図，断面図)
- ㈲ワークステーション一級建築士事務所 p.53下 高知県立坂本龍馬記念館（配置図，外観）
- ㈱デザイン・システム p.54上 軽井沢プリンスホテル（2階平面図，配置図）/ p.63上 沢田画伯の家（平面図）
- 丹下健三・都市・建築設計研究所 p.54下 大津プリンスホテル（配置図，基準階平面図）/ p.87上 GRAND ECRAN（配置図）/ p.93上 兵庫県立歴史博物館（配置図，2階平面図）/ p.115上 広島平和会館（広島平和会館・原爆ドーム配置関係図，1階平面図）
- ㈱日建設計 p.31上 関西国際空港（配置図，立面図）/ p.55上 インターコンチネンタルホテル(配置図，基準階平面図)/ p.84上 三愛ビル（配置図）
- アトリエ・ワン p.57上 川西町コテージB（配置図，立面図，遠望）
- 榎本弘之建築研究所 p.57下 伊浜の家(配置平面図，露天風呂から夕日を望む，海棟からの眺望)
- アトリエ・ファイ建築研究所 p.61 図7（内観）
- 東京工業大学坂本一成研究室 p.60 図8，図9 / p.95上 コモンシティ星田（配置図・立面図）
- 東孝光＋東環境・建築研究所 p.63下 塔の家（配置図，1階平面図，アクソメ図，外観）
- 三浦紀之建築工房 p.65上 香椎ガレリア（配置図）
- 石井修・美建.設計事務所 p.65下 目神山の家8（配置図）
- 井出一済設計事務所 p.66上 グリーンメゾン沢渡（配置・1階平面図，外観）
- ㈱岡田新一設計事務所 p.67上 警視庁本部庁舎(配置図，JA 1997-1 p.26より)
- ㈱葉デザイン事務所 p.68上 松下クリニック（配置図，外観，玄関より望む）
- 中井仁実建築研究所 p.69上 藻岩山麓の家（配置図，断面図，屋上外観）
- ㈱久米設計 p.69下 中小企業大学校（配置・1階平面図，断面図）/ p.114下 那珂瓜連斎場（配置図，1階平面図）
- 村上徹建築設計事務所 p.72下 中山の家（立面図・2階平面図）
- 設計組織アモルフ株式会社 p.73上 D－HOTEL OSAKA（配置図，外観）
- 渡辺大介 p.75上 都市のエントロピーを可視化する（断面図，平面図，鳥瞰）
- 坂茂建築設計株式会社 p.75下 2/5 House（1階平面図）
- ㈱前川建築設計事務所 p.78上 紀伊國屋書店（配置図，1階平面図）
- 山下和正建築研究所株式会社 p.78下 フロムファーストビル（1階平面図，断面パース）
- ㈱槇総合計画事務所 p.80上 東京都立体育館（配置図）/ p.90下 ヒルサイドテラス（アクソメ図）
- 古市徹雄都市建築研究所 p.81上 栃木県なかがわ水族園おもしろ魚館（配置図，自由通路）
- ㈱山本理顕設計工場 p.85下 ROTUNDA(配置図，断面図)
- ㈱高松伸建築設計事務所 p.87下 ZEUS仁摩サンドミュージアム（配置図）
- 秋元和雄設計事務所株式会社 p.91下 建築会館(配置図，断面図)
- 橋元勝久・都市建築研究所 p.92上 VαΛ関東学院大学学生健康管理センター・α・チャペル（キャンパス配置図）
- ㈱セルスペース一級建築士事務所 p.93下 那須ヶ原ハーモニーホール（配置図，立面図）
- 杉本洋文/計画・環境建築 p.94下 奥津温泉「花美人の里」（鳥瞰，1階平面図）
- 坂倉建築研究所大阪事務所 p.95下 国立オリンピック記念青少年総合センター（周辺図・配置図）
- 吉松秀樹＋アーキプロ p.121下 三良坂町無縁墓地（配置図，外観）

(以上掲載初出順，敬称略．細字は，提供図版または図版出典，および提供写真)

■ 사진촬영, 제공

- **龍谷大学宮元研究室** p12 図 1
- **宮内庁京都事務所·財団法人伝統文化保存協会** p.17 図 5 / p.20 桂離宮（書院群外観）/ p.28 上 桂離宮（書院群全景）/p.52 上 修学院離宮（上御茶屋浴龍池）/ p.112 下 桂離宮と修学院離宮（桂離宮書院群外観，修学院離宮鳥瞰）
- **新建築写真部** p.24 下 擁の家（外観）/ p.36 上 東京都葛西臨海水族園（鳥瞰，北側より望む）/p.115 上 広島平和会館（原爆ドームと広島平和会館）
- **松岡満男** p.43 下 六甲の集合住宅 I，II，III（外観）
- **小林浩志** p.47 下 天野製薬岐阜研究所（外観）
- **多比良誠** p.65 下 目神山の家 8（外観）
- **大橋富夫** p.72 上 六本木プリンスホテル（中庭）/p.79 上 国立文楽劇場（外観）
- **Jean Pierre Attal** p.80 下 パシフィックタワー（外観）
- **大野繁** p.85 下 ROTUNDA（外観）
- **小林俊之** p.87 下 ZEUS 仁摩サンドミュージアム（鳥瞰·外観）
- **鈴木正見** p.92 上 VαΛ関東学院大学学生健康管理センター・α・チャペル（上空写真）
- **村井修** p.93 上 兵庫県立歴史博物館（スロープより姫路城を見る）
- **古谷誠章** p.109 上 ルガーノ湖を望む家（入口外観）

（以上掲載初出順，敬称略）

■ 도판출처

- C.A.Doxiadis, "*Raumordnung im griechischen Städtebau*", Kurt Vowinckel Verlag-Neckargemünd (Germany)．1937. p.100 下 ギリシャ神殿（配置図）

■ 참고문헌

清家清『家相の科学』光文社，1969 年

黒川紀章『道の建築　中間領域へ』丸善，1983 年

宮本雅明「近世初期城下町のヴィスタに基づく都市計画ーその実態と意味」『建築史学』4 号，建築史学会，1985 年

桐敷真次郎「天正・慶長・寛永期江戸市街地における景観設計」『都市研究報告』24

グラハム・ハンコック著，大地舜訳『神々の指紋』翔泳社，1996 年

渡辺欣雄『風水・気の景観地理学』人文書院，1994 年

宮元健次『江戸の陰陽師—天海のランドスケープデザイン』人文書院，2001 年

中山太郎「将門の首塚」『旅人伝説』1927 年

吉野裕子『隠された神々—古代信仰と陰陽五行』人文書院，1992 年

尾関章『濃飛古代史の謎—水と犬と鉄』三一書房，1988 年

内藤正敏『鬼がつくった国・日本』光文社，1991 年

高藤晴俊『日光東照宮の謎』講談社，1996 年

日本建築学会編『コンパクト　建築設計資料集成』丸善，1986 年

글을 맺으며

본서를 정리함에 있어 우선 착수한 것이, 동서고금의 우수한 배치계획을 가진 건축작품의 선별이었다. 그 작업을 통해 깨달은 것은 옛날건축에는 자연이나 정신사회와의 공생을 배려한 작품이 다수 있다는 것이었다. 그러나, 현대건축에서는 도시와 공생하는 작품이라면 어느 정도는 발견할 수 있었으나, 자연이나 정신사회와 공생한 작품을 찾는 것은 매우 어려웠다. 바꿔 말하면, 현대건축이 근대화라는 명분하에 어떻게 자연이나 인간의 정신이라는 미묘한 문제를 배제해 왔는지를 암시하고 있는 결과라 보아도 좋겠다.

본문에서 자세히 다룬 바와 같이 예전에는 음양오행설의 사신상응 등의 영향을 받아 집만들기나 마을만들기가 행해져 왔다. 처음부터 음양오행설이라고 하는 것이, 자연이나 사람과의 공생을 목적이라고 한 사상이었던 만큼, 거기에 따르기만 하면 행복이 보장되는 구조를 가지고 있었던 것이다. 그러나, 그러한 사상들이 미신으로 취급되었고, 일견 만능으로 보이는 「효율성」이라고 하는 「기능주의」가 혼자 독주를 하면서, 근대화를 떠받쳤기 때문에 자연이나 인간의 정신성이라고 한 근원적인 개념이 보잘것없는 것으로 취급되어졌다. 잊혀지고 버려진 그것들의 개념을 되찾는 것, 즉 건축을 둘러싸는 자연이나 도시, 정신사회에 어떻게 대응해 갈 것인가가 금후 건축 디자인의 주요 과제가 될 것이다. 그리고 배치계획이 그 열쇠를 쥐고 있다고 해도 과언이 아닐 것이다.

본서를 정리하는 계기를 준 학예출판사 편집부 요시다(吉田)씨와 편집 작업을 해 주신 오치(越智)씨에게 감사를 드립니다. 그리고 마지막으로 본서에 건축작품의 게재를 쾌히 허락해 주신 다수의 건축가 여러분께 마지막으로 감사의 뜻을 전합니다.

2002년 3월 미야모토 겐지(宮元健次)

역자서문

21세기를 맞이한 우리에게 이미 절대 불가능한 일은 없는 듯하다.

시공이 가능한가, 과연 실제로 만들어낼 수 있는 형태인가를 검토하면서 계획하고 설계도를 그려야 한다는 말은 이제 무의미한 일이 된 것 같다. 효율성이나 경제성의 문제만 감수한다면 기술적으로 해결하지 못할 계획 · 설계안은 없기 때문이다.

이러한 첨단건설공법의 발달은 건설행위로 인해 생겨나는 부정적인 영향까지도 기술적으로 해결해내는 놀라움을 보여주기도 했다. 어떠한 부지여건에서도 원하는 형태와 규모의 건축이 가능하며, 도로건설로 인해 생겨나는 사면절개지의 처리가 공법, 재료기술, 경관, 생태측면까지도 단기간에 가능해졌다는 사실이 바로 그 예가 될 것이다.

그러나 우리들이 결코 간과해서는 안 될 사실은 이러한 처리방법이나 기술개발에 우리 스스로 만족하고 자랑스러워하면서 좀 더 어려운 문제를 만들어내고 또 다시 해결방안을 찾기 위해 관련연구를 계속하는 것이 매우 위험한 일이라는 것이다.

보기흉한 사면절개지가 생겨나지 않도록 지형여건을 고려한 도로의 노선선정과 선형조정 그리고 교묘함과 의도적인 형태유도, 강제적인 공조시스템 도입 등 고도의 테크닉이 필요치 않는 대지조건과 주변환경을 고려한 건축배치가 계획의 초기단계에 이루어진다면, 지금 우리 눈앞에 펼쳐지고 있는 놀라운 첨단건설기술은 순식간에 무의미한 작업이 될 수도 있다.

건축의 배치는 우리들의 생활환경을 창조하는 가장 우선하여 이루어져야 할 공간계획의 근간이 되는 중요한 작업이다. 건축평면계획이 건물이용자 즉 특정 소수인을 위한 작업이라면, 건축배치계획은 건물의 주변 환경과 그것을 바라보는 다수의 대중과 인근 건축들을 위한 작업이기 때문이다.

이 책은 건축의 배치계획에 대한 기본사항 및 사례를 소개하고 있다.

특히 음양오행이나 풍수학 등 자연환경에 배려하는 배치계획의 원칙에 대해 설명하고 있어 최근 지향하고 있는 친환경적이며 지속가능한 개발을 위한 실제 계획에 도움이 될 것이라 기대한다.

건축부문에 대한 전문지식의 이해와 습득에 많은 도움을 주신, 그래서 원만한 작업이 이루어질 수 있도록 힘써주신 공동역자 김종하 교수님께 감사의 마음을 전한다.

마지막으로 본서의 출판을 맡아주신 도서출판 보문당과 10여 년의 인연 속에서 늘 처음처럼 한결같은 마음으로 작업에 임해주시는 김태우 실장님께 깊은 감사를 드립니다.

2008. 1

역자 배 현 미

원저 **建築の配置計劃 / 宮元健次**(미야모토 겐지) / **学芸出版社**
역자 배현미 / 목포대학교 공과대학 건설공학부 조경학전공
김종하 / 동양대학교 공과대학 건축실내디자인학과

건축의 배치계획(SITE PLANNING)

1판 1쇄 인쇄 2008년 2월 15일
1판 1쇄 발행 2008년 2월 20일

저　자 | 宮元健次
역　자 | 배현미 · 김종하
발행인 | 김병계
발행처 | 도서출판 보문당
등　록 | 1990년 6월 15일(제1-1066호)
주　소 | 서울시 마포구 신수동 448-6 우)121-110
전　화 | 704-7025 / 704-0635
팩　스 | 704-2324
홈페이지 | http://www.bomoondang.co.kr
전자우편 | bmdpub@empal.com

값 15,000원

ISBN 978-89-8413-145-3